变频器、步进/伺服驱动系统的应用与维修

阳鸿钧　等◎编著

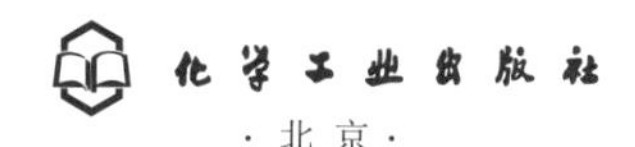

·北京·

内容简介

本书采用双色图解的形式，系统讲解了变频器、步进/伺服驱动系统的相关知识，主要内容包括：变频器的分类、结构、原理与控制方式，变频器的功能应用、控制系统的安装与接线，变频器系统的维修；步进电机的分类、结构、特点、工作原理、计算与选择，步进电机驱动器的分类、电路结构、接口连接与选择，步进系统的维修；伺服电机的分类、特点、原理、控制方式，伺服驱动器的特点、接口与连接，伺服系统的应用与维修等。

全书内容丰富实用，讲解循序渐进，图解直观易懂，附赠重点知识讲解视频，手机扫码即可观看，使学习更轻松、更高效。

本书非常适合电工、自动控制技术人员自学使用，也可用作职业院校、培训学校中相关专业的教材及参考书。

图书在版编目（CIP）数据

变频器、步进/伺服驱动系统的应用与维修/阳鸿钧等编著. —北京：化学工业出版社，2023.2
ISBN 978-7-122-42637-6

Ⅰ. ①变… Ⅱ. ①阳… Ⅲ. ①变频器②顺序控制③伺服系统 Ⅳ. ①TN773②TP273③TP275

中国版本图书馆CIP数据核字（2022）第234188号

责任编辑：耍利娜 文字编辑：师明远
责任校对：宋　夏 装帧设计：王晓宇

出版发行：化学工业出版社
（北京市东城区青年湖南街13号 邮政编码100011）
印　　刷：北京云浩印刷有限责任公司
装　　订：三河市振勇印装有限公司
710mm×1000mm 1/16 印张16¾ 字数287千字
2024年7月北京第1版第1次印刷

购书咨询：010-64518888 售后服务：010-64518899
网　　址：http://www.cip.com.cn
凡购买本书，如有缺损质量问题，本社销售中心负责调换。

定　　价：79.00元

版权所有 违者必究

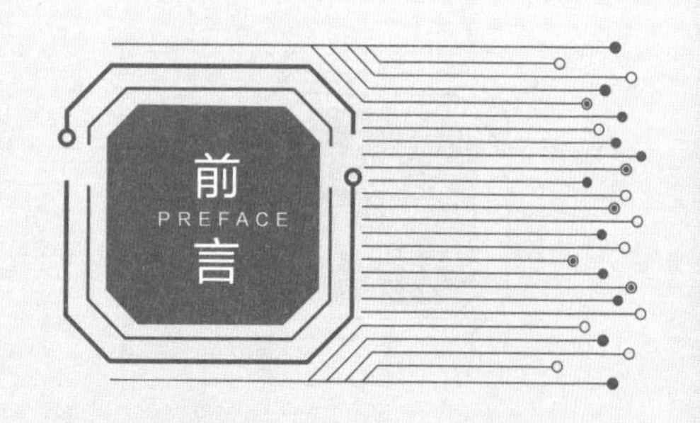

变频、步进、伺服是自动控制领域常见的三大控制方式，随着智能制造和工业机器人技术的发展，这三种技术的应用越来越广泛。为了帮助读者快速、轻松、系统地掌握变频器系统、步进系统、伺服系统的相关知识与技能，我们特编写了本书。

本书共分 11 章，分别对变频器、变频器控制系统、变频器系统的维修，步进电机、步进驱动器、步进控制系统、步进系统的维修，伺服电机、伺服驱动器、伺服系统的应用、伺服系统的维修等内容进行了介绍。

本书的特点如下：

① 实用性——从实践的角度出发，讲解必要的基础理论知识，更侧重于应用技能的掌握。

② 易学性——全书多采用图文对照、表格汇总的形式进行介绍，重难点知识还配有视频讲解，便于读者学习与理解。

③ 系统性——一本书囊括了三大主流控制系统，干货满满，特别适合初学者入门学习。

本书主要由阳鸿钧编著，阳育杰、阳许倩、许秋菊、欧小宝、许四一、阳红珍、许满菊、唐许静、许小菊、阳梅开、阳苟妹等也为本书的编写做了资料整理、图表绘制等大量工作。此外，本书在编写的过程中，得到了同行、朋友及有关单位的帮助与支持，在此向他们表示衷心的感谢！

由于时间和水平有限，书中难免存在不足之处，敬请批评指正。

编著者

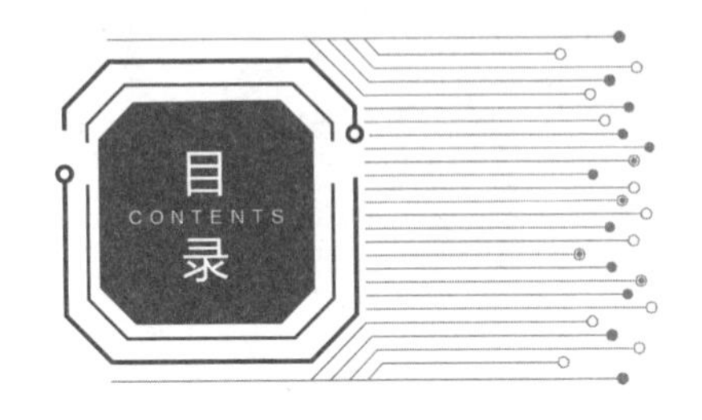
目
CONTENTS
录

第 1 章
变频器

1.1 变频器的分类与结构

1.1.1 变频器的分类

变频器是一种利用电力半导体器件的通断作用改变工作电源频率和电压的电力控制装置，如图 1-1 所示。

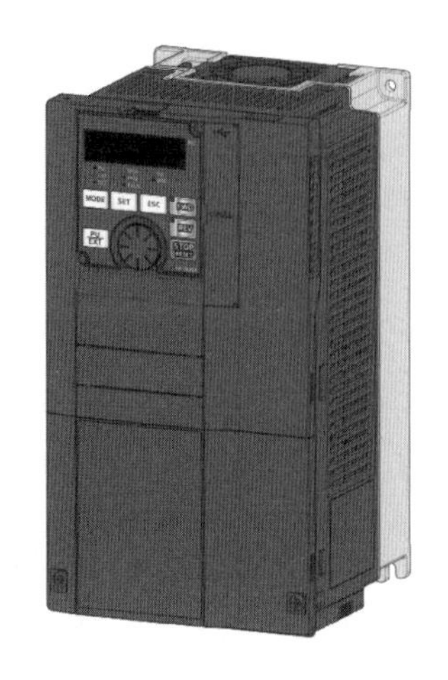

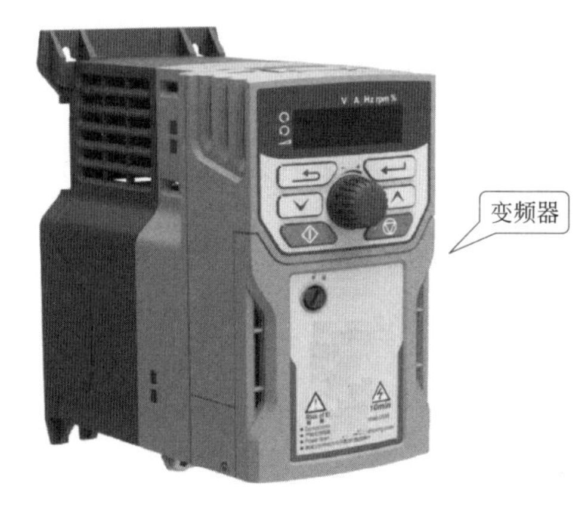

图 1-1 变频器

变频器的分类方式有很多种，交 - 直 - 交等变频器的一些分类方式如下：

① 根据电压等级分为 220 ～ 240V、380 ～ 480V、660V、1140V 等。

② 根据电压高低分为低压变频器、高压变频器。其中高压变频器为 2 ～ 10kV，低压变频器为 380 ～ 660V。

③ 根据控制方式分为 V/F 控制、转差频率控制、矢量控制。

④ 根据输出电压调节方式分为 PAM 方式、PWM 方式、高载波变频率 PWM 方式。

⑤ 根据输入电源的相数分为三进三出变频器、一进三出变频器。

⑥ 根据用途分为通用变频器、专用变频器、高性能通用变频器、高频变频器、小型变频器。

⑦ 根据电源的性质分为电流型变频器、电压型变频器。

⑧ 根据主电路使用的器件分为 IGBT、GTR、GTO、SCR、IGCT、MOSFET、IPM 变频器等。

1.1.2 变频器的结构

不同类型的变频器，其具体结构有差异。熟悉变频器的结构，有利于拆机维修。变频器的结构如图 1-2 所示。

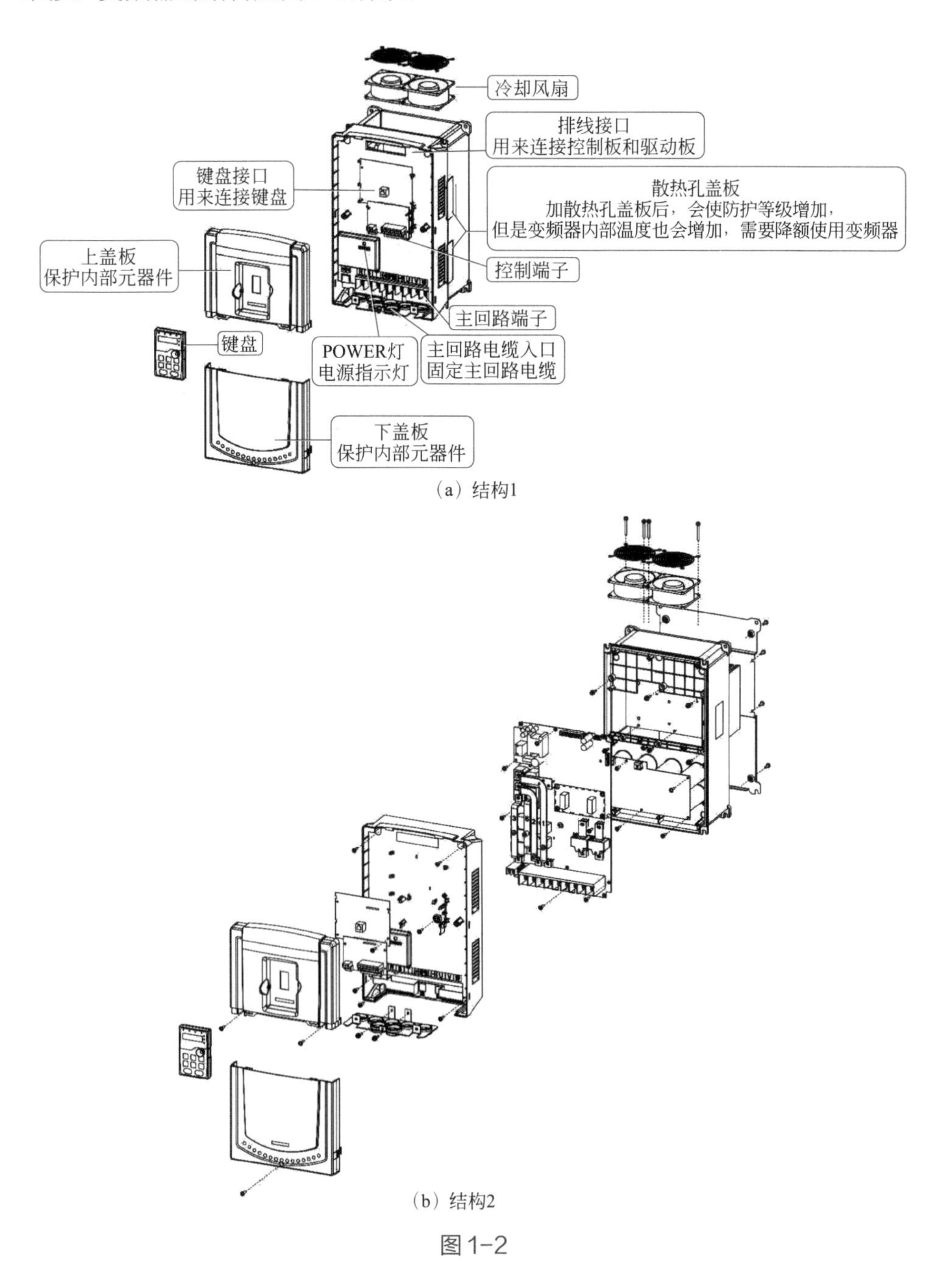

（a）结构1

（b）结构2

图 1-2

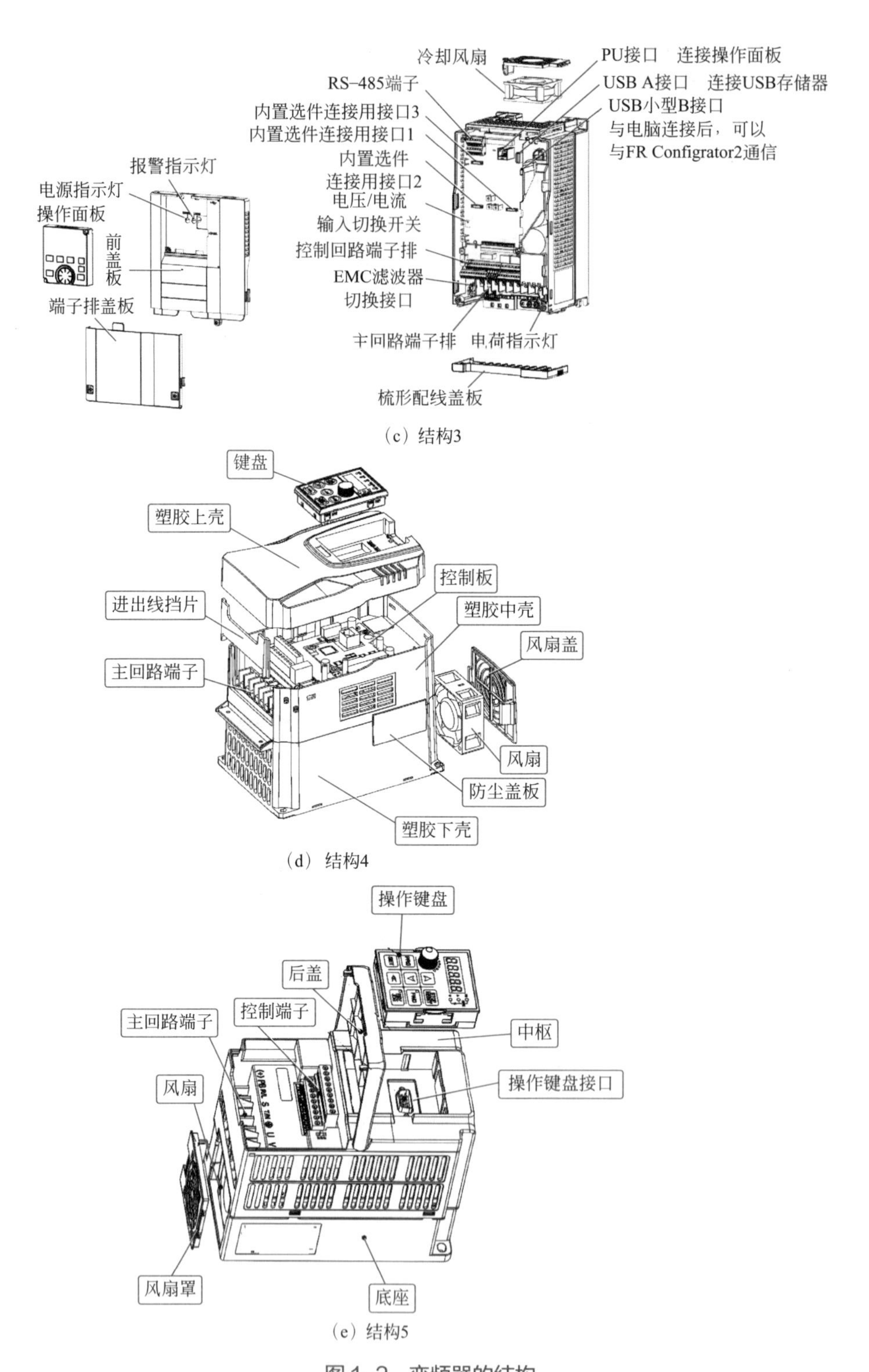

（c）结构3

（d）结构4

（e）结构5

图1-2　变频器的结构

1.2 变频器的原理与控制方式

1.2.1 变频器内部框图

变频器内部框图如图 1-3 所示。变频器主要由整流电路、滤波电路、逆变电路（直流变交流）、驱动单元、检测单元、制动单元、微处理单元等组成。

变频器靠内部 IGBT 的开断来调整输出电源的电压、频率，根据电机的实际需要来提供其所需要的电源电压，进而达到节能、调速的目的。

变频器还有保护功能，例如过压、过流、过载保护等。

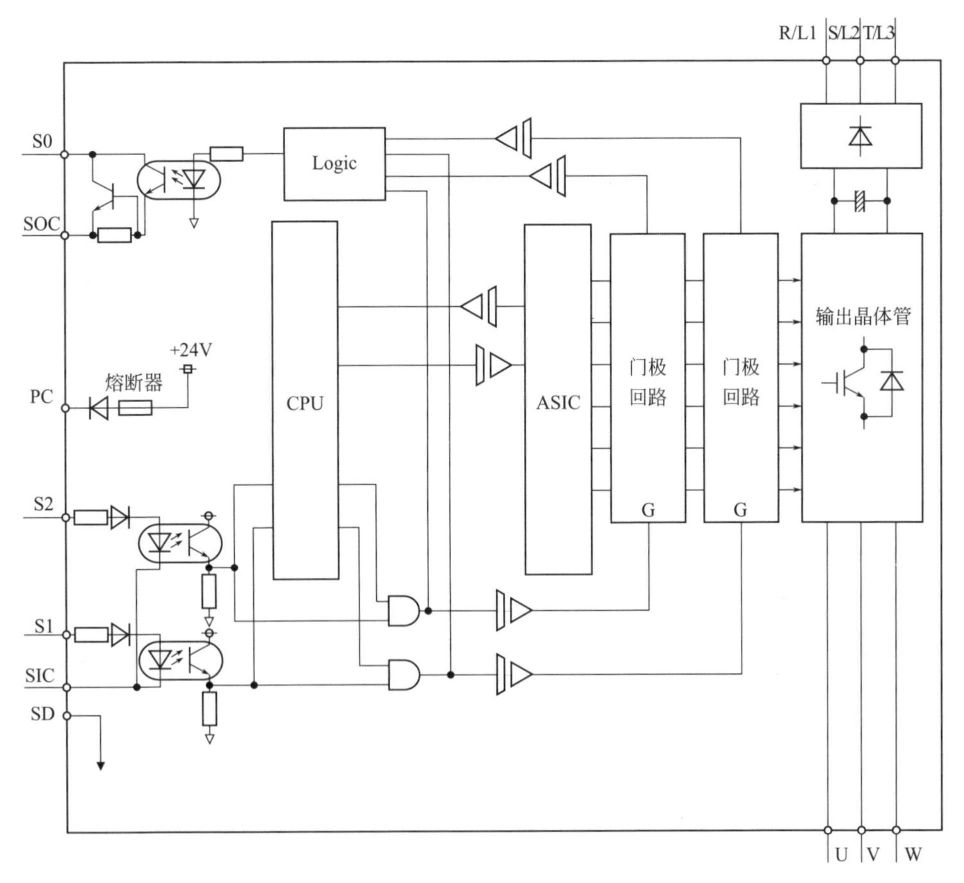

（a）变频器内部框图1

图 1-3

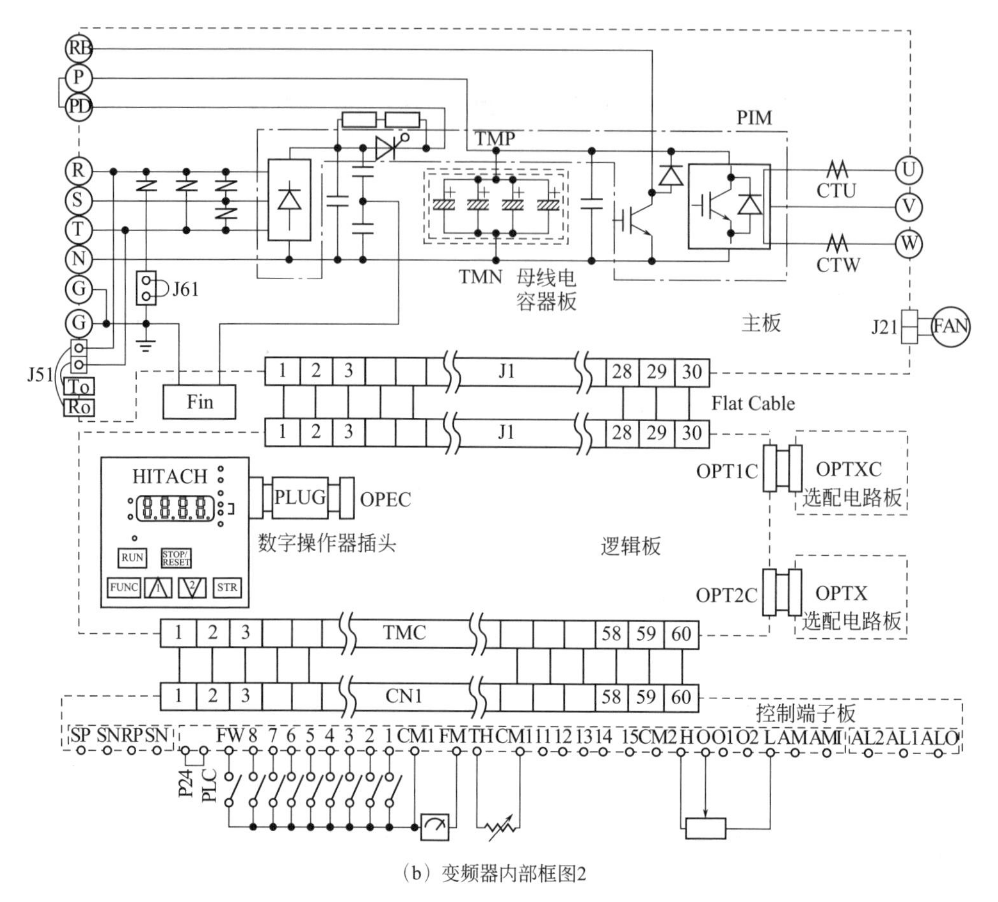

（b）变频器内部框图2

图 1-3　变频器内部框图

1.2.2　变频器的原理

变频器分为电压型变频器、电流型变频器。其中，电压型变频器采用电容滤波，主要是利用大电容两端的电压不能突变的特性。

电流型变频器滤波采用大电感滤波，主要是利用流经电感的电流不能突变的特性。

变频器还可以分为交－交变频器、交－直－交变频器等。交－直－交变频器就是固定频率的交流电经过整流变成直流电，再经过逆变变成频率可变的交流电。

交－直－交变频器主电路主要由整流电路、逆变电路等组成，如图 1-4 所示。为了防止触电，电机、变频器必须接地后使用。

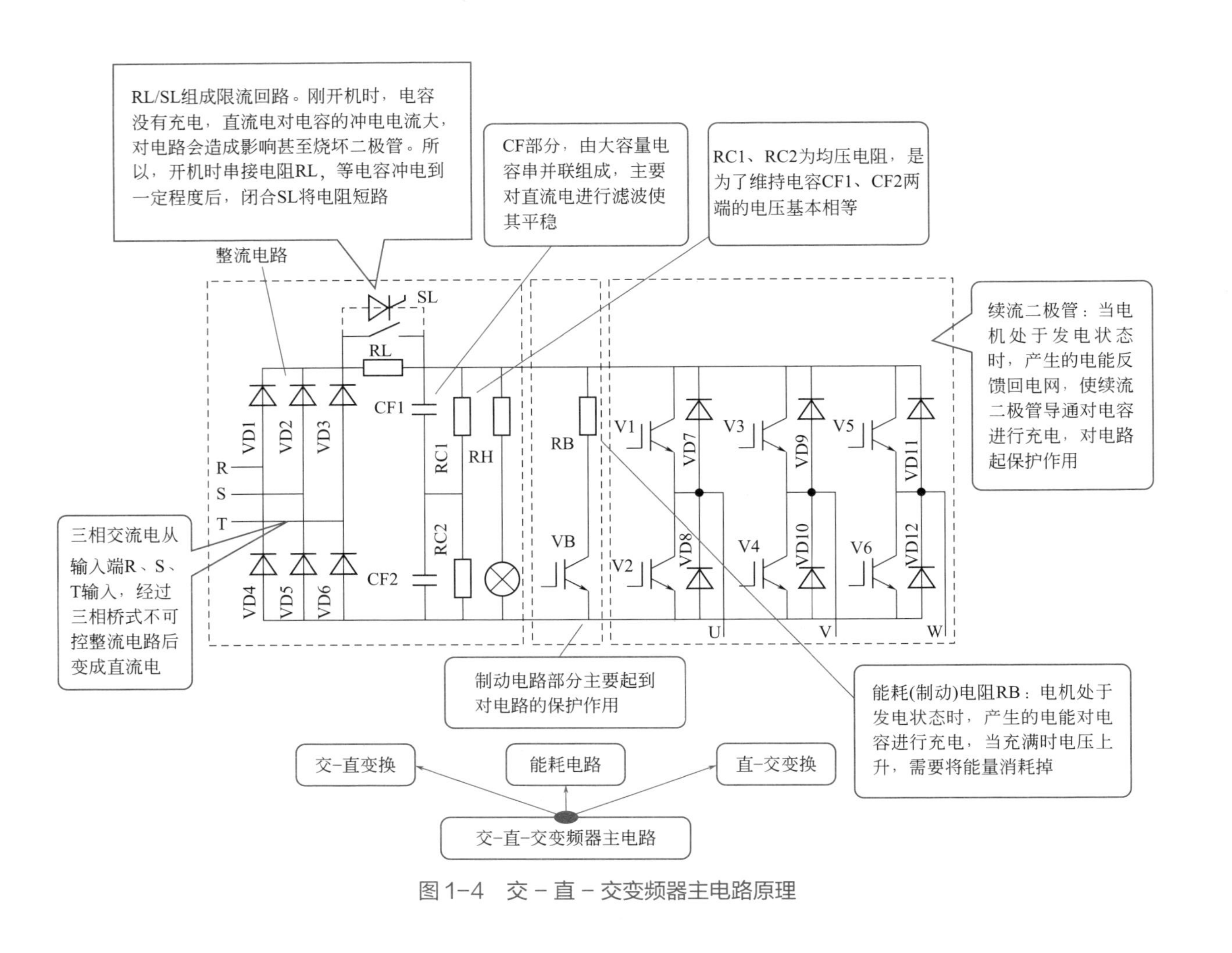

图1-4 交-直-交变频器主电路原理

1.2.3 逆变的原理

首先了解单相逆变电路的工作模型，进而了解三相逆变的原理。单相逆变电路的工作模型、特点如图 1-5 所示。

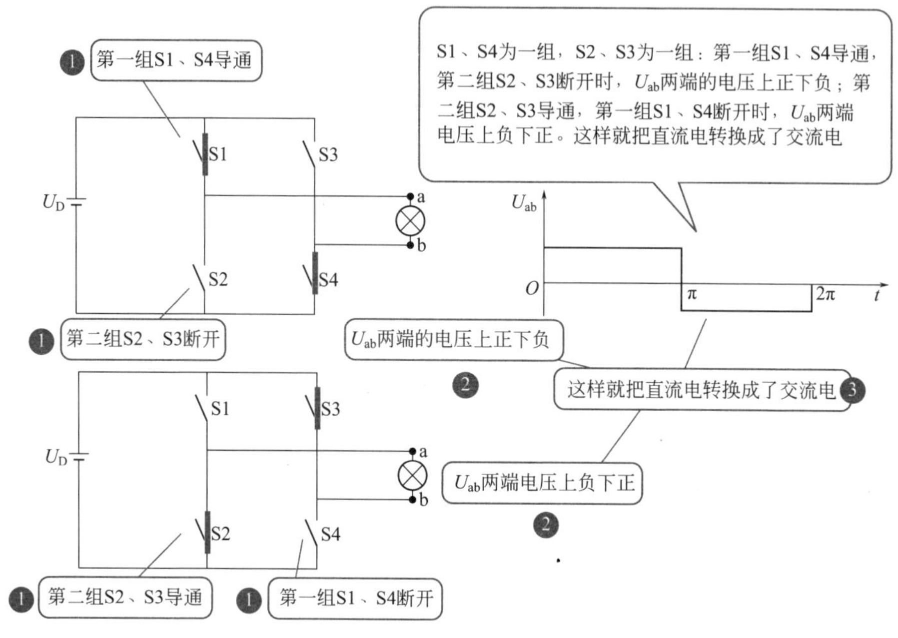

图 1-5 单相逆变电路的工作模型、特点

三相逆变电路的工作模型、特点如图 1-6 所示。

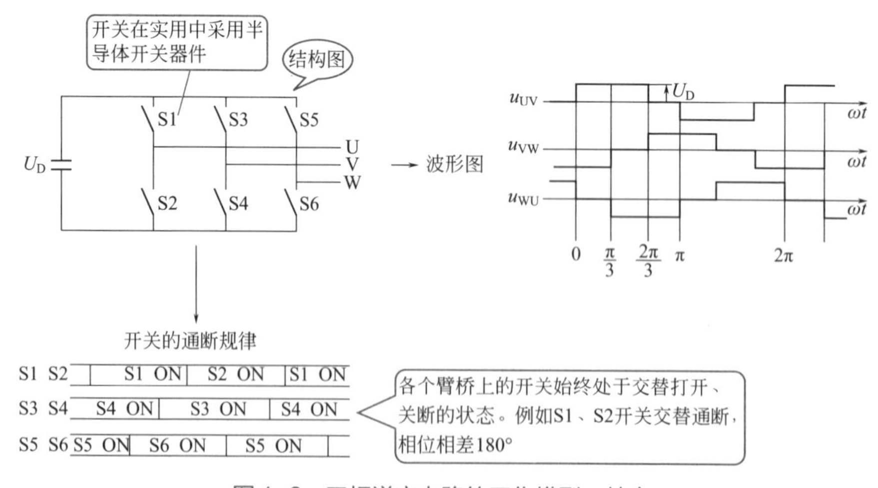

图 1-6 三相逆变电路的工作模型、特点

1.2.4 变频器的运行控制方式

变频器的运行控制方式，就是指使变频器进入运行状态的动作条件。变频器的运行控制方式类型有端子运行方式、键盘运行方式、RS-485 通信运行方式等。其中，端子运行方式又可以分为二线式运行、三线式运行等类型。某款变频器的运行控制方式如图 1-7 所示。

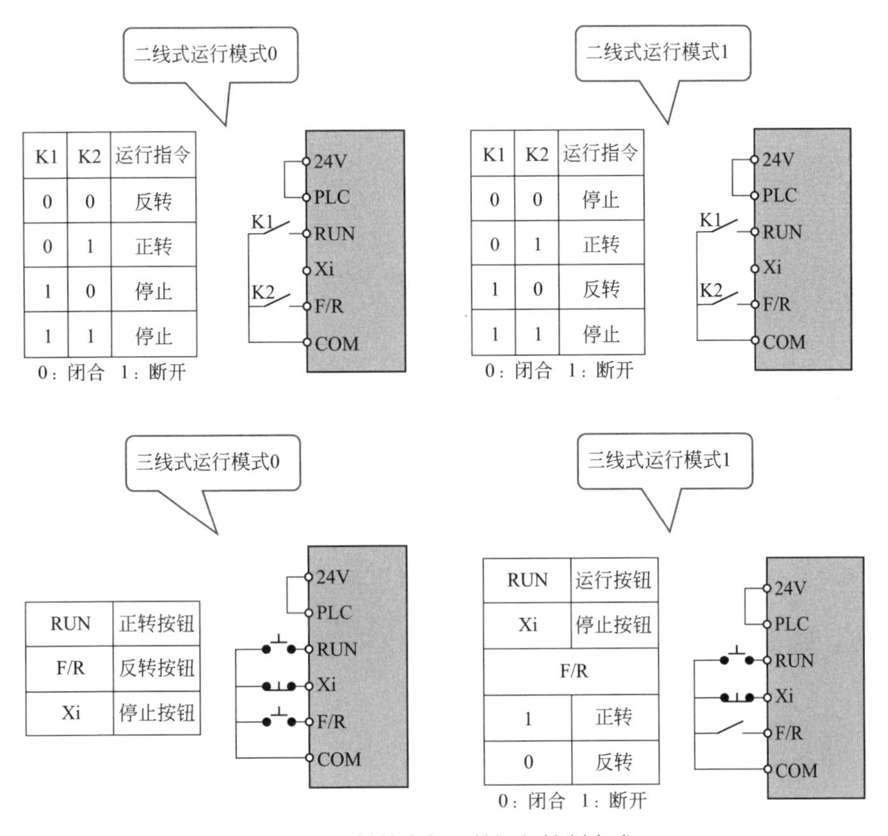

图 1-7 某款变频器的运行控制方式

第2章
变频器控制系统

2.1 基础与常识

2.1.1 变频器功能与应用场合

变频器功能与应用场合见表 2-1。

表 2-1 变频器功能与应用场合

功能	适用场合	目的	说明
PID 控制	空调等	提升操作性	运用 PID 的功能使用预订及回馈的数值控制输出达到稳定
变频器 / 工频电源切换运转	风机、水泵等停止时可移动的负载	变频器 / 工频电源切换	变频器与工频电源切换运转不需要停止电机，或者重负载先经工频电源启动，再由变频器执行变速运转
变频器过热报警	空调等	安全维护	外加热动开关可将热信号送入变频器，进行必要的报警防护措施
操作信号选择	一般场合	选择控制信号来源	选择变频器由外部端子或者键盘控制
低电压信号输出	一般场合	提供运转状态信号	变频器侧 P-N 端电压，低电压检出后送出一信号提供给外部系统或控制线路
多段加减速切换运转	输送机械、自动转盘等	以外部信号切换加减速时间	以外部信号切换多段加减速运转，当一台变频器驱动两台以上电机时，以该功能来实现高速 / 缓冲启动停止功能
多段速运转	输送机械	以多段预设速度执行周期性运转	以简单接点信号可控制 8 段速运转，也可以配合外部微动开关执行简易位置控制
多功能模拟输出	一般场合	显示运转状态	变频器运转频率或输出电流、电压，直流电压、电流计显示等应用
多功能模拟输入	一般场合	提升操作性	变频器辅助频率指令，输入电压、电流调整，可以由外部模拟信号控制
负载转速显示	一般场合	显示运转状态	电机转速、机械转速、机械线速度显示在键盘上
过转矩设定	水泵、风机、挤出机等	保护机械，提升运转连续性、可靠性	变频器内部可设定电机或机械过转矩侦测基准，在发生过转矩时调节输出频率
过转矩信号输出	风机、水泵、工作机械、挤出机等	保护机械，提升运转的可靠性	电机发生过转矩超出变频器设定的基准时，送出一信号来防止机械负载受损
节能运转	冲床机械、精密工作机械	节能、降低振动等作用	加减速中以满电压运转，恒速运转中以设定比率执行节能运转
累积工作时间	一般场合	显示运转时间	变频器运转时间累积计算，可以用于计算工作效率

续表

功能	适用场合	目的	说明
零速时信号输出	一般场合、加工机械等	提供运转状态信号	变频器输出频率低于最低输出频率时送出一信号，提供给外部系统或控制线路
频率保持运转	一般场合	加减速暂停	变频器加减速中输出频率保持
频率上下限运转	水泵、风机等	控制电机转速于上下限内	外部运转信号无法提供上下限增益与偏压时，可在变频器内个别设定调整
频率指令丢失时继续运转	空调等	提升运转连续性	频率指令丢失时，变频器仍可以继续运转
频率指令急速变化	一般场合	提升运转连续性、可靠性	频率指令急降到原设定值的10%以下时，变频器输出信号给外部系统或控制线路
任意速度到达信号输出	一般场合	提供运转状态信号	变频器输出频率在一任意设定范围内，可送出信号给外系统或者控制线路
设定禁止频率指令	水泵、风机等	防止机械振动	禁止频率设定后，变频器无法在禁止频率范围内定速运转
失速防止	一般场合	提升运转持续性	变频器可设定失速时，检测电流的基准，防止不必要的停机
输出频率到达1	一般场合	提供运转状态信号	变频器输出频率在一任意设定值以上时，可以送出信号给外系统或者控制线路
输出频率到达2	一般场合	提供运转状态信号	变频器输出频率在一任意设定值以上时，可以送出信号给外系统或者控制线路
输出中断状态	一般场合	提供运转状态信号	变频器基极封锁时，可以送出一信号给外系统或者控制线路
输入/输出电源缺相检出	一般场合	安全维护	电源或电机侧电源缺相时，变频器自我保护
速度到达信号输出	一般场合、加工机械等	提供运转状态信号	变频器输出频率到达设定频率时，送出一信号，提供给外部系统或控制线路
速度寻找	风机、绕线设备等惯性负载	自由运转中电机再启动	自由运转中的电机停止前，不需检出电机速度即可再启动，变频器自动寻找电机速度，速度一致后再加速
异常自动再启动	空调等	提升运转连续性与可靠性	异常故障原因消失，变频器自动复位后再启动
运转前直流制动	风机、水泵等停止时仍转动的负载	自由运转中电机再启动	自由运转中的电机，如运转方向不定，可于启动前先执行直流制动
运转中信号输出	一般场合、机械制动	提供运转状态信号	电机运转中变频器送出一信号，作为停止联锁信号
载波频率选择	一般场合	降低噪声	变频器载波频率可以任意调整，以降低电机共振、噪声
直流制动急停止	高速转轴	没有装制动电阻时，电机急速停止	变频器没有装制动电阻而制动转矩不足时可使用直流制动，使电机急速停止

2.1.2 变频器应用的连线系统

变频器应用系统主要包括变频器以及其外围设备，通过正确连接，形成应用系统。

常见的变频器应用连线系统如图 2-1 所示。图中主要涉及变频器应用的连线系统的主回路、实际应用连线系统，还涉及控制回路的连线。

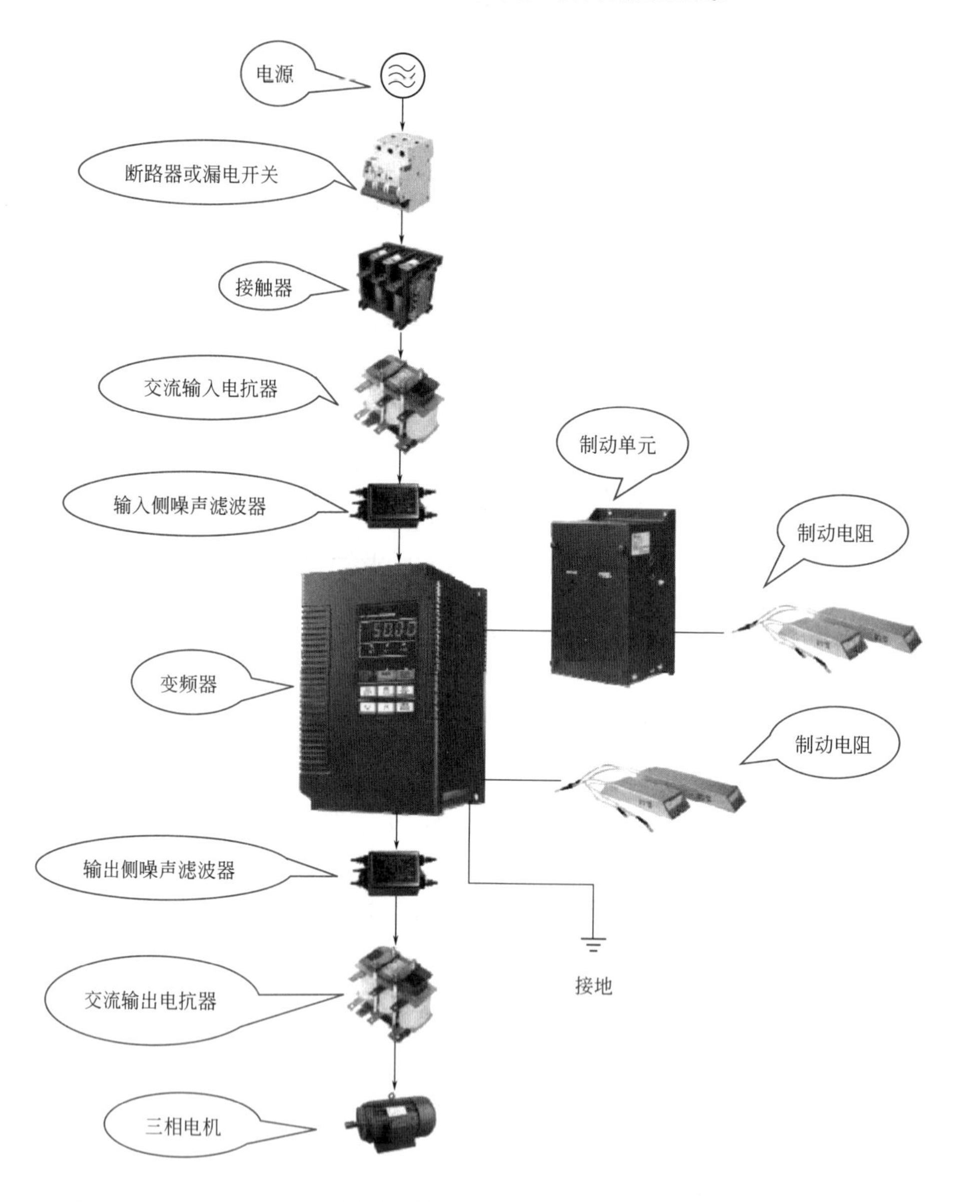

（a）常见的变频器应用连线系统1

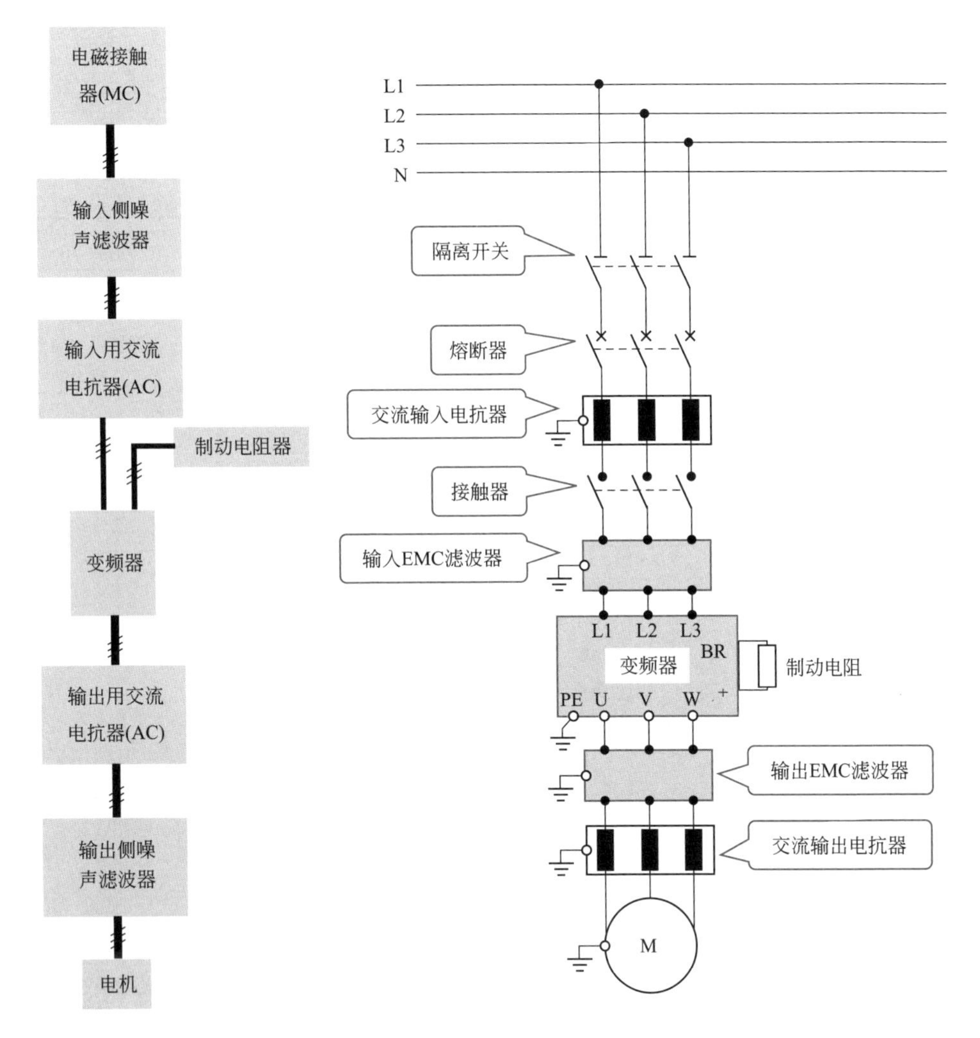

（b）常见的变频器应用连线系统2

（c）常见的变频器应用连线系统3

图 2-1 常见的变频器应用连线系统

2.1.3 变频器主回路端子

变频器应用连线系统的主回路主要涉及变频器主回路端子的应用。

变频器主回路端子也就是用于连接主回路的连接线的连接点。无论是应用还是维修，均应掌握具体变频器的主回路端子。不同的变频器，其主回路端子具体特点有差异，但是其基本功能基本一样。

例如，某几款变频器主回路端子如图 2-2 所示。

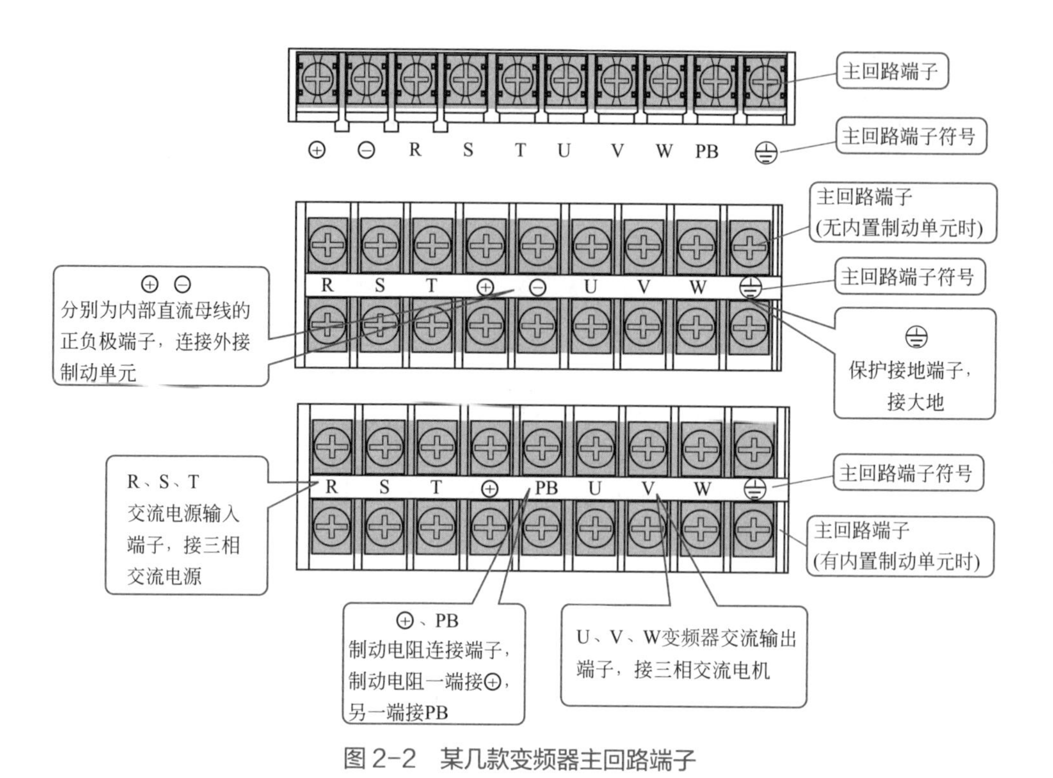

图 2-2　某几款变频器主回路端子

2.1.4　变频器主回路电路原理

不同的变频器，其主回路电路可能存在差异。例如，一些变频器主回路原理电路如图 2-3 所示。变频器主回路电路主要包括整流器、滤波单元、逆变单元等。

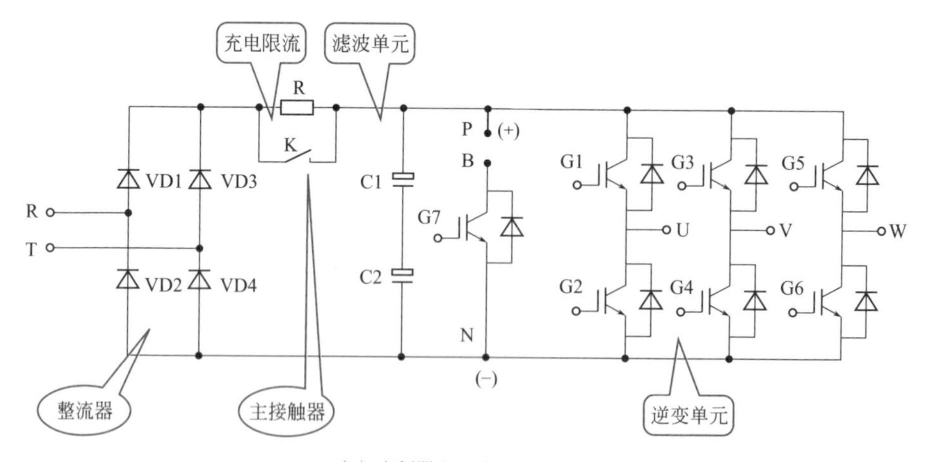

（a）变频器主回路原理电路1

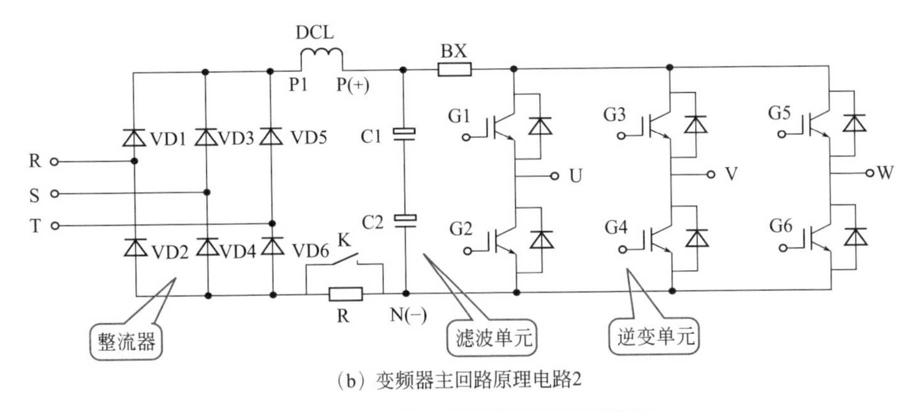

（b）变频器主回路原理电路2

图 2-3　一些变频器主回路原理电路

2.1.5　主回路输入侧接线安装断路器

变频器电源与输入端子间需要安装对应变频器的空气断路器，也就是 MCCB。MCCB 的容量一般为变频器额定电流的 1.5 ～ 2 倍，并且 MCCB 的时间特性需要满足变频器的过热保护要求。

变频器主回路输入侧接线安装断路器如图 2-4 所示。

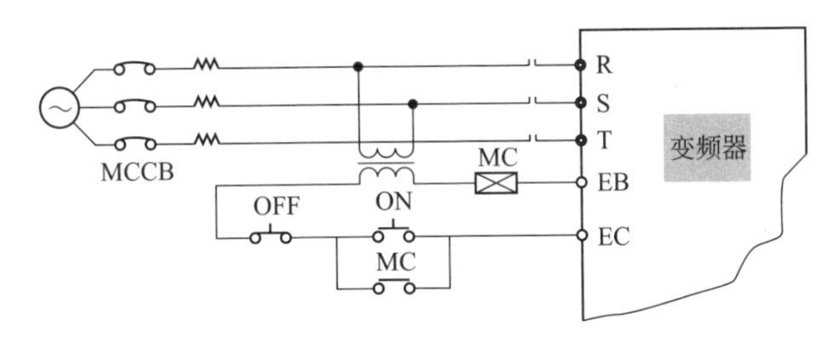

图 2-4　主回路输入侧接线安装断路器

小技巧

变频器容量大于电机容量的组合时，MCCB、电磁接触器需要根据变频器型号选定，电线、电抗器需要根据电机输出来选定。

2.1.6　主回路输入输出的连接

许多变频器均设有主回路端子，也就是主回路的输入与输出均是通过端子连接的。电源输入端与输出电机端一般均设有主回路端子，制动电阻的连接形式因机型不同可能存在差异，应用时要注意。

主回路输入输出的连接如图 2-5 所示。

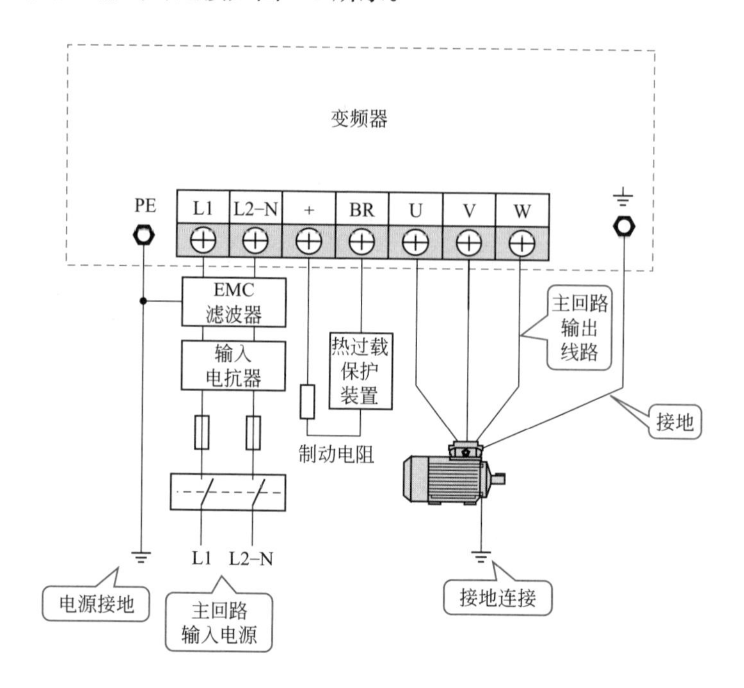

（a）主回路端子1

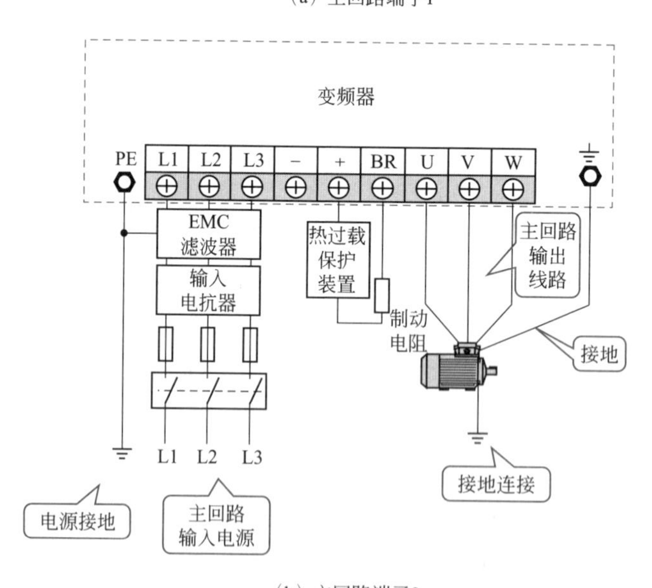

（b）主回路端子2

图 2-5　主回路输入输出的连接

2.1.7 变频器与滤波器的安装

变频器的滤波器，主要用于抑制有关干扰。EMC 滤波器，可以用来抑制从变频器电源线发出的高频噪声干扰。

输入（输出）EMC 滤波器的安装，应尽可能靠近变频器。变频器与 EMC 滤波器的安装如图 2-6 所示。

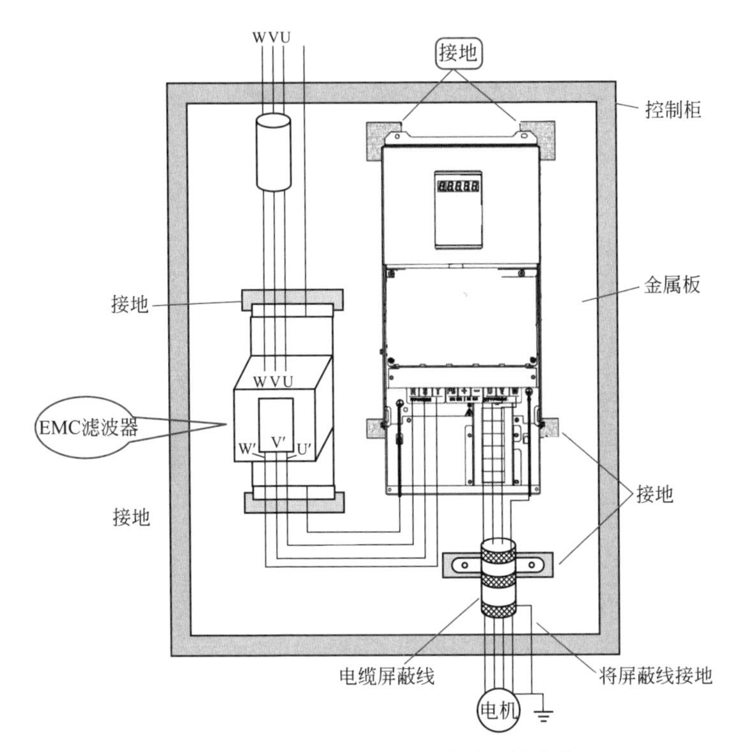

图 2-6 变频器与 EMC 滤波器的安装

小技巧

如果变频器输出的是高频 PWM 信号，则可能产生高频漏电流。因此，其应用电路输入端往往选择专用漏电断路器。

2.1.8 控制回路端子

几乎所有的变频器均有控制回路端子。控制回路端子常见的有电源输出正、电源输出负、多功能输入等端子，如图 2-7 所示。

使用变频器时，应根据线路的需要连接控制回路端子，否则会达不到应用的要求。

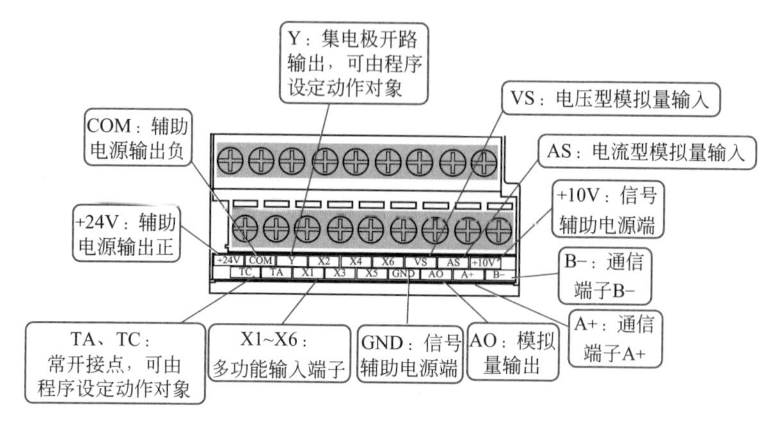

（a）控制回路端子1

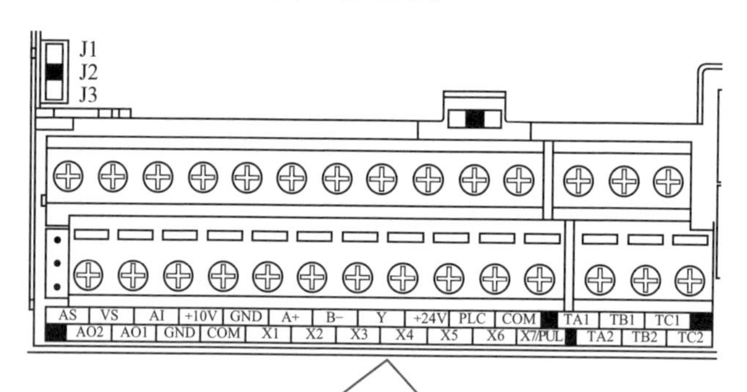

种类	端子符号	端子名称
无源接点输出	TA1	1#继电器常开接点
	TB1	1#继电器常闭接点
	TC1	1#继电器公共接点
	TA2	2#继电器常开接点
	TB2	2#继电器常闭接点
	TC2	2#继电器公共接点
多功能接点输入	PLC	多功能接点输入公共端
	X1	多功能接点输入1
	X2	多功能接点输入2
	X3	多功能接点输入3
	X4	多功能接点输入4
	X5	多功能接点输入5
	X6	多功能接点输入6

种类	端子符号	端子名称
脉冲输入	X7/PUL	多功能接点输入7/高速脉冲输入
模拟输出	AOl	模拟量输出1
	AO2	模拟量输出2
状态输出	Y	集电极开路输出
辅助电源	+24V	辅助电源输出正
	COM	辅助电源输出负

种类	端子符号	端子名称
模拟输入	AS	电流型模拟量输入
	VS	电压型模拟量输入
	AI	电压或电流型模拟量输入
信号辅助电源	+10V	信号辅助电源端
	GND	信号辅助电源端
通信端子	A+	通信端子A+
	B−	通信端子B−

（b）控制回路端子2

图 2-7　控制回路端子

2.1.9 变频器接线图

掌握变频器接线图，才能够正确安装、接线。虽然不需要记住全部型号的接线图，但是对于常见的应掌握。另外，具体操作时，应查看其具体的接线图，以免出现偏差而引起故障。

变频器接线图如图 2-8 所示。

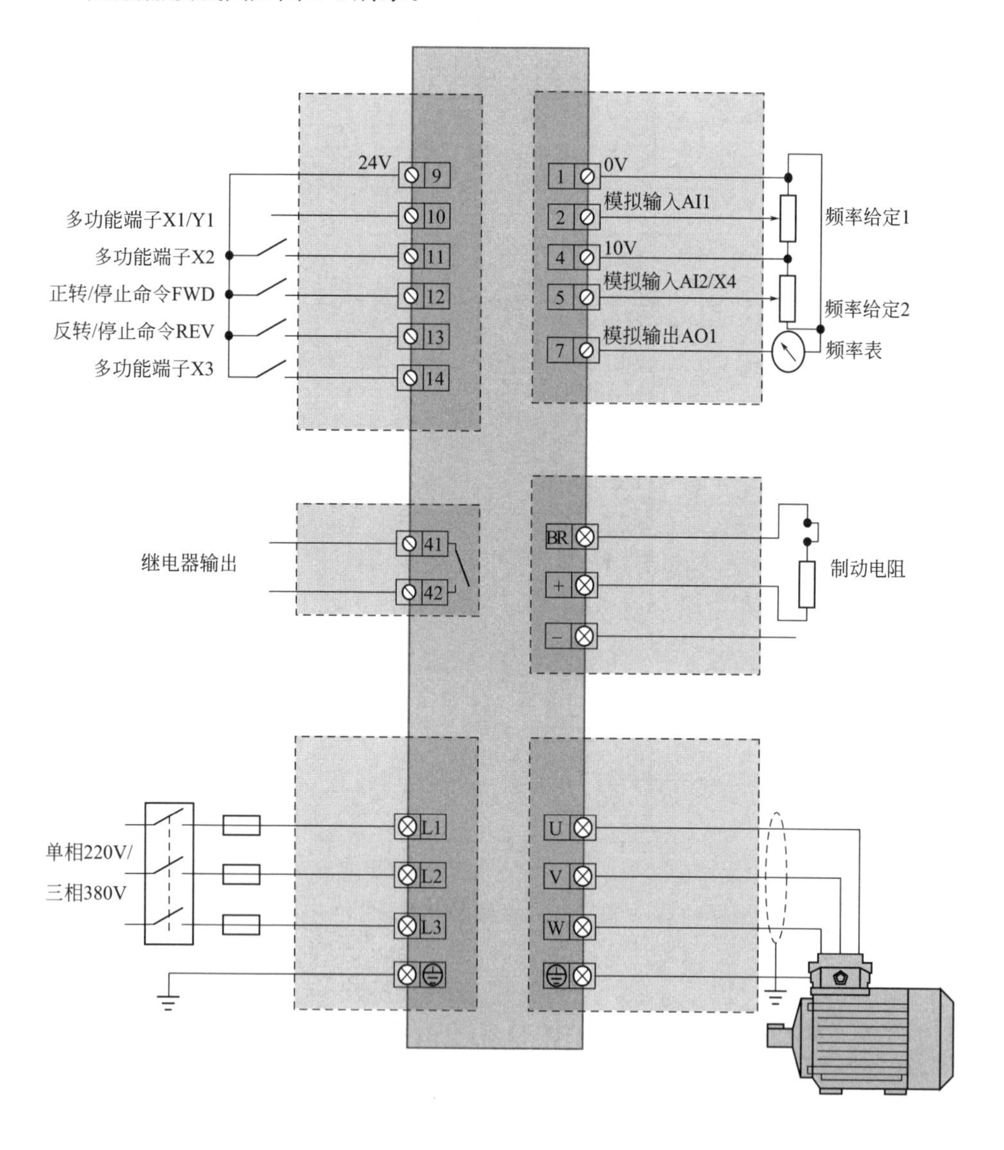

（a）变频器接线图1

图 2-8

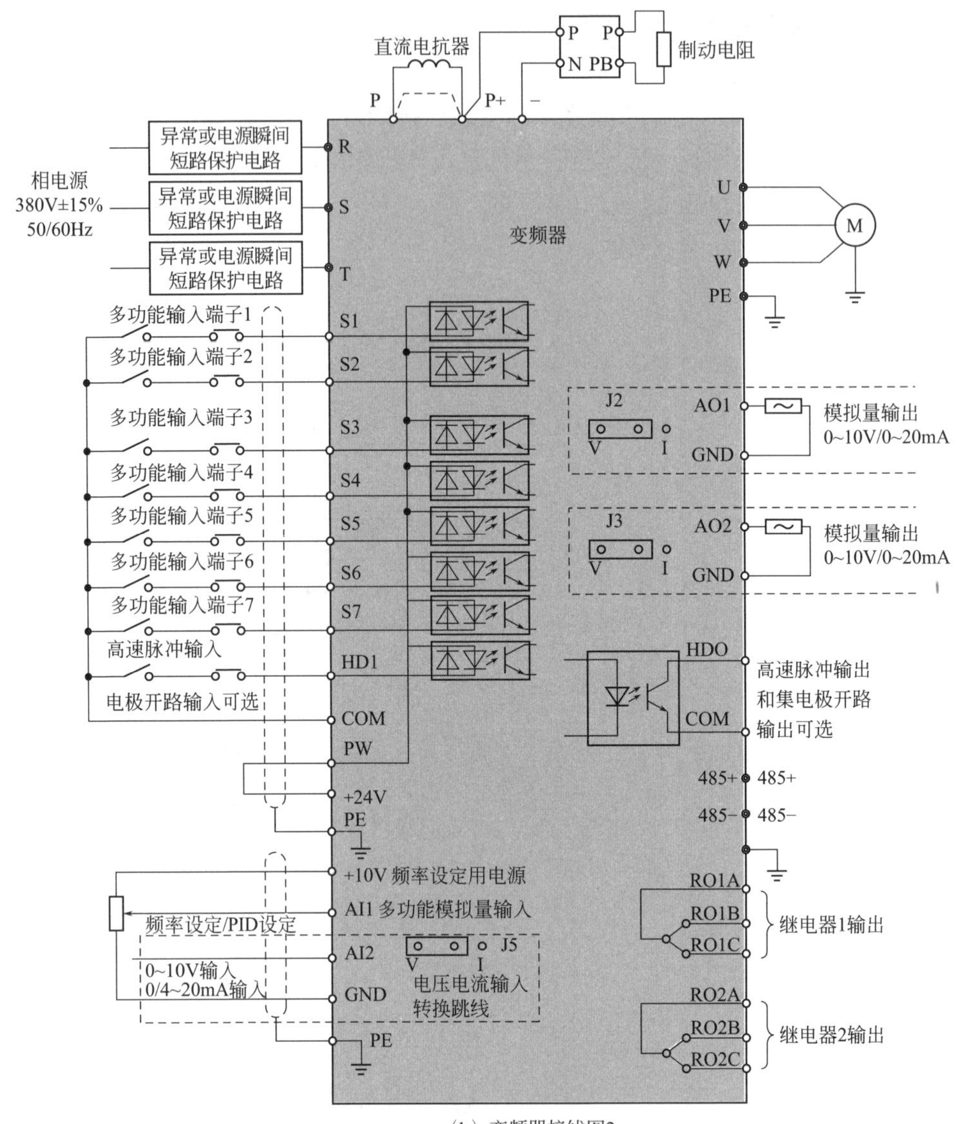

（b）变频器接线图2

图 2-8　变频器接线图

2.1.10　接入变频器前的电机绝缘检查

电机首次使用，或者长时间放置后再使用前，需要做电机绝缘检查，以防因电机绕组绝缘失效而损坏变频器。根据实际情况，一般采用 500V 电压型兆欧表即可。正常情况下测得绝缘电阻不小于 5MΩ，如图 2-9 所示。

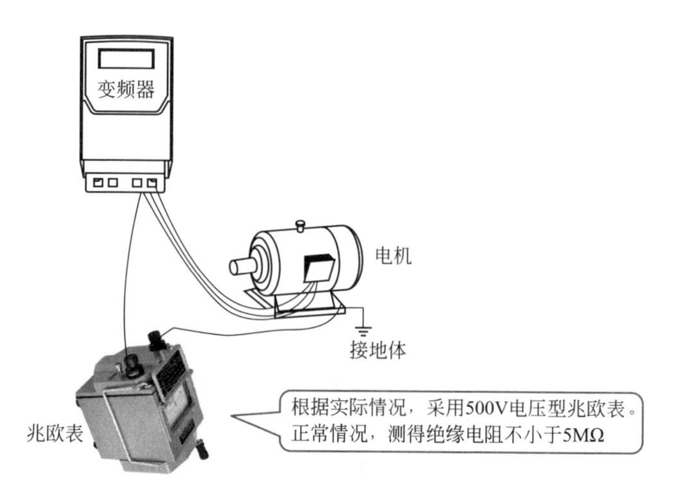

图 2-9　接入变频器前的电机绝缘检查

2.1.11　变频器输出端禁止使用电容

由于变频器输出的是 PWM 波，如果其输出侧安装改善功率因数的电容，或者安装防雷用压敏电阻等，则均会造成变频器损坏电容器件，或者故障跳闸。因此，变频器输出端禁止使用电容器、防雷用压敏电阻等，如图 2-10 所示。

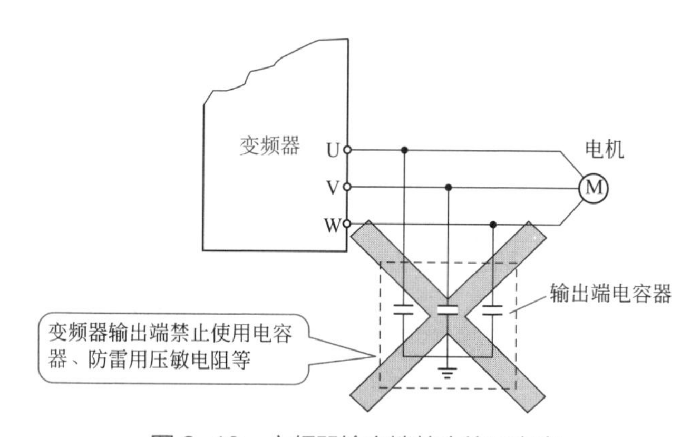

图 2-10　变频器输出端禁止使用电容

小技巧

不要安装进相电容器或浪涌抑制器、无线电噪声滤波器到变频器的输出端，否则会导致变频器故障或电容、浪涌抑制器的损坏。

2.1.12 变频器输出端与电机间安装开关器件

如果需要在变频器输出端与电机间安装接触器等开关器件，则需要确保变频器在无输出时进行通断操作，以免损坏变频器，如图 2-11 所示。

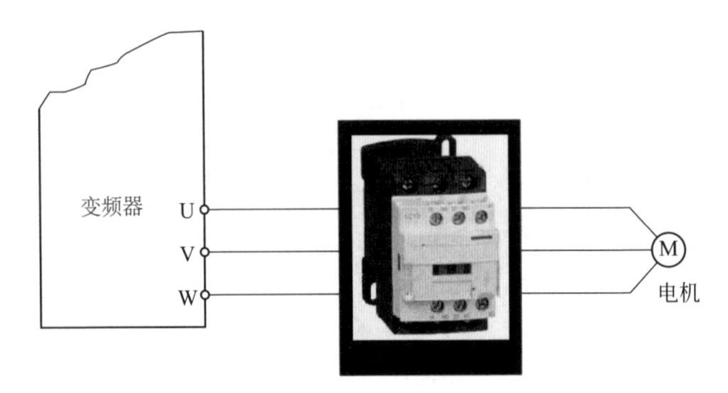

图 2-11　变频器输出端与电机间安装接触器等开关器件

2.1.13 变频器输出电缆的长度

电机电缆分布电容可影响变频器输出负载。为此，需要确保电机电缆长度不超过有关要求。

变频器的功率大小直接决定其到被控电机的最大输出电缆长度。一般而言，变频器功率越大，则其相应的最大输出电缆长度越长。对于一般用户应用，可以参阅有关变频器输出电缆长度的推荐数值。

例如，某款变频器输出电缆长度推荐数值见表 2-2。首先看标称交流电源电压，然后根据工作频率等确定。

表 2-2　某款变频器输出电缆长度推荐数值

变频器型号 XXX-	200V 标称交流电源电压					
	下列频率下允许到电机的最大电缆长度					
	0.667 ~ 3kHz	4kHz	6kHz	8kHz	12kHz	16kHz
20004	50m	37.5m	25m	18.75m	12.5m	9m
20005	50m	37.5m	25m	18.75m	12.5m	9m
20007	50m	37.5m	25m	18.75m	12.5m	9m
20022	100m	75m	50m	37.5m	25m	18m

续表

变频器型号 XXX-	400V 标称交流电源电压					
	下列频率下允许到电机的最大电缆长度					
	0.667kHz	1kHz	2kHz	3kHz	4kHz	6kHz
40004	100m	100m	100m	100m	75m	50m
40005	100m	100m	100m	100m	75m	50m
40110	—	—	200m	200m	150m	100m
40150	—	—	300m	200m	150m	100m

2.1.14 制动电阻

变频器制动电阻需要根据实际应用系统中电机发电的功率来选择，与系统惯量、减速时间、位能负载的能量等有关。

大惯量、长时间频繁制动的场合，需要根据所选变频器规格、制动单元的额定参数，适当调整制动电阻阻值与电阻功率，如图 2-12 所示。

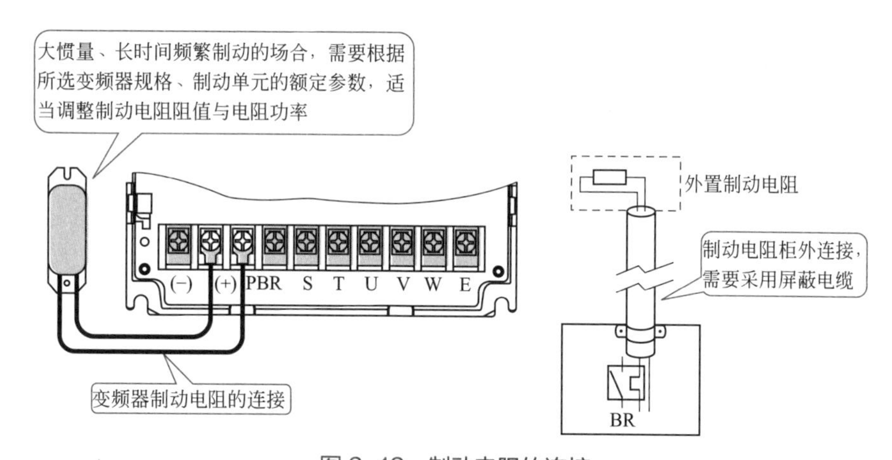

图 2-12　制动电阻的连接

制动电阻还应根据最小电阻值、瞬时功率、连续额定功率等参数来选择，如图 2-13 所示。

多数情况下，变频器制动是偶尔启动，这使得制动电阻的连续额定功率可以远低于变频器额定功率。为此，从连续额定功率值选择的制动电阻更适合变频器的应用范围。但是，也需要注意制动电阻瞬时额定功率，需要满足能应付可能出现的极限制动负载的需求。

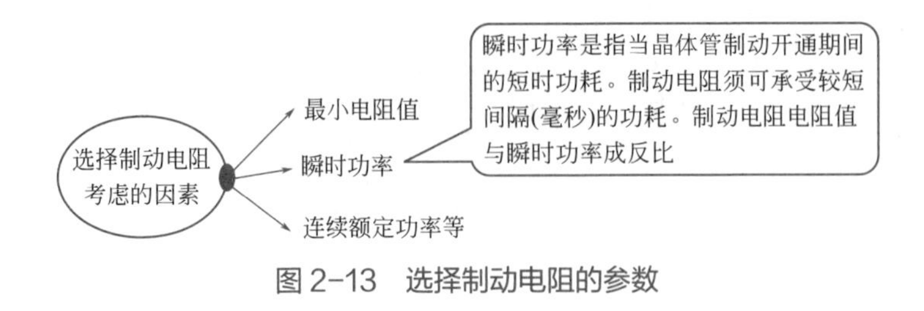

图 2-13　选择制动电阻的参数

小技巧

所选制动电阻电阻值不得低于指定的最小电阻值。如果所选电阻值过大，则制动能力会随之下降，可能导致变频器在制动过程中出现过压保护等现象。因此，所选制动电阻电阻值不宜过小，也不宜过大。

2.1.15　接地线

因为变频器内部可能存在漏电流，所以为了保证变频器应用系统安全，必须将其良好接地，并且接地线的截面大小需要符合要求。一般而言，接地电阻应小于 10Ω，接地线要尽量短、线径要符合要求，如图 2-14 所示。

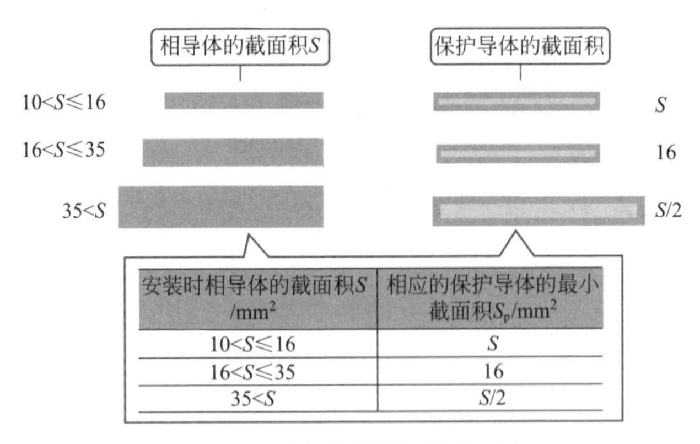

安装时相导体的截面积S /mm^2	相应的保护导体的最小截面积S_p/mm^2
$10<S\leqslant16$	S
$16<S\leqslant35$	16
$35<S$	$S/2$

图 2-14　接地线线径符合要求

变频器连接的电机必须就近独立接地，不能够将电机外壳连接到变频器内部的接地端子，也不能够与控制系统共用同一接地网络，如图 2-15 所示。

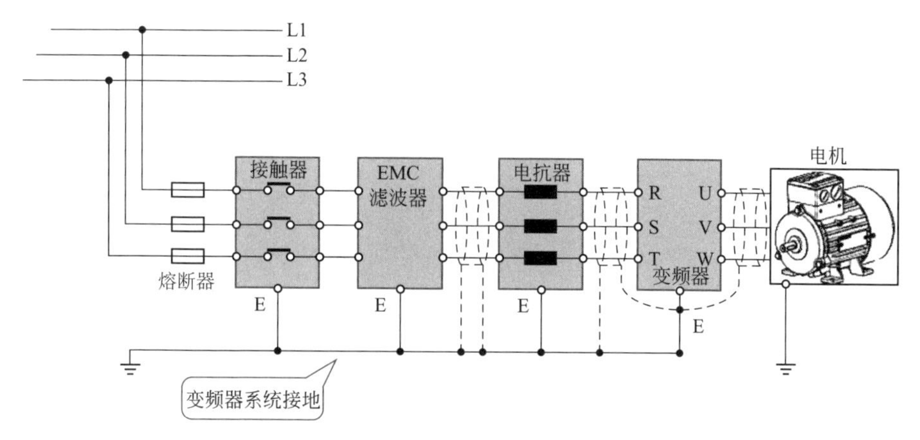

图 2-15　系统接地的要求

2.1.16　电机电缆

变频器应用系统中电机电缆的种类、长短、线直径、线根数等均需要符合要求。电机电缆中热保护、抱闸信号等信号线缆的屏蔽层必须接地，以防噪声电流在控制系统中扩散。

变频器在二类环境下运行，在任何情况下，电机电缆均需要采用屏蔽电缆，有的需要配置 EMC 滤波器。

某些情况下，将 U、V、W 电机电缆穿过铁氧体磁环，即可满足长电缆的要求。

安装电机电缆需要注意保持其与交流供电线的距离。某款变频器要求电机电缆与交流供电线保持至少 100mm 的距离，如图 2-16 所示。

电机电缆屏蔽与接地端子的连线应尽可能短，有的变频器要求不超过 50mm。

电机电缆也可以连到柜内接线端子上，再与变频器输出线在接线端子上实现连接，如图 2-17 所示。

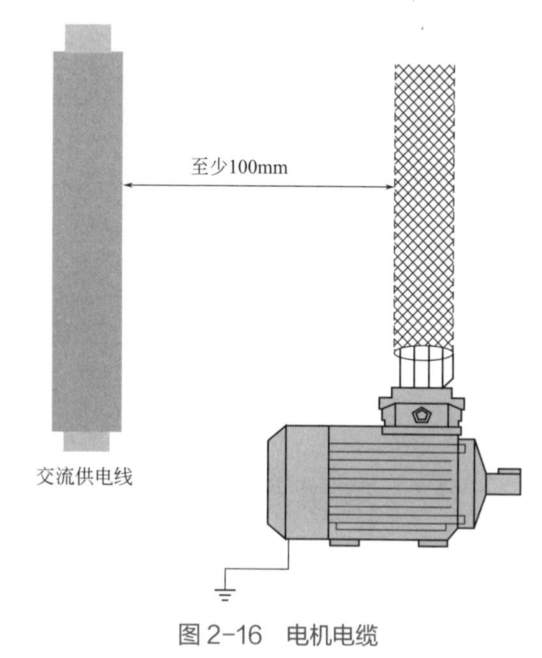

图 2-16　电机电缆

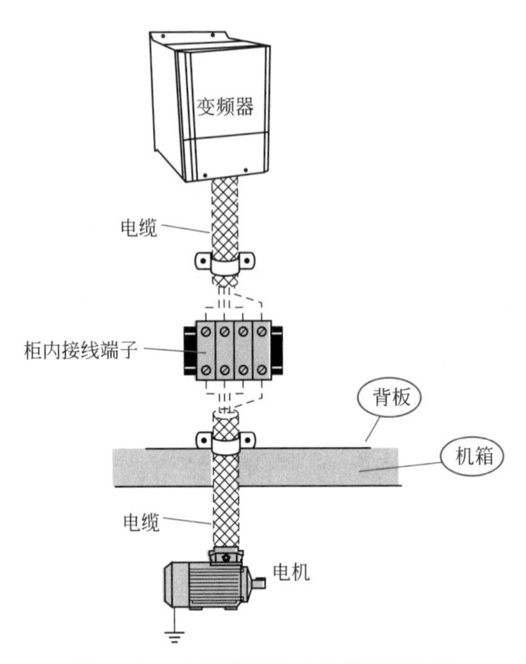

图 2-17　电机线缆柜内接线端子连接

电机电缆也可以使用电机隔离开关来实现，如图 2-18 所示。连接电机电缆屏蔽层的导线可以使用扁平金属连接板。

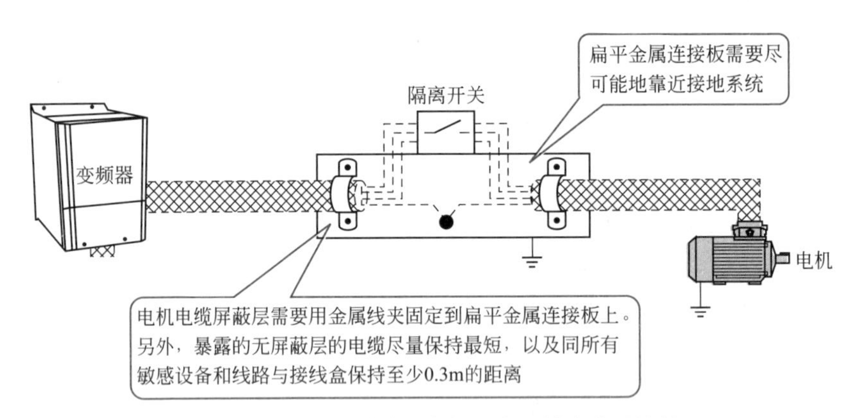

图 2-18　电机电缆使用电机隔离开关来实现连接

2.1.17　变频器应用系统控制电缆

变频器应用系统控制电缆延伸到柜体外时，需要将其进行屏蔽处理，并使用接地支架将屏蔽层压接到变频器金属外壳，如图 2-19 所示。

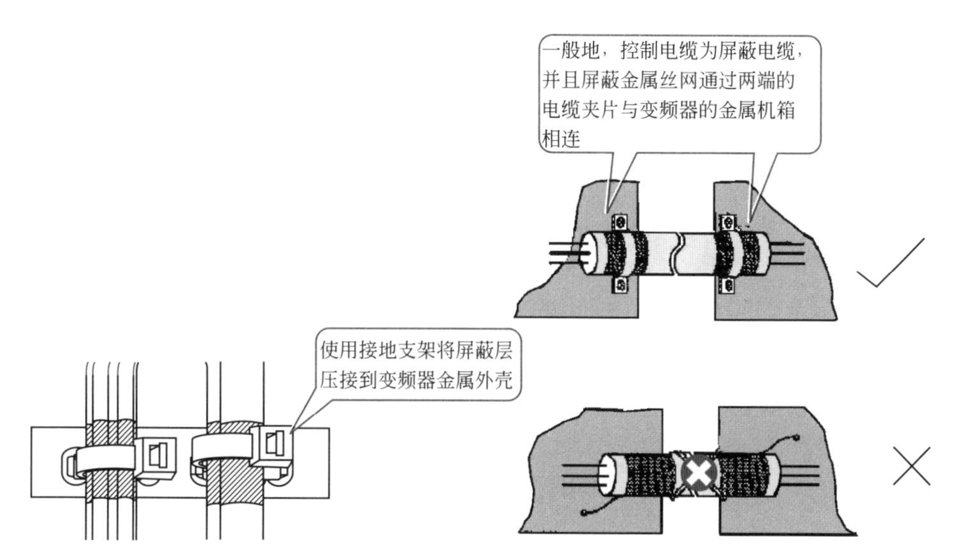

图 2-19　变频器应用系统控制电缆

2.1.18　配线要求

配线需要注意线间距要求、线排布规定等，如图 2-20 所示。

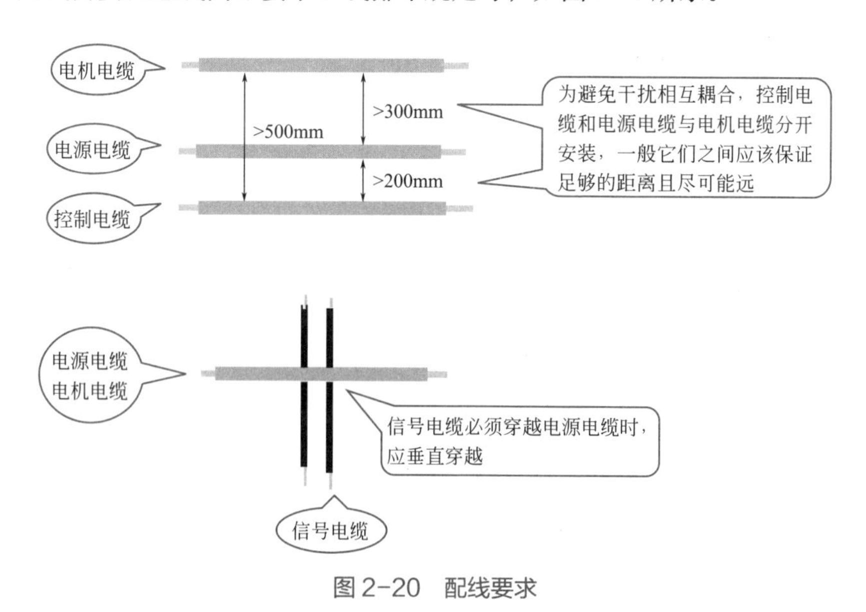

图 2-20　配线要求

如果是多功能光耦合器输出接点，接继电器时，则继电器线圈两端需要并联旁路二极管，如图 2-21 所示。

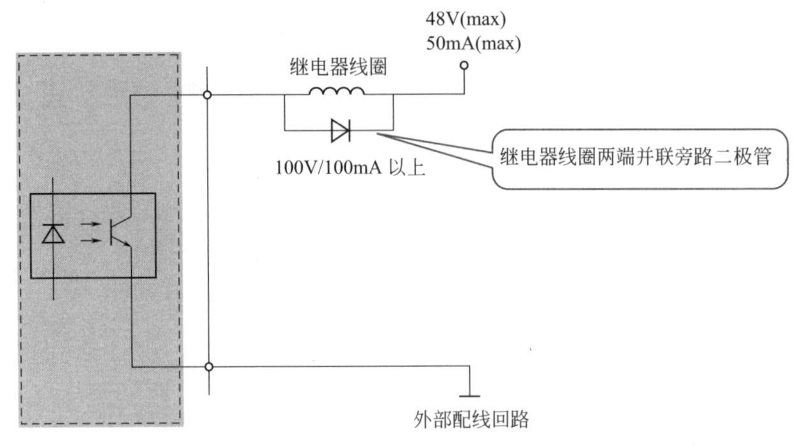

图 2-21　继电器线圈两端需要并联旁路二极管

2.1.19　双绞屏蔽线

变频器控制回路连接线需要与主回路连接线、其他动力线、电源线分开独立布线。

为了避免干扰引起的误动作，变频器控制回路连接线需要采用绞合的屏蔽线，接线距离应小于 50m。与动力线的间隔距离要大于 30cm。

双绞屏蔽线的特点如图 2-22 所示。

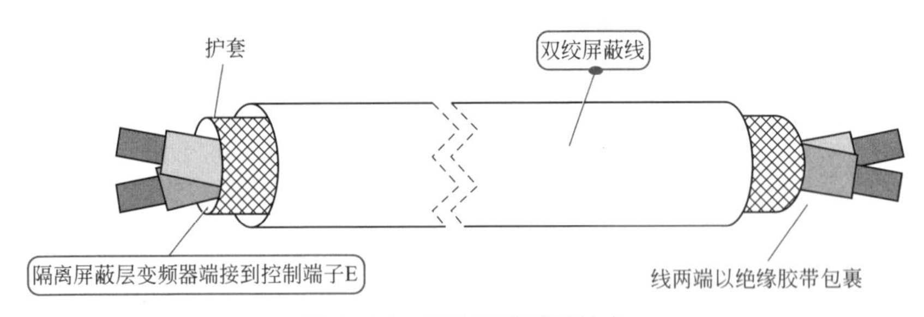

图 2-22　双绞屏蔽线的特点

2.1.20　电线的连接

进行控制回路的接线，首先剥开电线的外皮，再使用棒状端子连接。单根电线接线时，剥开电线的外皮后即可使用。

剥开电线外皮的尺寸如图 2-23 所示。如果剥开外皮过长，则可能会有与邻线发生短路的危险。如果剥开外皮过短，则可能会脱线。对电线需要进行良好的接线处理，以免散乱。

电线采用压接棒状端子连接时，首先将电线的芯线部分露出绝缘套管 0 ～ 0.5mm，然后进行插入、压接等操作，如图 2-24 所示。不得使用没有正确压接或有损伤的棒状端子，如图 2-25 所示。

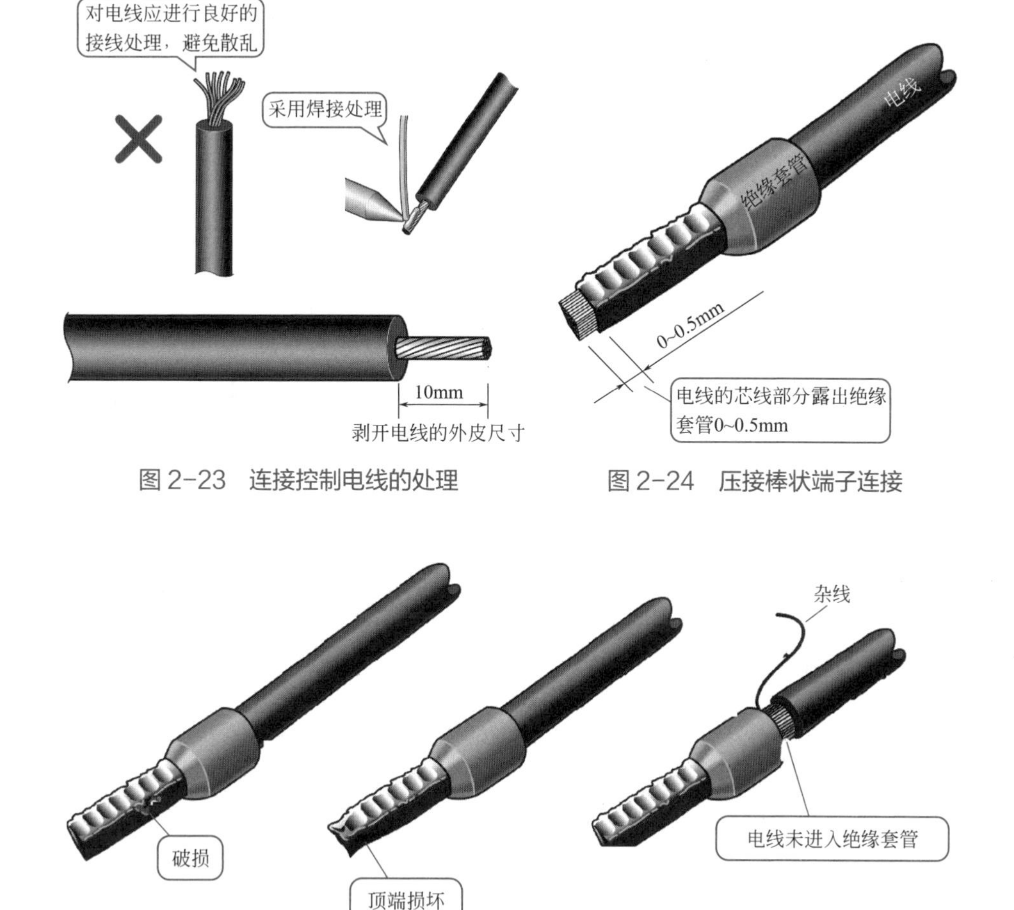

图 2-23　连接控制电线的处理

图 2-24　压接棒状端子连接

图 2-25　不得使用没有正确压接或有损伤的棒状端子

2.1.21　经过金属外壳孔需要安装橡胶塞

变频器有关电线经过金属外壳孔均需要安装橡胶塞，然后电线从橡胶塞中经过，这样可以避免刮坏电线引发故障的危险，如图 2-26 所示。

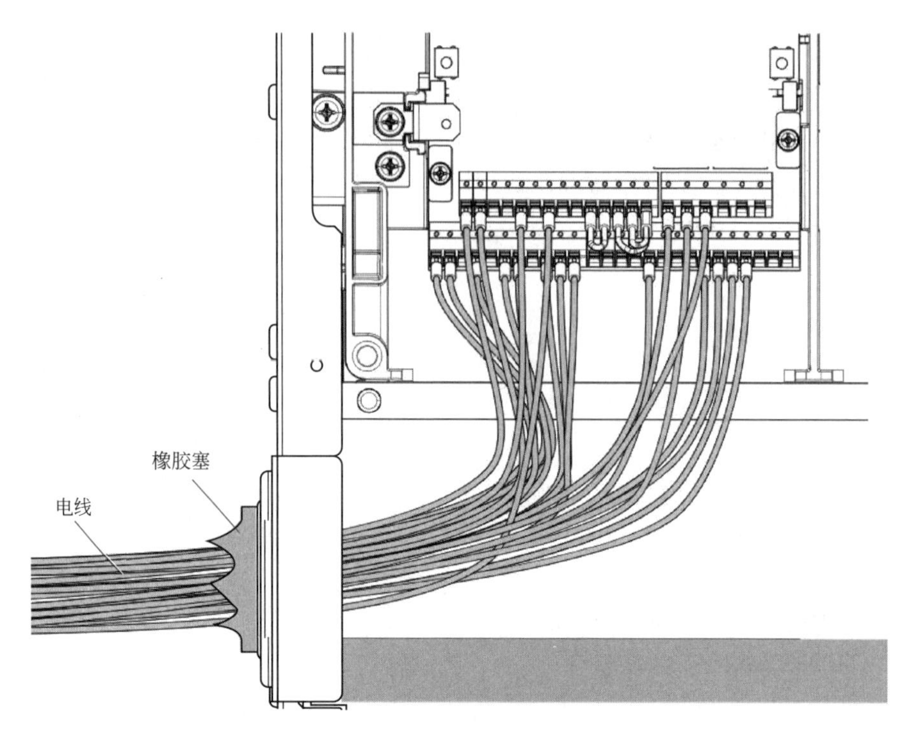

图 2-26　经过金属外壳孔需要安装橡胶塞

2.1.22　采用端子环连接电线

采用端子环连接电线，首先需要把螺钉拆下，然后把螺钉穿入端子环里，再拧紧螺钉，如图 2-27 所示。

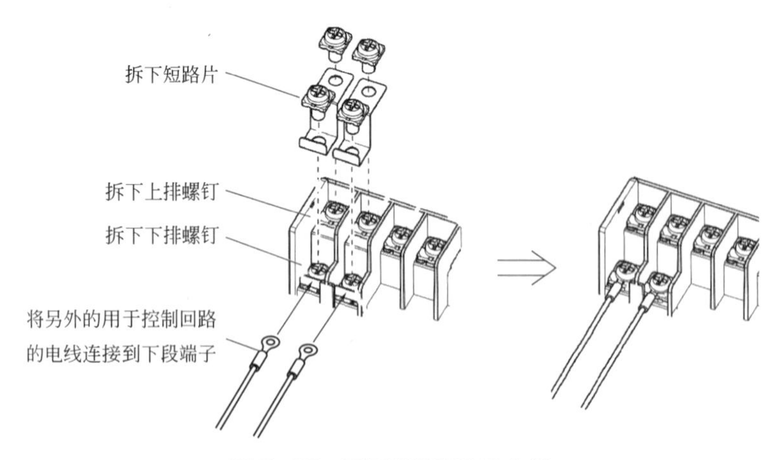

图 2-27　采用端子环连接电线

2.1.23 PLG 电缆夹接地安装

为了减小对 PLG 电缆的噪声干扰，PLG 电缆的屏蔽线需要通过金属制成的 P 线夹或 U 线夹接地到电气柜上，并且尽量安装在变频器附近，如图 2-28 所示。

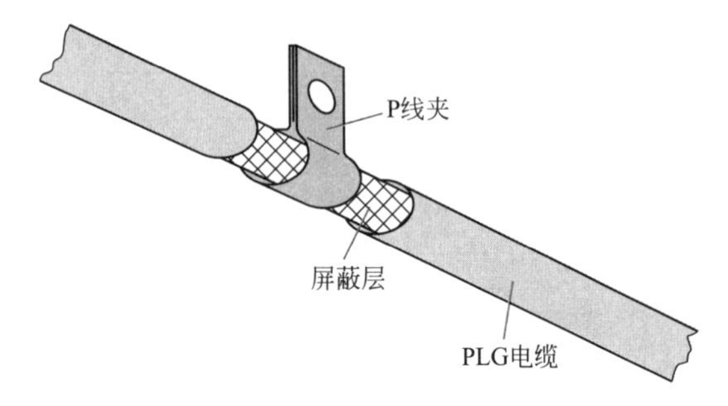

图 2-28 PLG 电缆夹接地安装

2.1.24 变频器 BU 型制动单元的连接

连接制动单元（BU 型）时，将制动单元的端子 HB-PC、端子 TB-HC 间的短路片拆下，在端子 PC-TB 间安装上短路片，如图 2-29 所示。

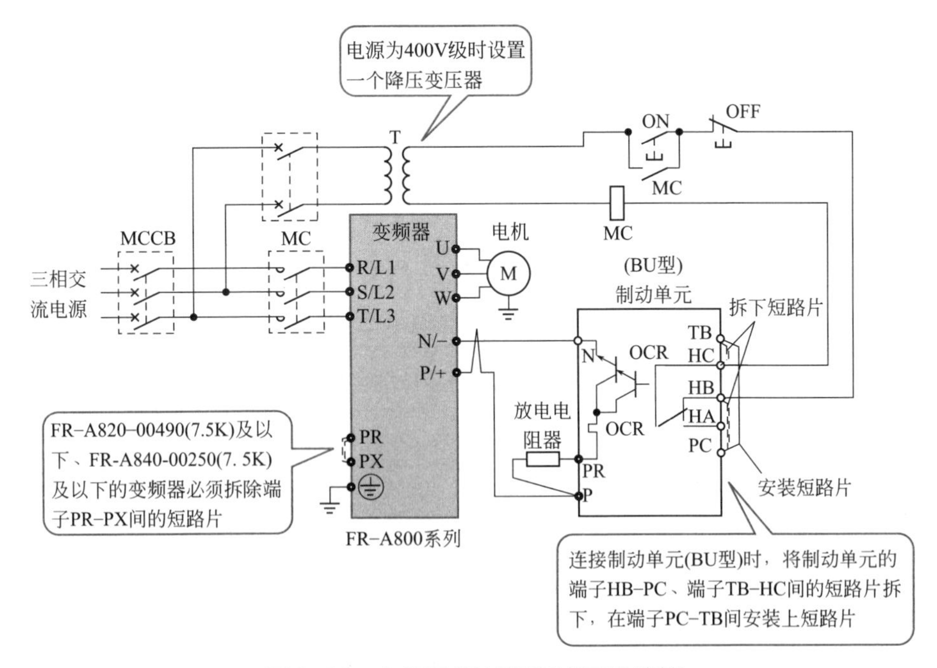

图 2-29 变频器 BU 型制动单元的连接

2.1.25 跳线开关

变频器跳线开关有模拟量输出跳线开关、模拟量输入跳线开关、电压与电流的选择开关等。不同变频器跳线开关不同，应用时需要有针对性地设置。

某变频器的跳线开关功能说明见表 2-3。

表 2-3 某变频器的跳线开关功能说明

跳线开关标号	跳线选择	说明
J3	A 端	当跳帽插接在该端时，AO1 端子选择 DC 0/4 ～ 20mA 电流信号输出
	V 端	当跳帽插接在该端时，AO1 端子选择 DC 0 ～ 10V 电压信号输出
J4	A 端	当跳帽插接在该端时，AO2 端子选择 DC 0/4 ～ 20mA 电流信号输出
	V 端	当跳帽插接在该端时，AO2 端子选择 DC 0 ～ 10V 电压信号输出
J5	A 端	当跳帽插接在该端时，AI2 端子选择 DC 0/4 ～ 20mA 电流信号输入
	V 端	当跳帽插接在该端时，AI2 端子选择 DC 0 ～ 10V 电压信号输入
J14	24V 端	当跳帽插接在该端时，OPEN 端子选择与 +24V 接通，此时 HDI1、DI1 ～ DI5 与 COM 短接为输入有效
	COM 端	当跳帽插接在该端时，OPEN 端子选择与 COM 接通，此时 HDI1、DI1 ～ DI5 与 +24V 短接为输入有效
J15	+5V 端	当跳帽插接在该端时，主板上的端子 +5V/10V-GND 对外提供 +5V 的电源
	+10V 端	当跳帽插接在该端时，主板上的端子 +5V/10V-GND 对外提供 +10V 的电源

2.1.26 接插座

变频器接插座主要实现线缆的连接与拆卸。不同的变频器，接插座相差较大。某变频器接插座功能说明见表 2-4。

表 2-4 某变频器接插座功能说明

接插座标号	功能	说明
J6	主控板－电源板	该接插座是主控板与电源板的连接口，由电源板向主控板供电，是电源板与主控板间信号连接的电气通道
J7	主控板－扩展卡	该接插座是主控板与扩展卡的连接口，由主控板向扩展卡供电，是主控板与扩展卡信号连接的电气通道
LED	主控板－ LED 键盘	该接插座是主控板与 LED 键盘的连接口，由主控板向 LED 键盘供电，是主控板与 LED 键盘信号连接的电气通道
MFI	主控板－多功能扩展口	该接插座是主控板与多功能扩展口的连接口，由主控板向多功能扩展口供电，是主控板与多功能扩展信号连接的电气通道

2.1.27 变频器面板的操作

不同变频器面板不同，具体操作有差异。某些变频器的面板操作特点如图2-30所示。面板上一般会有相关指示灯、监视器、按键、旋钮等，其中，按键常有返回（ESC）按键、确定（SET/ENTER）按键等。

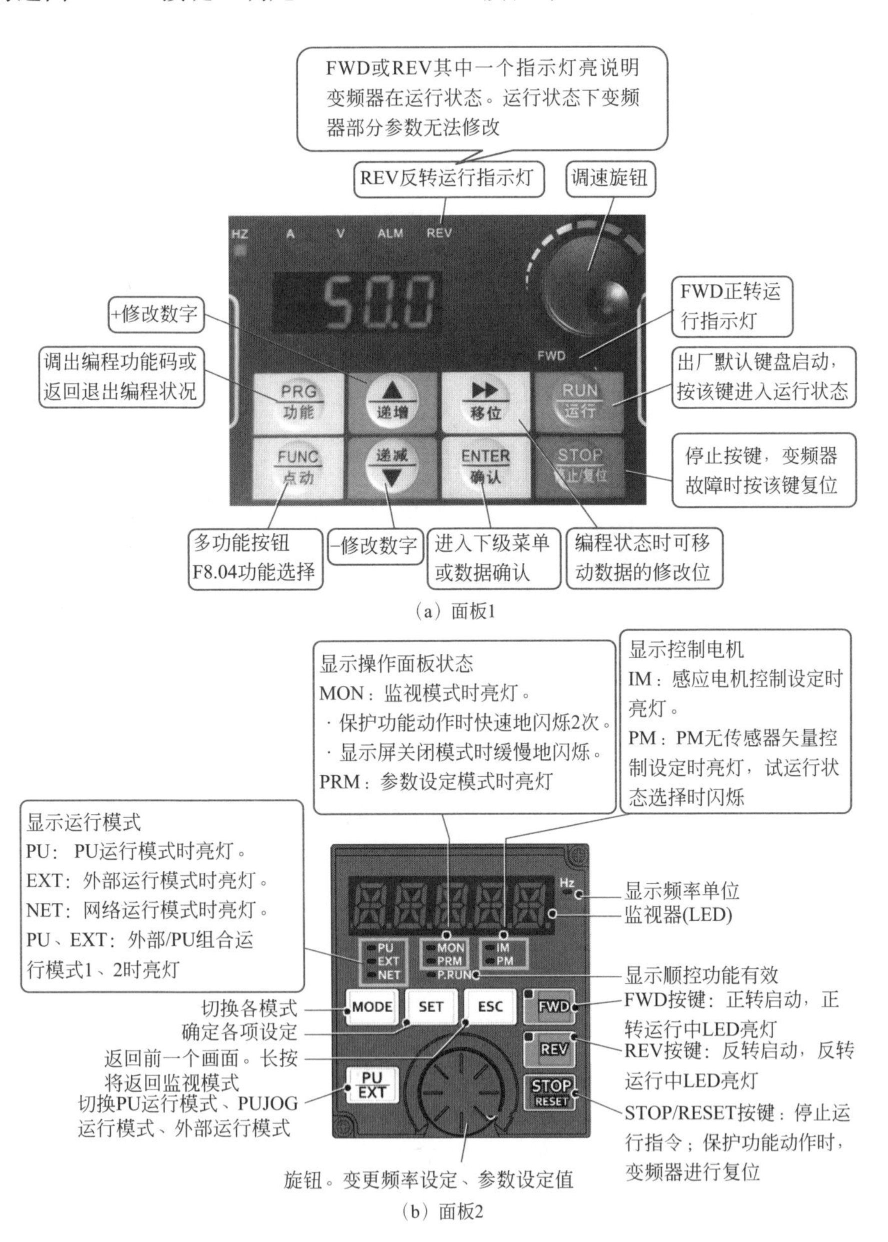

（a）面板1

（b）面板2

图2-30 面板操作

面板操作时，应了解显示画面的设定模式。例如，某款变频器的设定模式显示画面内容如图 2-31 所示。

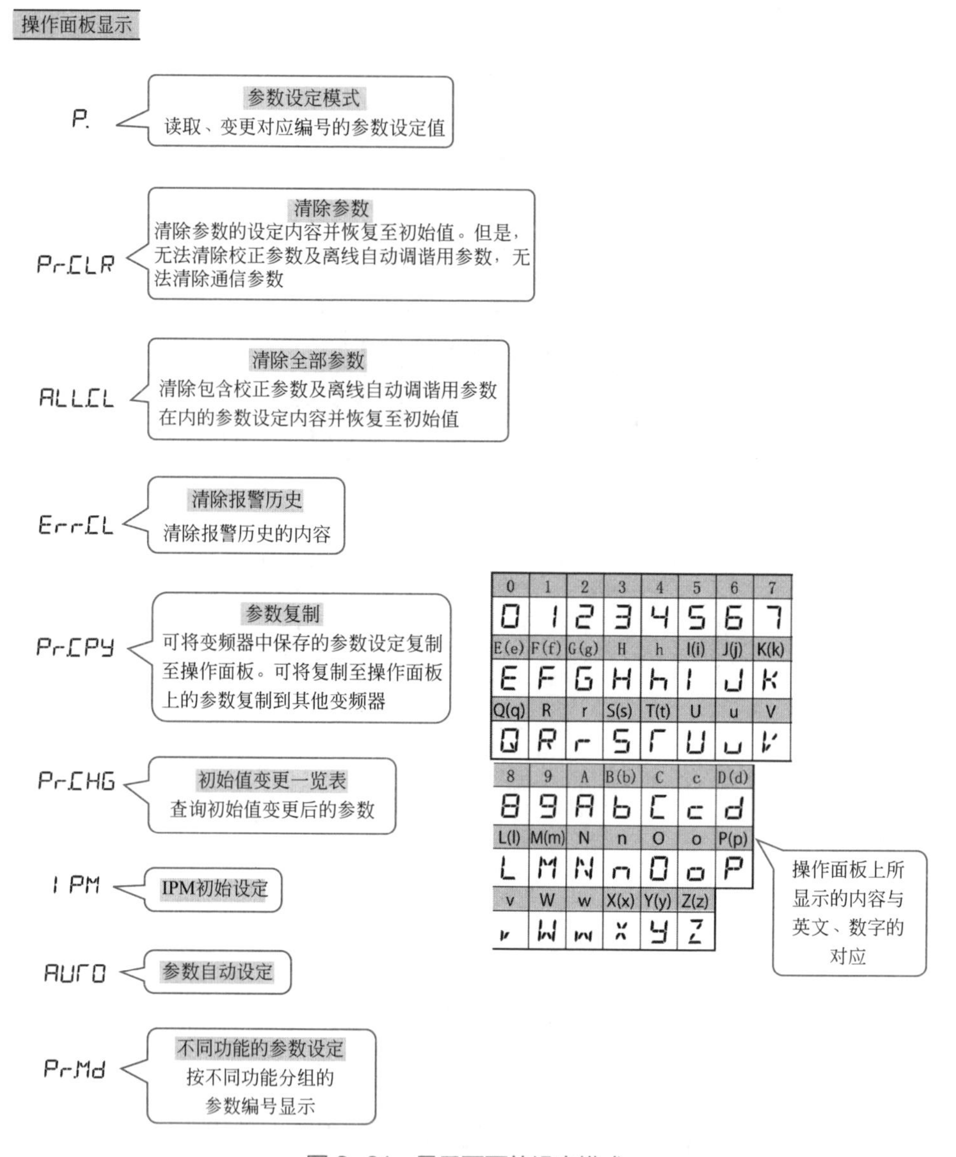

图 2-31　显示画面的设定模式

掌握变频器面板操作，需要明白变频器正确的硬件连接与匹配的软件（面板操作），才能够实现需要的应用。

例如，某款变频器的硬件连接与匹配的软件（面板操作）如图 2-32 所示。

通电直接运行

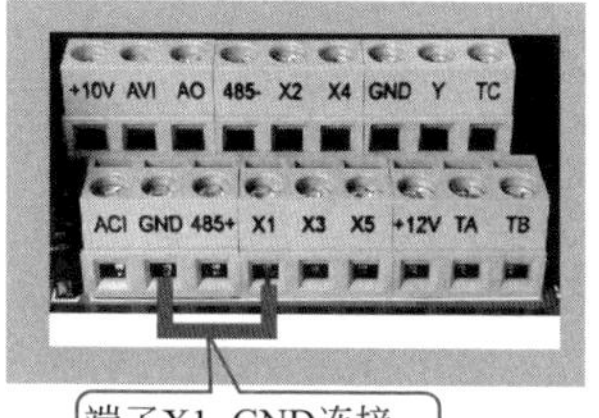

通电直接运行
设置参数：
F0.02=1端子运行命令通道
F2.19=1上电时端子运行命令有效

设置按键步骤：

步骤 ❶变频器通电，待机状态
❷按PRG键，显示F0.00
❸按▲键，显示F0.02
❹按ENTER键，显示0
❺按▲键，显示1
❻按ENTER键，显示F0.03
❼按▲键，直到显示F2.19
❽按ENTER键，显示0
❾按▲键，显示1
❿按ENTER键，显示F2.20
⓫调试完成，关电重启

F0.02=1端子运行命令通道

F2.19=1上电时端子运行命令有效

功能码	名称	内容	设定范围	出厂设定	更改
F0.00	变频器功率规格	显示当前功率	0.10~99.99kW	机型设定	◆
F0.01	主控制器软件版本	显示当前软件版本号	1.00~99.99	1.00	◆
F0.02	运行命令通道选择	0：面板运行命令通道 1：端子运行命令通道 2：通信运行命令通道	0~2	0	○
F0.03	频率给定选择	0：面板电位器 1：数字给定1，操作面板▲、▼键调节 2：数字给定2，端子UP/DOWN调节 3：AVI模拟给定(0~10V) 4：组合给定 5：ACI给定(0~ 20mA) 6：通信给定 7：脉冲给定 注：选择组合给定时,组合给定方式在F1.15中选择	0~7	0	○
F2.19	上电时端子功能检测选择	0：上电时端子运行命令无效 1：上电时端子运行命令有效	0~1	0	×
F2.20	R输出设定	0：闲置 1：变频器运行准备就绪 2：变频器运行中 3：变频器零速运行中 4：外部故障停机 5：变频器故障 6：频率/速度到达信号(FAR) 7：频率/速度水平检测信号(FDT)	0~14	5	○
		8：输出频率到达上限 9：输出频率到达下限 10：变频器过载预报警 11：定时器溢出信号 12：计数器检测信号 13：计数器复位信号 14：辅助电机	0~14	0	○

○—任何状态下均可修改的参数　× —运行状态下不可修改的参数

◆ —实际检测参数，不能修改　◇ —厂家参数，仅限于厂家修改，用户禁止修改

（a）通电直接运行——硬件、软件

图2-32

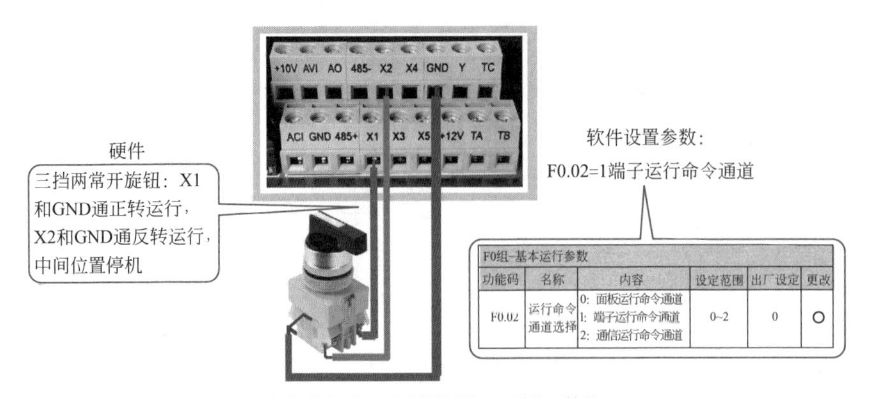

F0组-基本运行参数

功能码	名称	内容	设定范围	出厂设定	更改
F0.02	运行命令通道选择	0：面板运行命令通道 1：端子运行命令通道 2：通信运行命令通道	0~2	0	○

（b）外部端子正反转控制——硬件、软件

硬件

正转X1–GND端子接绿色自复位按钮常开点
反转X2–GND端子接蓝色自复位按钮常开点
停止X3–GND端子接红色自复位按钮常闭点
递增X4–GND端子接绿色自复位按钮常开点
递减X5–GND端子接黄色自复位按钮常开点

正转 反转 停止 递增 递减

功能码	名称	内容	设定范围	出厂设定	更改
F0.02	运行命令通道选择	0：面板运行命令通道 1：端子运行命令通道 2：通信运行命令通道	0~2	0	○
F2.13	输入端子X1功能	0：控制端闲置 1：正转点动控制 2：反转点动控制 3：正转控制(FWD) 4：反转控制(REV) 5：三线式运转控制 6：自由停机控制 7：外部停机信号输入(STOP) 8：外部复位信号输入(RST) 9：外部故障常开输入 10：频率递增指令(UP) 11：频率递减指令(DOWN) 13：多段速选择S1 14：多段速选择S2 15：多段速选择S3 16：运行命令通道强制为端子 17：运行命令通道强制为通信 18：停机直流制动指令 19：频率切换为AVI 20：频率切换为数字频率1 21：频率切换为数字频率2 22：脉冲频率输入 23：计数器清零信号 24：计数器触发信号 25：定时器清零信号 26：定时器触发信号 27：加减速时间选择	0~27	3	×
F2.14	输入端子X2功能		0~27	4	×
F2.15	输入端子X3功能		0~27	0	×
F2.16	输入端子X4功能		0~27	0	×
F2.17	输入端子X5功能		0~27	22	×
F2.18	FWD/REV端子控制模式	0：二线式控制模式1 1：二线式控制模式2 2：三线式控制模式1 3：三线式控制模式2	0~3	0	×

软件设置参数：
F0.02=1端子运行命令通道
F2.13=3端子X1正转控制
F2.14=4端子X2反转控制
F2.15=5端子X3三线式运转控制
F2.16=10端子X4频率递增指令(UP)
F2.17=11端子X5频率递减指令(DOWN)
F2.18=2三线式控制模式1
F2.27=1.0该功能是设置UP/DOWN端子设定频率时的频率修改速率即UP/DOWN端子与COM端短接1s，频率改变量的大小

功能码	名称	内容	设定范围	出厂设定	更改
F2.27	UP/DOWN端子修改速率	该功能码是设置UP/DOWN端子设定频率时的频率修改速率，即UP/DOWN端子与COM端短接1s，频率改变量的大小。	0.1~99.9Hz/s	1.0Hz/s	○

（c）端子控制频率递增递减——硬件、软件

图 2-32 变频器的硬件连接与匹配的软件（面板操作）

2.2 变频器应用线路

2.2.1 变频器 EM330D 升降机应用线路

变频器 EM330D 型机选择升降机专用宏后，X*i* 端子、Y1、E 的配置功能如图 2-33 所示。

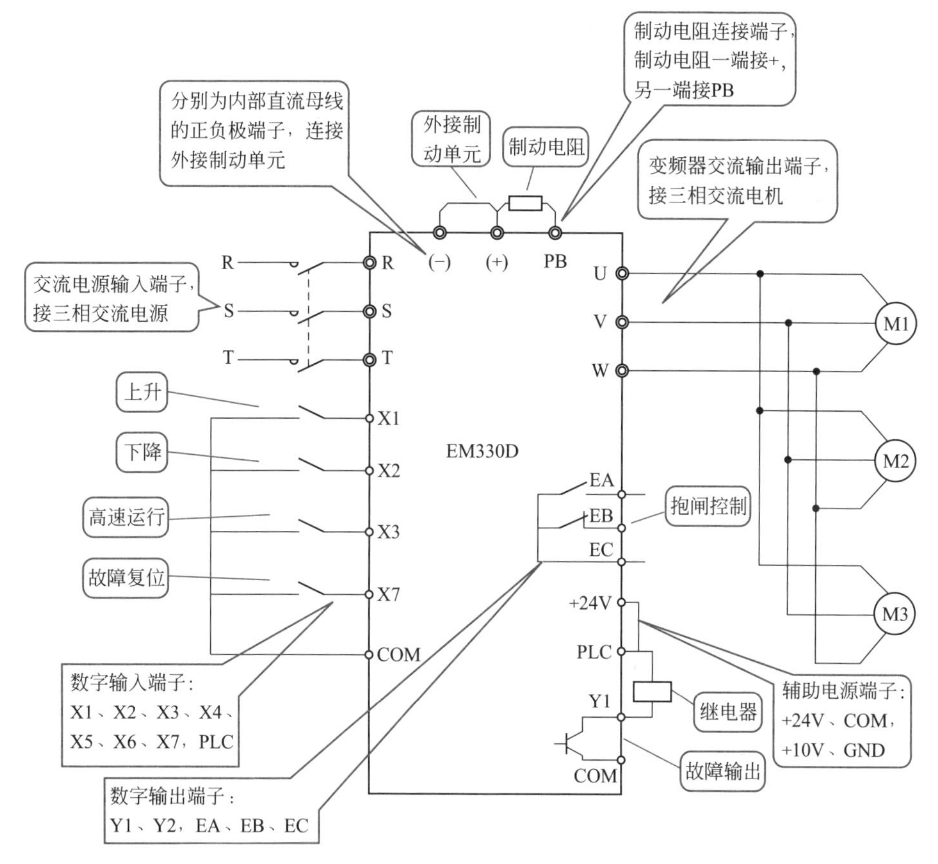

图 2-33　变频器 EM330D 升降机应用线路

2.2.2 变频器 EM330D 塔式起重机回转应用线路

变频器 EM330D 型机选择塔式起重机回转专用宏后，X*i* 端子、Y1、E 的配置功能如图 2-34 所示。

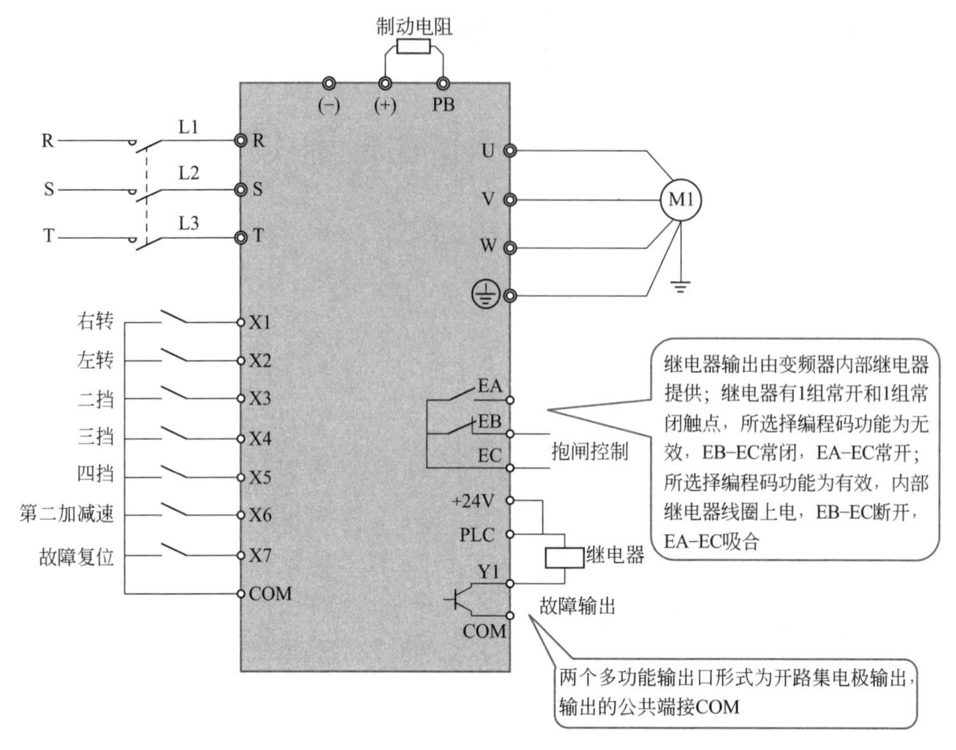

图 2-34　EM330D 塔式起重机回转应用线路

2.2.3　变频器启停控制电路

变频器启停控制电路如图 2-35 所示。图中变频器中 STR 端表示正转端，STF 端表示反转端。SD 端是输入端公共点端。

2.2.4　电网电源直接驱动电机的备用控制系统

变频器故障后，手动转换到电网电源直接驱动电机的备用控制系统。实际使用中，可以根据实际需要、使用环境选择电网电源 Y/△ 降压启动方式驱动电机、电网电源软启动方式驱动电机、电网电源自耦降压启动方式驱动电机、备用变频系统等备用控制系统。

电网电源直接驱动电机的备用控制系统如图 2-36 所示。

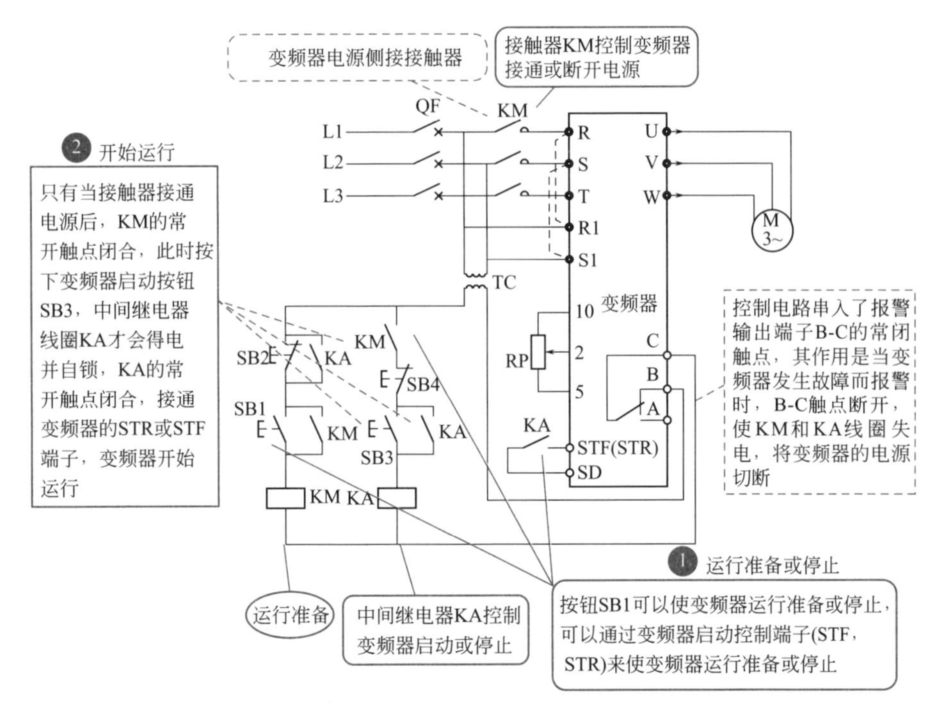

图 2-35　变频器启停控制电路图

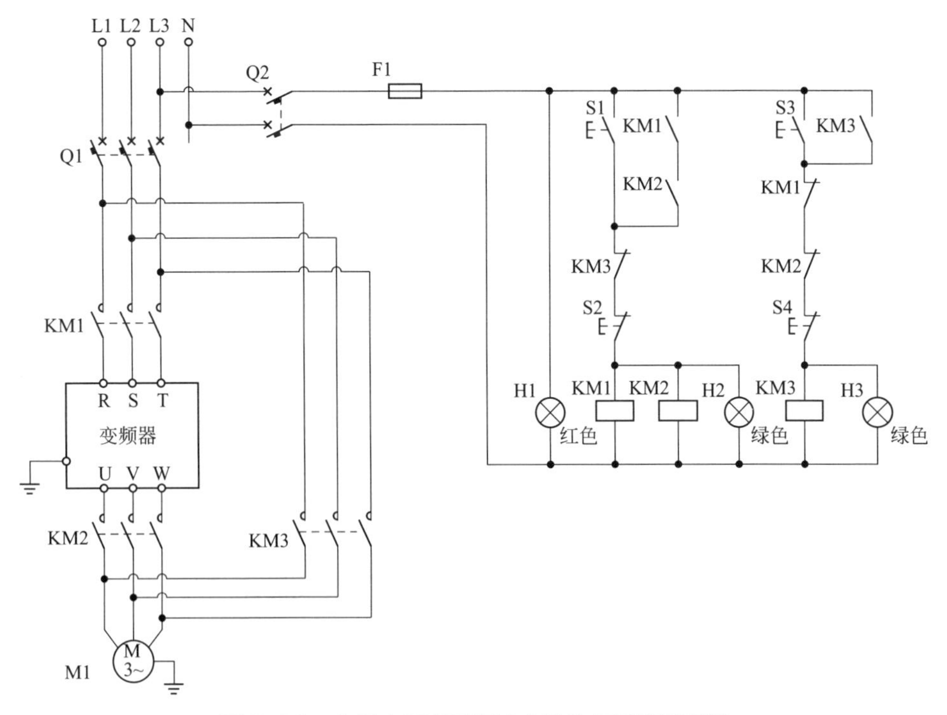

图 2-36　电网电源直接驱动电机的备用控制系统

2.2.5 PLC 控制的变频器启停控制电路

PLC 控制的变频器启停控制电路如图 2-37 所示。

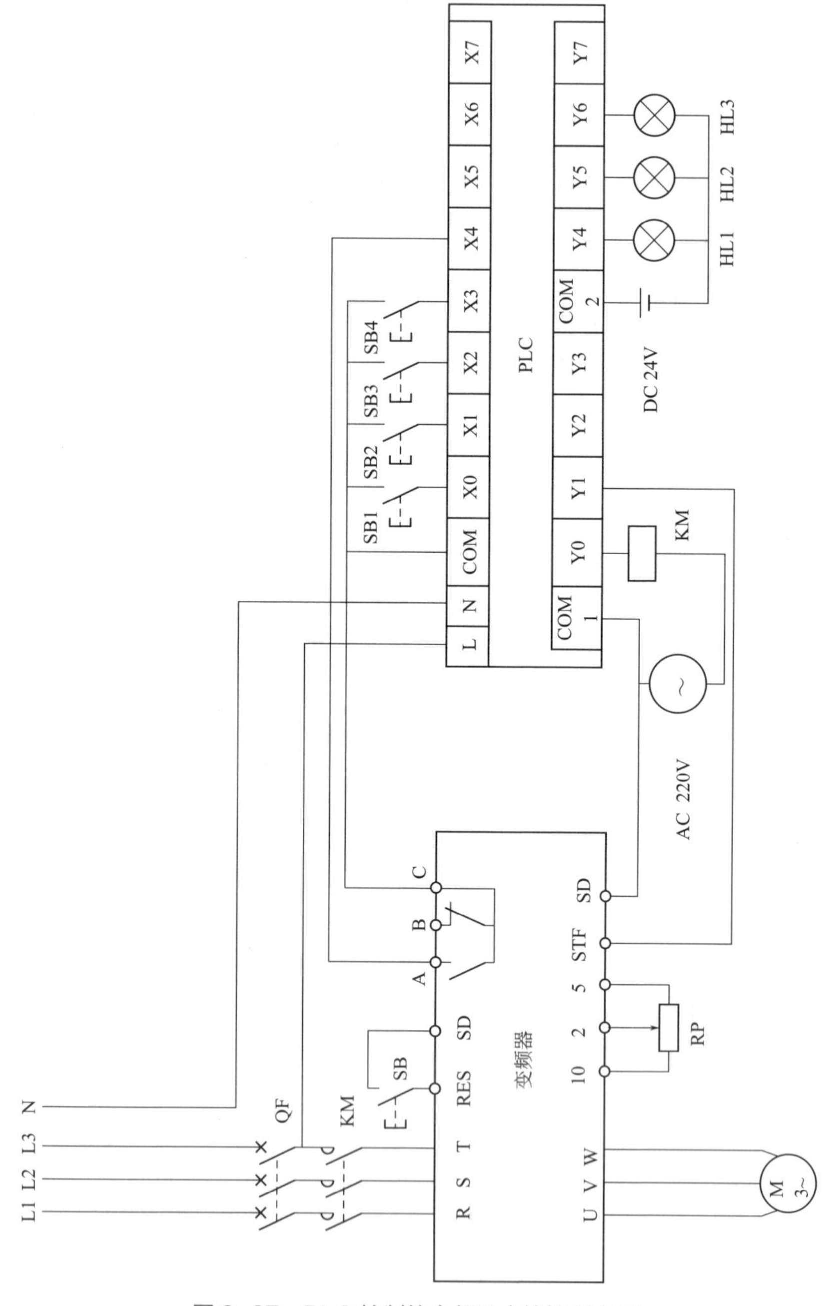

图 2-37　PLC 控制的变频器启停控制电路

对该图 PLC 部分，不但要掌握 PLC 引脚功能与外接特点，还需要掌握其程序。PLC 端脚功能与 I/O 分配如图 2-38 所示。三菱 FX2N PLC SET 指令可用于置位 Y、M、S。RST 指令可用于复位 Y、M、S、T、C，或将字元件 D、V、Z 清零。

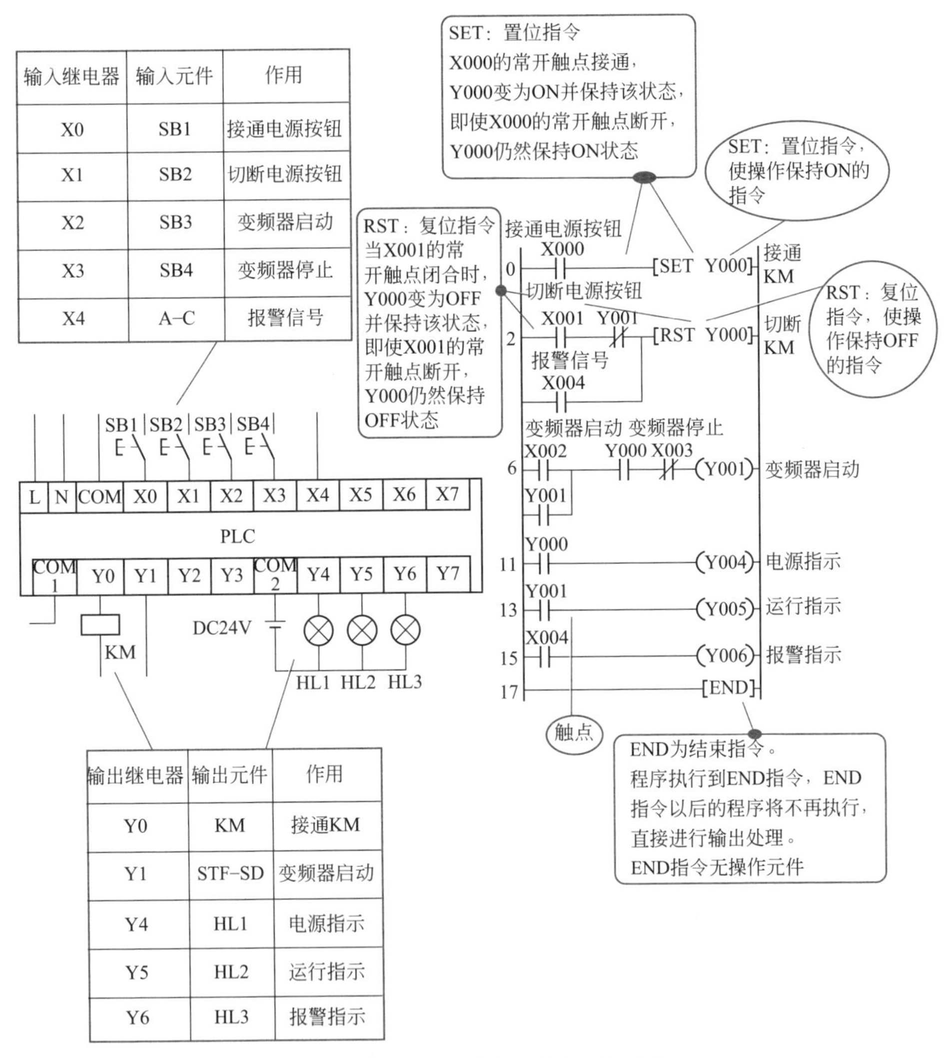

输入继电器	输入元件	作用
X0	SB1	接通电源按钮
X1	SB2	切断电源按钮
X2	SB3	变频器启动
X3	SB4	变频器停止
X4	A–C	报警信号

输出继电器	输出元件	作用
Y0	KM	接通KM
Y1	STF–SD	变频器启动
Y4	HL1	电源指示
Y5	HL2	运行指示
Y6	HL3	报警指示

图 2-38　PLC 引脚功能与 I/O 分配

第 3 章
变频器系统的维修

3.1 维修基础

3.1.1 兆欧表

兆欧表又称为摇表、绝缘电阻测试仪，是一种常用的测量大电阻的直读式仪表，其可以用来测量电路、电缆、电机绕组、电气设备等的绝缘电阻，如图 3-1 所示。

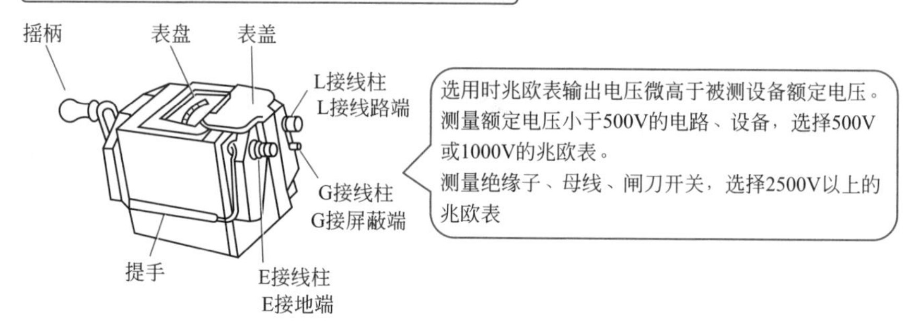

图 3-1 兆欧表

兆欧表常用的电压等级规格：100V、250V、500V、1000V、2500V、5000V。ZC25 系列兆欧表的测量范围见表 3-1。

表 3-1 ZC25 系列兆欧表的测量范围

型号	额定电压	测量范围
ZC25-1	100V（±10%）	1 ～ 100MΩ
ZC25-2	250V（±10%）	1 ～ 250MΩ
ZC25-3	500V（±10%）	1 ～ 500MΩ
ZC25-4	1000V（±10%）	1 ～ 1000MΩ

兆欧表选择举例见表 3-2。

表 3-2 兆欧表选择举例

检测对象	工作额定电压	选择兆欧表
变压器、电机绕组绝缘电阻	500V 以上	1000 ～ 2500V
电机绕组绝缘电阻	380V 以下	1000V
电气设备、电路绝缘电阻	500V 以下	500 ～ 1000V
	500V 以上	2500 ～ 5000V

续表

检测对象	工作额定电压	选择兆欧表
母线、闸刀、绝缘子	—	2500 ～ 5000V
线圈绝缘电阻	500V 以下	500V
	500V 以上	500V

设备绝缘电阻的要求见表 3-3。

表 3-3 设备绝缘电阻的要求

设备	绝缘电阻值要求	选择兆欧表
200kV 以下支柱绝缘子	大于 300MΩ	大于 5000V
500kV 以下悬式绝缘子	大于 500MΩ	大于 5000V
变压器铁芯	大于 500MΩ	2500 ～ 5000V
交流电机绕组	大于 0.5MΩ	500 ～ 1000V
水轮发电机	大于 0.5MΩ	500 ～ 1000V
真空断路器	大于 300MΩ	500 ～ 1000V
直流电机绕组	大于 0.5MΩ	500 ～ 1000V

3.1.2 兆欧表使用的注意事项

使用兆欧表时需要注意，测量前，被测设备需要切断电源；测量后，需要将被测设备充分放电。注意事项如图 3-2 所示。

另外，注意绝缘电阻值会随空气的湿度增加而减小。

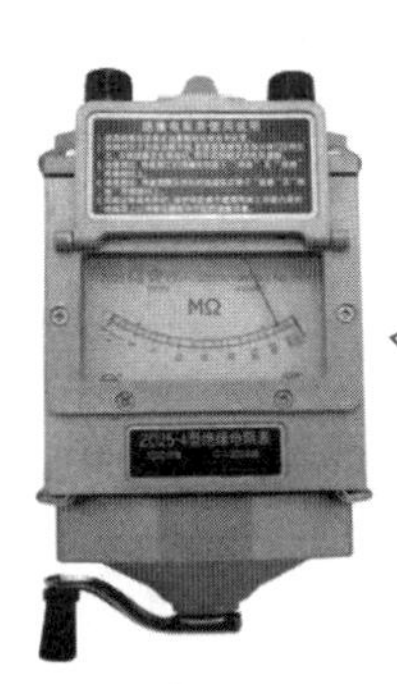

1 兆欧表需要根据被测电气设备的电压等级来选择。
2 测量前，被测设备需要切断电源。电容量较大的设备，要进行接地放电。
3 测量前，先把兆欧表进行一次开路、短路试验。
4 摇测时，兆欧表要平放，转速要均匀，每分钟大约120转，并且通常持续1min等指针稳定后再读数。
5 测量后，要将被测设备充分放电

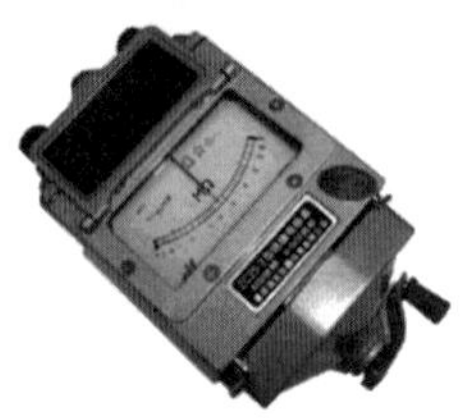

6 绝缘电阻值与被测物的电容量大小有关。对电容量大的设备检测，测量前要将兆欧表的屏蔽端G接入，否则测量值会偏小。
7 绝缘电阻与兆欧表电压等级有关，为此，需要正确选择兆欧表，以免出现虚假偏大数值、损坏兆欧表等情况

图 3-2 兆欧表使用的注意事项

小技巧

绝缘电阻值随温度上升而减小。为了将测量值与过去比较，应将测得的绝缘电阻值换算到同温时才可以比较。

3.1.3 变频器绝缘的检测

检测变频器的绝缘，就是检查变频器机身的绝缘，一般仅在主回路中实施，并且一般使用 500V DC 兆欧表。

检测变频器的绝缘时，需要注意不要对控制回路进行兆欧表测试、绝缘电阻值应该大于 5MΩ 等要求，如图 3-3 所示。

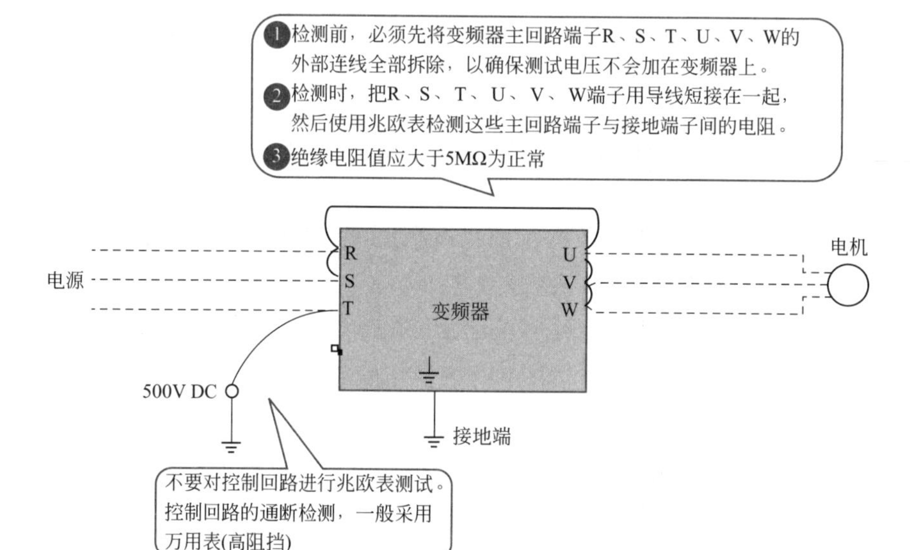

图 3-3 变频器绝缘的检测

3.2 变频器的维护

3.2.1 日常检验

变频器（系统）日常检验见表 3-4。

表 3-4 变频器（系统）日常检验

部位	项目	事项	方法	判断	检测设备、工具
PCB（印制电路板）	是否有灰尘				用 4 ～ 6kgf/cm^2 压力的干燥压缩空气吹掉
电机	全部	① 有无异常振动或异常噪声。 ② 有无异味	① 用耳朵、手、眼确认。 ② 确认过热、损伤等异常	不得有异常	
功率元件	是否有灰尘				用 4 ～ 6kgf/cm^2 压力的干燥压缩空气吹掉
冷却风扇	是否有异常声音、异常振动，累计时间运行达 2 万小时				更换冷却风扇
冷却系统	冷却风扇	有无异常振动或异常噪声	电源关断的状态下用手转动	旋转平稳	
铝电解电容	是否变色、异味、鼓泡				更换铝电解电容
全部	环境温度	确认环境温度、湿度、有无粉尘		环境温度要在 −10 ～ +40℃，不得冻结，湿度要在 50% 以下，不得结露	温度计、湿度计、记录仪
	全部设备	有无异常振动或异常声音	视觉或听觉判定	不得有异常	
	电源电压	主回路电压是否正常	测量变频器端子 R、S、T 相间电压		万用表、测试仪
散热片	是否有灰尘				用 4 ～ 6kgf/cm^2 压力的干燥压缩空气吹掉
显示	测量仪表	显示值是否正常	确认配电柜表面的显示设备显示值	确认规定值、管理值	电压计、电流计等
主回路	平滑电容	① 内部液体有无外漏现象。 ② 电容有无鼓起来	①、②肉眼确认	①、②不得有异常	
主回路端子、控制回路端子螺钉	螺钉是否松动				用螺丝刀拧紧

3.2.2 1年期定期检验

变频器（系统）1年期定期检验的项目见表3-5。

表3-5 变频器（系统）1年期定期检验的项目

部位	项目	事项	方法	判断	检测设备、工具
控制回路、保护回路	确认动作	① 变频器运行中确认各输出电压是否平衡。 ② 实施序列保护动作试验后，显示回路不得有异常	① 测量变频器输出端子U、V、W间电压。 ② 强制短接，或者开放变频器保护回路输出	① 相间电压平衡200V（400V）用在4V（8V）以内。 ② 异常回路要按照序列动作	万用表、直流型电压计
冷却系统	冷却风扇	接触部分有无松动	再次紧固	不得有异常情况	
显示	测量仪	显示值是否正常	确认配电柜表面显示设备的显示值	确认规定值、管理值	电压计、电流计等
主回路	全部	① 高阻计检验（主回路端子与接地端子间）。 ② 固定部分有无脱落。 ③ 各部分有无过热痕迹	① 拆开变频器连线，短接R、S、T、U、V、W端子后用高阻计测量它们与接地端子间绝缘电阻。 ② 紧固螺钉。 ③ 肉眼确认	① 要在5MΩ以上。 ②、③不得有异常	DC500V级高阻计
	接触导体、电线	① 导体有无腐蚀。 ② 电线皮膜有无破损	①、②肉眼确认	①、②不得有异常	
	端子	有无损伤	肉眼确认	不得有异常	
	平滑电容	测量静电容量	用容量测试仪测量	额定容量的85%以上	容量仪
	继电器	① 动作时有无抖动声。 ② 触点有无损伤	① 用耳朵确认。 ② 肉眼确认	不得有异常	
	电阻	① 电阻有无损伤。 ② 确认有无故障	① 肉眼确认。 ② 拆开一边的连接，用测试仪测量	① 不得有异常。 ② 要在标示的电阻值的±10%误差范围内	万用表、模拟量测试仪

3.2.3 2 年期定期检验

变频器（系统）2 年期定期检验见表 3-6。

表 3-6 变频器（系统）2 年期定期检验

部位	项目	事项	方法	判断	检测设备、工具
电机	绝缘电阻	高阻计检验（输出端子与接地端子间）	拆开 U、V、W 的连接，用电机排线捆绑	5MΩ 以上	DC500V 级高阻计
主回路	全部	高阻计检验（主回路端子与接地端子间）	拆开变频器连接，短接 R、S、T、U、V、W 端子后用高阻计测量此处与接地端子间绝缘电阻	5MΩ 以上	DC500V 级高阻计

3.3 变频器的维修

3.3.1 元件、配件的检测与判断

元件、配件的检测与判断见表 3-7。

表 3-7 元件、配件的检测与判断

名称	解说
10pF 以下固定电容	10pF 以下固定电容可以通过检测电容来定性判断，也就是说用万用表定性地检查其是否有漏电、内部短路或击穿现象。用万用表检测的主要要点如下：首先把万用表调到 $R \times 10\text{k}\Omega$ 挡，然后用两表笔对换分别接电容的两引脚端，此时，检测的阻值正常情况下一般为无穷大。如果此时检测的阻值为零，则说明该电容内部击穿或者漏电损坏
比较器好坏的判断	一个比较器当其“+”端比“−”端电压高时，其 OUT 输出端为高电平；其“+”端比“−”端电压低时，其 OUT 输出端为低电平。输出为高电平时，其 U_0 一定要等于 U_{CC1}。当输出为低电平时，其 U_0 一定要等于 U_{CC2}。如果检测时与此不相符合，则说明所检测的比较器可能损坏了。 注：当 VCC2 接地时，要是输出电压为低电平，实际测量有零点几伏或者更大的电压，比较器不一定是损坏了
变压器	可以使用万用表电阻挡检测绕组是否断路，可以根据温升判断匝间是否短路等
存储器好坏的判断	变频器存储器主要作用是把更改后的参数保存起来。变频器出厂值参数一般存储在 CPU 里面。对存储器好坏的简单判断：参数改变后，关机再启动时，改变的参数又恢复到出厂值，则说明存储器可能损坏了
电感的检测	可以采用万用表来检查电感的好坏：首先选择指针式万用表的 $R \times 1\Omega$ 挡，然后测电感的电阻值，如果电阻极小，则说明电感基本正常；如果电阻为 ∞，则说明电感已经开路损坏。电感量相同的电感，R 越小，Q 越大

续表

名称	解说
二极管好坏的判断	可以采用万用表来判断二极管的好坏，具体方法如下： ① 首先选择万用表的 $R\times100\Omega$ 或 $R\times1\mathrm{k}\Omega$ 挡测正向电阻：测量硅管时，表针指示位置在中间或中间偏右一点，测量锗管时，表针指示在右端靠近满刻度的地方，说明所检测的二极管正向特性是好的；如果表针在左端不动，则说明所检测的管子内部已经断路。 ② 测反向电阻：测量硅管时，表针在左端基本不动，测量锗管时，表针从左端转动一点，但不应超过满刻度的 1/4，说明所检测的二极管反向特性是好的；如果表针指在 0 位置，说明检测的二极管内部已短路
缓冲电阻	缓冲电阻接在接触器主触点的两端，其阻值一般为几十欧以下。可以直接采用万用表电阻挡来测量
接触器	可以检查线包的阻抗、触点情况，并且确保每一对触点都接触良好
均压电阻	可以使用万用表 $R\times1\mathrm{k}\Omega$ 挡来测量，正常情况应基本一致
冷却风扇、散热风扇	变频器的冷却风扇使用寿命一般为 5 ～ 10 年，因此，使用一定时间的冷却风扇需要更换。冷却风扇损坏的一些原因如下：轴承磨损、叶片老化。判断冷却风扇损坏的方法如下：风扇叶片等是否有裂缝，开机时声音是否有异常振动声等
滤波电解电容	变频器的滤波电解电容使用寿命一般为 5 ～ 10 年，因此，使用一定时间的滤波电解电容需要更换。滤波电解电容损坏的一些原因如下：输入电源品质差、环境温度高、频繁的负载跳变、电解质老化。判断滤波电解电容损坏的方法如下：有无液体漏出、安全阀是否已凸出、静电电容的测定、绝缘电阻的测定等
逆变电路好坏的静态测试	逆变电路好坏的静态测试方法如下：首先将红表笔接到 P 端，黑表笔分别接 U 端、V 端、W 端，正常应有几十欧的阻值，并且各相阻值基本一样，反向检测一般是无穷大。如果将黑表笔接到 N 端，并且根据以上步骤检测正常应得到相同的结果，否则说明逆变电路可能损坏

3.3.2　逆变器模块、整流桥模块的检查

检查前，拆下与外部连接的电源线（R/L1、S/L2、T/L3）、电机连接线（U、V、W）。把万用表调到 $R\times100\Omega$ 挡，测量端子间的导通状态，如图 3-4 所示。不导通时，也就是万用表指示为∞。由于模块种类、模块数量、万用表种类的不同，导通时显示的具体数值会不同，一般是几十欧。

3.3.3　变频器电源电路的检修

检修变频器电源电路的方法与对策有许多种，不同情况下采用的方法与对策也不同。现介绍在断电情况下采用的“问看闻量”法，如图 3-5 所示。

没有明显损坏痕迹的情况下，则重点检查开关电源调制管，检查其极间的导通情况；检查工频变压器每一独立绕组的情况与绕组间的情况，如图 3-6 所示。

整流桥模块	万用表极性		测量值	整流桥模块	万用表极性		测量值
	⊕	⊖			⊕	⊖	
VD1	R/L1	P/+	不导通	VD4	R/L1	N/−	导通
	P/+	R/L1	导通		N/−	R/L1	不导通
VD2	S/L2	P/+	不导通	VD5	S/L2	N/−	导通
	P/+	S/L2	导通		N/−	S/L2	不导通
VD3	T/L3	P/+	不导通	VD6	T/L3	N/−	导通
	P/+	T/L3	导通		N/−	T/L3	不导通

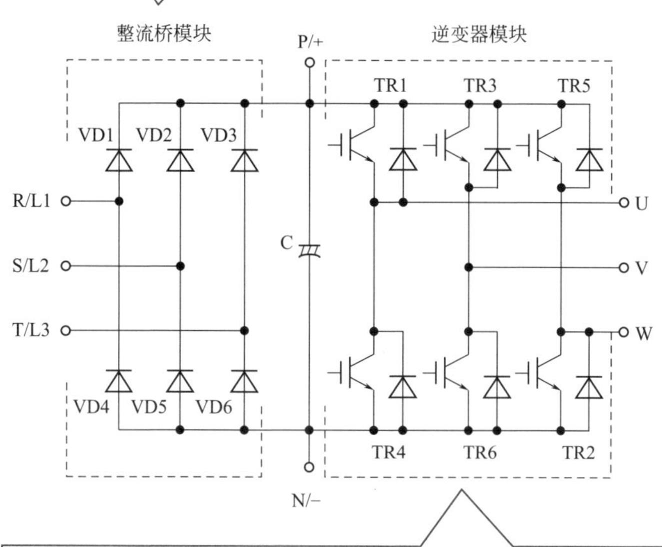

变频器模块	万用表极性		测量值	变频器模块	万用表极性		测量值
	⊕	⊖			⊕	⊖	
TR1	U	P/+	不导通	TR4	U	N/−	导通
	P/+	U	导通		N/−	U	不导通
TR3	V	P/+	不导通	TR6	V	N/−	导通
	P/+	V	导通		N/−	V	不导通
TR5	W	P/+	不导通	TR2	W	N/−	导通
	P/+	W	导通		N/−	W	不导通

图 3-4 逆变器模块、整流桥模块的检查

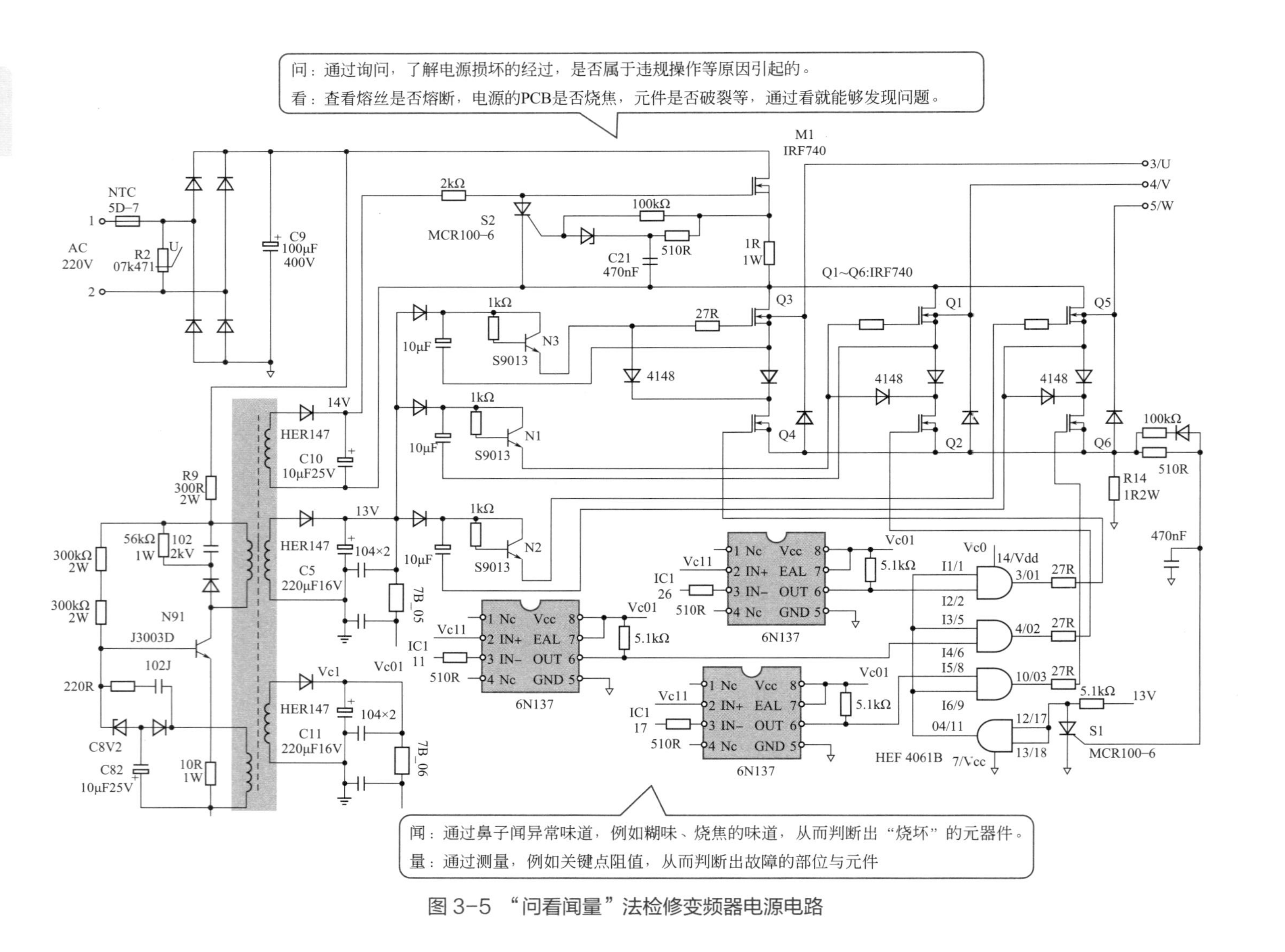

图 3-5 “问看闻量”法检修变频器电源电路

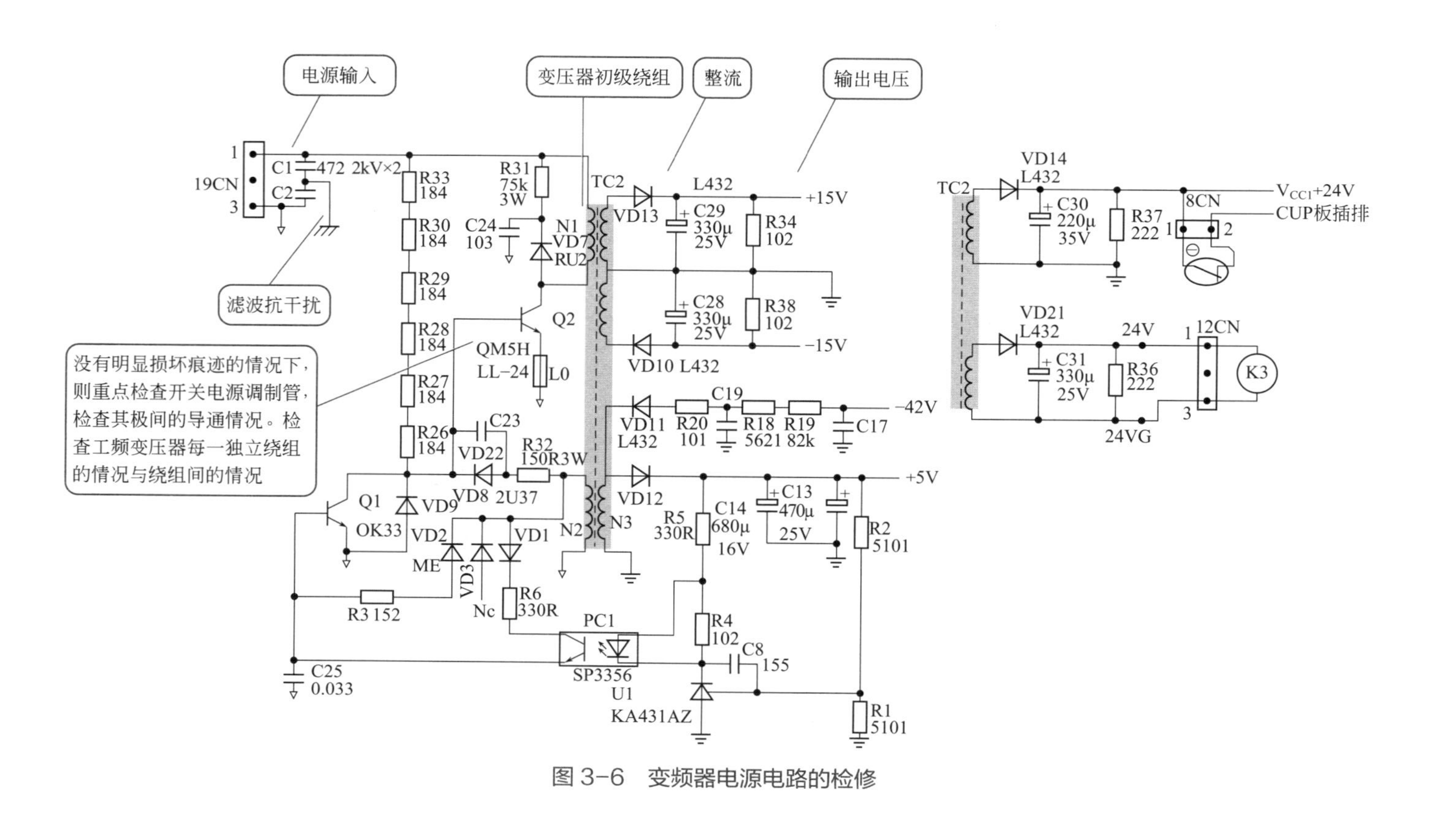

图 3-6 变频器电源电路的检修

3.3.4 变频器主回路器件损坏的常用判断法

变频器主回路器件包括整流桥、电容、逆变桥等，如图 3-7 所示。

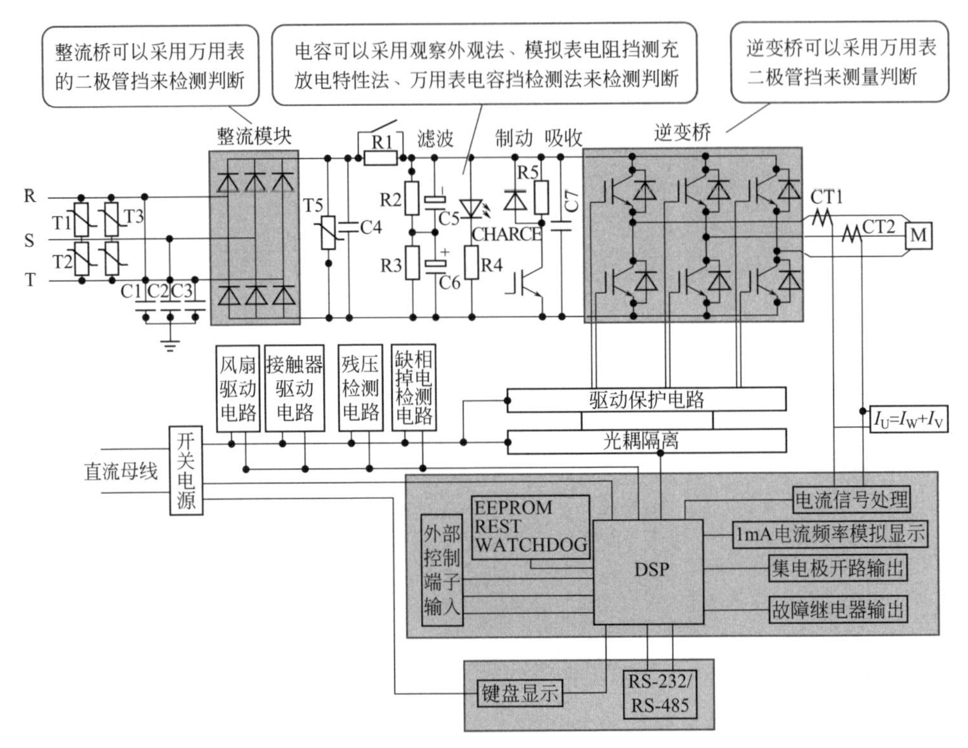

图 3-7　变频器主回路器件损坏的常用判断法

3.3.5 变频器控制系统的检测

遇到变频器故障，一般不应首先检测变频器控制板电路，而是需要初步判断故障的类型，是外部故障，还是轻微故障，还是严重故障、变频器内部硬件故障。

冒烟、进水、起火、炸机、有异味等重故障，首先需要检测主回路，包括接触器、变压器、电容、整流桥、逆变桥等。

对于变频器控制电路的检查，包括电源单元、驱动单元、缓冲单元、接口单元、防雷单元等。一般而言，先检查驱动板或电源板的开关电源，再考虑控制板输入输出端子等情况，然后检查其他辅助单元。当然，对于可以直接判断是由哪个单元出现异常引起的故障，则直接检测该单元即可，无须这样“按部就班”。

变频器控制系统的故障，不仅涉及变频器本身，还涉及与之的关联。例如，检查与变频器相连的外部设备、设备间的连接线与信号情况。

有些故障的排除，还应检查变频器空载运行、带载运行、调试等工作。

变频器控制系统中的接触器没有吸合的检修如图 3-8 所示。

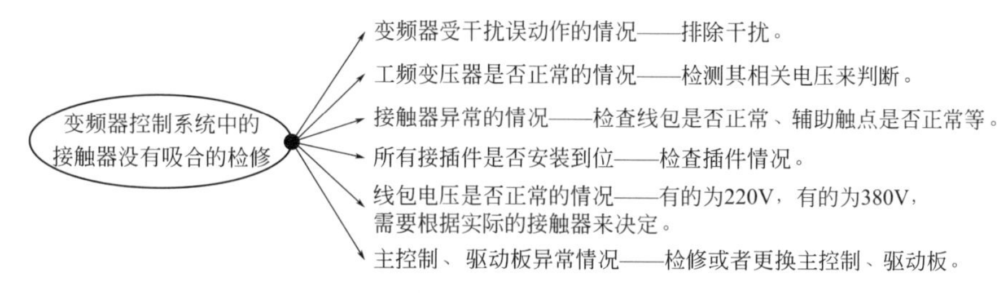

图 3-8　变频器控制系统中的接触器没有吸合的检修

3.3.6　主回路电压、电流、功率测定的仪器类型

变频器主回路的电压、电流、功率，应使用工频的测量仪器进行测量。因为变频器的电源侧、输出侧的电压、电流含有高频成分，因此，测量仪器与测定回路不同，测到的数据精度也不同。

主回路电压、电流、功率测定的仪器类型的选择如图 3-9 所示。

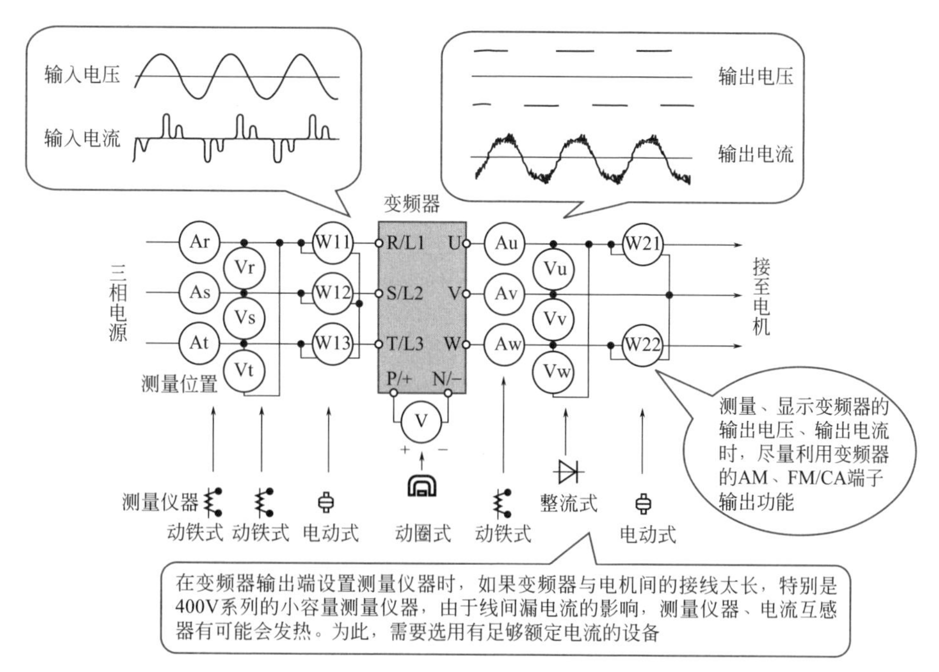

图 3-9　主回路电压、电流、功率测定的仪器类型的选择

变频器主回路电气参数测量位置、测量仪表见表3-8。

表3-8　变频器主回路电气参数测量位置、测量仪表

项目	部位	测量仪器	说明
电源侧电流 I_1	R/L1、S/L2、T/L3的线电流	动铁式交流电流计（电流表、钳形表）	
电源侧电压 U_1	R/L1-S/L2、S/L2-T/L3、T/L3-R/L1	动铁式交流电压表	工频电源，交流电压在允许波动范围内
电源侧功率 P_1	R/L1、S/L2、T/L3及R/L1-S/L2、S/L2-T/L3、T/L3-R/L1	数字式功率表（变频器对应的），或者电动式单相功率表	$P_1 - W_{11} + W_{12} + W_{13}$（或者3功率表法）
频率表信号	AM（+）-5间	动圈式（可以使用万用表等）（内部电阻50kΩ以上）	最大频率时约为DC10V（无频率表时）
频率表信号	CA（+）-5间	动圈式（可以使用万用表等）（内部电阻50kΩ以上）	最大频率时约为DC20mA
频率设定信号	2、4（+）-公共端间	动圈式（可以使用万用表等）（内部电阻50kΩ以上）	DC0～10V、DC4～20mA
频率设定信号	1（+）-公共端间	动圈式（可以使用万用表等）（内部电阻50kΩ以上）	DC0～±5V、DC0～±10V
频率设定用电源	10（+）-公共端间	动圈式（可以使用万用表等）（内部电阻50kΩ以上）	DC5.2V
频率设定用电源	10E（+）-公共端间	动圈式（可以使用万用表等）（内部电阻50kΩ以上）	DC10V
启动信号、选择信号、复位信号、输出停止信号	STF、STR、RH、RM、RL、JOG、RT、AU、STP（STOP）、CS、RES、MRS（+）-SD（漏型逻辑时）	动圈式（可以使用万用表等）（内部电阻50kΩ以上）	开路时：DC20～30V，导通时：电压1V以下
输出侧电流 I_2	U、V、W的线电流	动铁式交流电流计（电流表、钳形表）	各相间的差在变频器额定电流的10%以内
输出侧电压 U_2	U-V、V-W、W-U	整流式交流电压表（不可以使用动铁式测量）	各相间的差为最高输出电压的±1%以下
输出侧功率 P_2	U、V、W及U-V、V-W、W-U	数字式功率表（变频器对应的），或者电动式单相功率表	$P_2 = W_{21} + W_{22}$ 2功率表法（或3功率表法）
异常信号	A1-C1、B1-C1	动圈式（万用表等）	导通测量：<正常时> <异常时> A1-C1间不导通　导通 B1-C1间导通　不导通

续表

项目	部位	测量仪器	说明
整流桥输出	P/+-N/−	动圈式仪表（万用表等）	本体 LED 显示亮灯 $1.35U_1$
输出侧功率因数 F_2	与电源功率的计算公式一样 $F_2=\frac{P_2}{\sqrt{3}U_2I_2}\times100\%$		
电源侧功率因数 F_1	测量电源电压、电源端电流、电源端功率并进行计算。 $F_1=\frac{P_1}{\sqrt{3}V_1I_1}\times100\%$		

3.3.7　变频器故障代码维修法

检修变频器故障时，如果能够知道该变频器的故障信息与代码，则许多故障问题就能迎刃而解。例如，安川 E1000 系列变频器故障代码、维修见表 3-9。

表 3-9　安川 E1000 系列变频器故障信息、维修

故障代码	故障类型	原因	维修
AEr	站号设定故障	选购卡站号设定值超出了设定范围	正确设定 F6-10 或 F6-20
bb	变频器基极封锁	从多功能接点输入端子（S1 ～ S8）输入了外部基极封锁信号	检查外部回路，修正基极封锁信号的输入时间
bUS	选购卡通信故障	① 没有来自上位装置的通信指令。 ② 通信电缆的接线错误或发生短路、断线。 ③ 选购卡损坏。 ④ 有干扰。 ⑤ 选购卡与变频器的连接错误	① 正确接线。 ② 排除短路或断线部位。 ③ 更换选购卡。 ④ 充分采取抗干扰对策：采取上位装置的抗干扰对策；电磁接触器是干扰源，在电磁接触器线圈上连接浪涌抑制器；更换通信电缆为带屏蔽的电缆，并在主站或者电源侧进行屏蔽线的接地；设置独立的通信电源，将其作为通信专用的电源，并且在电源输入侧连接噪声滤波器 ⑤ 正确连接选购卡

续表

故障代码	故障类型	原因	维修
CALL	通信等待中	① 通信电缆接线错误或发生短路、断线现象。 ② 主站侧程序故障。 ③ 通信回路损坏。 ④ 终端电阻设定错误	① 正确接线，排除短路或断线部位。 ② 修正程序错误。 ③ 维修电路板。 ④ 站末端变频器内部终端电阻设定为 ON
CE	Memobus 串行通信故障	① 通信电缆的接线错误。 ② 发生短路、断线现象。 ③ 存在干扰现象 ④ 设定了 H5-09（CE 检出时间），但在一定周期内没有通信。 ⑤ 上位装置不良。 ⑥ 通信电缆断线、接触不良	① 接线正确。 ② 排除短路或断线部位。 ③ 采取抗干扰措施 ④ 正确设定参数。 ⑤ 排除上位装置侧的故障。 ⑥ 检查电缆与其接头状态是否正确
CPF00、CPF01	控制回路故障	① 控制回路内发生自我诊断故障。 ② 数字式操作器的接头连接不良	① 再次接通电源，更换变频器。 ② 重新安装操作器
CPF02	A/D 转换器故障	控制回路损坏	更换 A/D 转换器
CPF03	控制电路板连接不当	① 跳线连接不当。 ② 存在干扰现象	① 正确连接跳线。 ② 采取抗干扰措施
CPF06	EEPROM 存 储数据不良	① EEPROM 外围回路不良。 ② 输入参数写入指令的过程中，变频器电源被切断。 ③ EEPROM 异常	① 检查 EEPROM 外围回路。 ② 重新启动变频器。 ③ 更换 EEPROM
CPF07、CPF08	端子电路板连接不当	端子电路板与控制电路板连接不良	重新连接端子，维修或者更换电路板
CPF20、CPF21	控制回路不良	控制回路自我诊断不良	维修、更换电路板
CPF22	混合 IC 不良	主回路上的混合 IC 不良	维修、更换电路板或混合 IC
CPF23	控制电路板连接不当	硬件故障	维修控制电路板
CPF24	变频器装置信号异常	硬件故障	维修电路板
CPF26 ～ CPF34	控制回路不良	硬件故障	维修电路板
CPF40 ～ CPF45	CPU 故障	硬件故障	更换 CPU
CrST	运行指令输入中输入了故障复位信号	故障复位时从外部端子或通信卡输入了运行指令	将运行指令设定为 OFF

续表

故障代码	故障类型	原因	维修
dv7	极性辨别超时	① 电机内绕组断线。 ② 输出端子出现松脱现象	① 更换电机。 ② 紧固端子
dWAL	DriveWorksEZ 故障	DriveWorksEZ 程序输出故障	排除程序故障
dWFL	DriveWorksEZ 故障	DriveWorksEZ 程序输出故障	排除程序故障
E5	SI-T3 监视装置故障	上位控制器发送数据的 Watchdog 定时器中记录不连续	生成 DISCONNECT 指令或 ALM_CLR 指令后，再次通过 CONNECT 指令或 SYNC_SET 指令迁移到 Phase3
EF	正转、反转指令同时输入	正转指令与反转指令同时输入超过 0.5s	重新设定、修改正转指令与反转指令的顺控
EF0	通信选购卡外部故障输入	① 将 F6-03[外部故障（EF0）检出时的动作选择] 设定为 3（继续运行）以外的值时，通过通信数据输入了上位装置的外部故障。 ② 指令程序故障	① 排除外部故障原因，解除上位装置的外部故障输入。 ② 进行指令程序的动作检查，并且适当修改程序
EF1 ～ EF8	外部故障	① 外部机器的警报功能动作。 ② 接线错误。 ③ 多功能接点输入的分配错误	① 排除外部故障、解除多功能输入外部故障输入。 ② 正确连接。 ③ 变更分配范围端子
Err	EEPROM 写入不当	① EEPROM 写入时，存在干扰现象。 ② EEPROM 硬件不良	① 按“回车”再试，重新设定参数。 ② 更换 EEPROM
FAn	搅动风扇故障	① 搅动风扇异常。 ② 搅动风扇、MC 用电源异常	① 更换搅动风扇。 ② 维修开关电源
FbH	PI 反馈超值	① b5-36、b5-37 设定错误。 ② PI 反馈接线不良。 ③ 反馈传感器异常。 ④ 反馈输入回路异常	① 设定好 b5-36、b5-37 的值。 ② 正确接线。 ③ 更换传感器。 ④ 维修电路板
FbL	PI 反馈丧失	① b5-13、b5-14 设定错误。 ② PI 反馈接线不良。 ③ 反馈传感器异常。 ④ 反馈输入回路异常	① 设定好 b5-13、b5-14 的值。 ② 正确接线。 ③ 更换传感器。 ④ 维修电路板

续表

故障代码	故障类型	原因	维修
GF	短路	① 电机烧毁、发生绝缘老化。 ② 电缆破损发生接触、短路现象。 ③ 电缆与接地端子分布电容较大。 ④ 硬件不良	① 更换电机。 ② 更换电缆。 ③ 采取降低分布电容的措施。 ④ 维修、更换电路板
HCA	电流警告——变频器输出电流超过了额定电流 150%	① 负载过大。 ② 加减速时间过短。 ③ 选择电机不当。 ④ 瞬时停电等时的速度搜索或故障重试导致电流值暂时升高	① 减轻负载。 ② 加长加减速时间。 ③ 正确选择电机。 ④ 瞬时停电或故障重试产生的电流，会暂时警告显示。过一定时间后，显示会自动消失
LF	输出缺相	① 输出电缆断线。 ② 电机线圈断线。 ③ 输出端子松动。 ④ 使用了容量低于变频器额定输出电流 5% 的电机。 ⑤ 输出晶体管损坏。 ⑥ 连接了单相电机	① 正确接线。 ② 更换电机。 ③ 紧固端子。 ④ 选择恰当的电机。 ⑤ 更换晶体管。 ⑥ 不使用单相电机
LF2	输出电流失衡	① 输出侧发生缺相。 ② 输出侧接线端子松动。 ③ 输出回路异常。 ④ 电机阻抗三相失衡	① 正确接线。 ② 紧固端子。 ③ 维修电路板。 ④ 更换电机
LT-1	冷却风扇维护时期到期	冷却风扇维护时期达到了 90%	更换冷却风扇
LT-2	电容维护时期到期	主回路及控制回路的维护时期达到了 90%	更换电路板
LT-3	冲击电流防止继电器维护时期到期	冲击电流防止继电器的维护时期达到了 90%	更换电路板
LT-4	IGBT 维护时期到期	IGBT 的维护时期达到了 50%	修改负载，修改载波频率，修改输出频率
nSE	Node Setup 故障	① 运行中，分配了 Node Setup 功能的端子变为 ON。 ② 在 Node Setup 功能动作时向变频器输出了运行信号	在使用 Node Setup 功能期间停止变频器
oC	过电流	① 电机烧毁或绝缘老化。 ② 电缆破损。 ③ 负载过大。 ④ 加减速时间过短。 ⑤ 选择电机容量错误。 ⑥ 变频器输出侧进行了电磁接触器的开、闭。 ⑦ V/F 的设定异常。	① 更换电机。 ② 更换电缆。 ③ 更换变频器或者减小负载。 ④ 加长加减速时间。 ⑤ 正确选择电机容量。 ⑥ 正确处理电磁接触器。 ⑦ 调整 V/F 设定频率与电压的关系。

续表

故障代码	故障类型	原因	维修
oC	过电流	⑧ 转矩提升量较大。 ⑨ 存在干扰现象。 ⑩ 电机在自由运行中启动。 ⑪ 电机代码设定错误。 ⑫ 控制模式与使用电机的组合错误。 ⑬ 电机电缆接线长度较长	⑧ 调整转矩提升量。 ⑨ 消除抗干扰源。 ⑩ 电机在自由运行中不得启动。 ⑪ 正确设定电机代码。 ⑫ 确认 A1-02（控制模式的选择）设定正确。 ⑬ 调整电缆接线的长度
oFA00	连接了不匹配的选购件	CN5-A 上连接了不匹配的选购件	采用匹配的选购件
oFA01	选购卡连接不当	在运行中变更了 CN5-A 上连接的选购卡	关闭电源，将通信选购卡正确连接到变频器接口上
oFA03 ～ oFA11	选购卡不良	选购卡不良（CN5-A）	关闭电源后确认连接，然后再次接通电源。如果再次异常，更换选购卡
oFA12 ～ oFA17	选购卡连接不当	选购卡连接不当（CN5-A）	关闭电源后确认连接，然后再次接通电源。如果再次异常，更换选购卡
oFA30 ～ oFA43	通信选购卡连接不当	通信选购卡连接不当（CN5-A）	关闭电源后确认连接，然后再次接通电源。如果再次异常，更换通信选购卡
oFb00	连接选购件错误	连接了不匹配的选购件	采用匹配的选购件
oFC00	连接选购件错误	连接了不匹配的选购件	采用匹配的选购件
oH	散热片过热	① 变频器散热片的温度大于 L8-02 的设定值。 ② 环境温度高。 ③ 负载大。 ④ 冷却风扇异常。 ⑤ 冷却风通道被阻塞	① 正确设置设定值。 ② 如果周围有发热体，将其去除。 ③ 降低负载。 ④ 更换冷却风扇。 ⑤ 清除灰尘堵塞
oH1	散热片过热	① 变频器散热片温度超过了变频器过热警报检出值。 ② 环境温度高。 ③ 负载大	① 正确设置设定值。 ② 如果周围有发热体，将其去除。 ③ 降低负载
oH2	变频器过热预警	变频器输入了过热预警	检查过热预警原因
oH3	电机过热警告（PTC 输入）	① 从模拟量输入端子 A1 ～ A3 中的任意一个输入的电机过热信号超过了警报检出值。 ② 电机发生过热	① 增大 C1-01 ～ C1-08（加减速时间）中所用参数的设定值；将 E2-01（电机额定电流）设定为电机铭牌上标明的值。 ② 检查电机冷却系统是否正常，减小负载，更换电机

续表

故障代码	故障类型	原因	维修
oH4	电机过热故障（PTC 输入）	① 从模拟量输入端子 A1 ～ A3 中的任意一个输入的电机过热信号超过了故障检出值。 ② 电机发生过热	① 增大 C1-01 ～ C1-08（加减速时间）中所用参数的设定值；将 E2-01（电机额定电流）设定为电机铭牌上标明的值。 ② 检查电机冷却系统是否正常，减小负载，更换电机
oL1	电机过载	① 电子热继电器的作用。 ② 负载过大。 ③ 加减速时间、周期过短。 ④ 低速运行时发生过载。 ⑤ 使用专用电机，L1-01（电机保护功能选择）=1（通用电机的保护）。 ⑥ V/F 特性的电压过高。 ⑦ E2-01（电机额定电流）的设定不当。 ⑧ 最大电源频率的设定值低。 ⑨ 用 1 台变频器驱动多台电机。 ⑩ 电子热继电器的特性与电机负载的特性不一致。 ⑪ 设定了过励磁运行。 ⑫ 速度搜索相关参数的设定不当。 ⑬ 输入缺相导致输出电流失调	① 检查电子热继电器是否正常。 ② 减小负载。 ③ 增大 C1-01 ～ C1-08（加减速时间）参数的设定。 ④ 减小负载。 ⑤ 检查电机。 ⑥ 调整 V/F 特性。 ⑦ 将 E2-01（电机额定电流）设定为电机铭牌上标明的值。 ⑧ 将 E1-06（基本频率）设定为电机的额定频率值。 ⑨ 调整驱动方式。 ⑩ 重新设定 E2-01（电机额定电流）。 ⑪ 减小 n3-13（过励磁增益）。 ⑫ 将 L3-04（减速中防止失速功能选择）设定为 4 以外的数值；将 N3-23（过励磁运行选择）设定为 0（无效）。调整 b3-02（速度搜索动作电流）、b3-03（速度搜索减速时间）。 ⑬ 改善缺相
oL2	变频器过载	① 电子热继电器的作用。 ② 负载过大。 ③ 加减速时间、周期过短。 ④ V/F 特性的电压过高。 ⑤ 变频器容量过小。 ⑥ 低速运行时发生过载。 ⑦ 转矩提升量较大。 ⑧ 速度搜索相关参数设定不当。 ⑨ 输入缺相导致输出电流失调	① 检查电子热继电器是否正常。 ② 减小负载。 ③ 增大 C1-01 ～ C1-08（加减速时间）参数的设定。 ④ 调整 E1-04 ～ E1-10（V/F 曲线的任意输入）。 ⑤ 更换容量大的变频器。 ⑥ 减小低速运行时的负载。 ⑦ 降低 C4-01（转矩提升增益）的值，直到电流减小、电机不失速。 ⑧ 调整 b3-02（速度搜索动作电流）、b3-03（速度搜索减速时间）。 ⑨ 改善缺相
oL3	过转矩检出 1	① 参数设定错误。 ② 机械侧异常	① 重新设定 L6-02、L6-03。 ② 排除机械侧故障
oL7	高滑差制动过载	① 通过 n3-04（高滑差制动 oL 时间）设定的时间、输出频率没有发生变化。	① 不适用于高滑差制动。

续表

故障代码	故障类型	原因	维修
oL7	高滑差制动过载	② 负载的惯性较大，电机被负载带动旋转。 ③ 负载侧妨碍了减速。 ④ 高滑差制动 oL 时间设定值过小	② 减小负载。 ③ 安装热继电器，进行电机侧的保护。 ④ 高滑差制动 oL 时间设定为最长
oPr	操作器连接不良	① 变频器和操作器间断线。 ② 操作器与变频器接线错误	① 更换电缆。 ② 重新连线
ov	主回路过电压	主回路直流电压超过过电压检出值	检查主回路
PF	主回路电压故障	主回路直流电压发生异常波动、发生输入电源缺相、输入电源接线端子松动、相间电压失衡、变频器内部的主回路电容老化	检查主回路，检查变频器内部元件
SC	IGBT 上臂与下臂短路	IGBT 故障	更换 IGBT
SEr	速度搜索重试故障	① 速度搜索参数设定错误。 ② 自由运行中的电机旋转方向与指令方向相反	① 减小 b3-10（速度搜索检出补偿增益）的值；增大 b3-17（速度搜索重试动作电流值）的值；增大 b3-18（速度搜索重试动作检出时间）的值。 ② 将 b3-14（旋转方向搜索选择）设定为 1（有效）
STo	失调检出、检出 PM 电机失调	① 电机代码选择错误。 ② 负载较大。 ③ 负载惯性较大。 ④ 加减速时间过短。 ⑤ 响应慢	正确设定参数
UL3	转矩不足检出 1	① 参数设定错误。 ② 机械侧异常	① 重新设定 L6-02、L6-03。 ② 检查机械使用状态是否正常
UL6	电机负载不足	输出电流降到 L6-14 中定义的电机负载不足曲线下方的时间超过了 L6-03 所设定的时间	调整 L6-14 的设定值，使输出电流在正常运行期间维持在电机负载不足曲线上方
UnbC	电流失衡	内部电流失衡	检查接线，更换晶体管，检查负载侧
Uv1	主回路欠电压	① 输入电源缺相。 ② 输入电源接线端子松动。 ③ 电源电压发生变动。 ④ 发生停电现象。 ⑤ 变频器内部主回路电容回路老化。 ⑥ 防止冲击回路的继电器或接触器动作不良	① 正确接线。 ② 紧固端子。 ③ 电压调整到变频器电源规格范围内。 ④ 检查主回路电源。 ⑤ 维修电路板。 ⑥ 检查防止冲击回路

续表

故障代码	故障类型	原因	维修
Uv2	控制电源故障	① 控制电源单元接线不当。 ② 变频器本身异常	① 正确接线。 ② 维修
Uv3	防止冲击回路继电器或接触器动作不良	继电器或接触器损坏	更换维修
voF	输出电压检出故障	硬件不良	维修更换电路板或变频器

艾默生 EV1000 系列变频器故障代码见表 3-10。

表 3-10 艾默生 EV1000 系列变频器故障代码

故障代码	类别	解说
{Stored HF}	存储的硬件故障	设值 FP.005=1299，复位变频器，则可清除这类故障
Er.0002、Er.0003、Er.0109、Er.0173	带有延长复位时间的故障	只有在报故障 10s 后，才能够复位这类故障
Er.0005	内部 24V 故障	—
Er.0031	易失存储失败	FP.005 设值 1233 或者 1244 才能复位，或者 Pr11.043 设非零值
Er.0032、Er.0027	输入缺相与直流母线电路保护	在报 Er.0032 与 Er.0027 故障时，变频器将先停止电机，之后再报这类故障
Er.0174、Er.0175、Er.0177 ～ Er.0188	SD 卡故障	在上电过程中，这类故障的优先级为 5
Er.0218 ～ Er.0247、Er.0200	不可复位故障	这类故障不能被复位
HF01 ～ HF19	内部故障	① 这类故障不能被复位。 ② 这类故障中任何一个故障发生，将禁用变频器所有功能

艾默生 EV1000 系列变频器故障代码、维修见表 3-11。

表 3-11 艾默生 EV1000 系列变频器故障代码、维修

故障代码	故障类型	原因	维修
Er.0002	过压故障	直流母线电压超过其峰值电压，或者超过最大持续电压 15s，具体为： 400V 电压额定：直流母线的峰值电压为 830V，最大持续电压为 815V。 200V 电压额定：直流母线的峰值电压为 415V，最大持续电压为 410V	① 检测电机绝缘性。 ② 检查是否由于输入电压扰动引起。 ③ 检查输入电压水平。 ④ 降低制动电阻阻值。 ⑤ 增加加减速时间

续表

故障代码	故障类型	原因	维修
Er.0003	检测到瞬时输出过流	检测到交流电流超过过流点时，触发瞬时过电流故障等	① 电机电缆长度是否在该机型的规定范围内。 ② 减少电流环增益。 ③ 减少速度环增益。 ④ 检查输出电缆是否有短路。 ⑤ 用绝缘测试仪检查电机绝缘性是否完好。 ⑥ 增加加减速时间。 ⑦ 自整定过程中出现该故障，则减少转矩提升
Er.0004	制动 IGBT 瞬时过电流故障	检测到制动 IGBT 过流、制动 IGBT 短路保护有效等	① 检查制动电阻接线情况。 ② 检查制动电阻绝缘性。 ③ 检查制动电阻值是否大于或等于最小规定阻值
Er.0005	内部电源故障	控制、功率部分内部电源过载	① 需要检查硬件。 ② 移除选件卡，复位变频器
Er.0006	外部故障有效	① 变频器通过面板外的通道运行后，按了 Stop/Reset 键，出现 Er.0006.2。 ②F7.000 ～ F7.005 中设值为 6 或者 7	① 正确操作。 ② 如果系 F7.000 ～ F7.005 中设值为 6 或者 7 引起的，则取消即可
Er.0007	电机频率超过超速阈值	频率异常等	降低速度环 P 增益
Er.0008	保留	保留	保留
Er.0010	制动电阻过热	制动电阻、接线等异常	① 检查制动电阻的绝缘性。 ② 检查制动电阻及接线情况。 ③ 确认制动电阻阻值大于或等于规定的最小阻值
Er.0013	惯量超限	所测惯量超限	检查电机接线情况
Er.0014 ～ Er.0017，Er.0011，Er.0009，Er.0001，Er.0095，Er.0103 ～ Er.0108，Er.0191 ～ Er.0198，Er.0168 ～ Er.0172，Er.0238 ～ Er.0244、E205 ～ 214、E223 ～ 224	保留故障	这些故障被保留，自定义故障程序中也不能使用	—
Er.0018	自整定终止	自整定过程中运行信号或使能被移除	检查在自整定时变频器的使能信号（端子 T31、T34）是否有效等情况

续表

故障代码	故障类型	原因	维修
Er.0019	制动电阻过载超时	制动电阻热累加器达到100%	①确认FL.026、FL.027、FL.028的设值是否正确。 ②如果使用外部热保护装置，并且不要求制动电阻软件保护功能，将FL.026、FL.027或者FL.028设置为0，则该故障取消
Er.0020	输出电流过载超时	电机热过载、电机额定电流（FH.002）和热时间常数FL.001计算结果等	①调整好电机的额定速度参数。 ②检查电机负载有无变化情况。 ③确认负载无堵塞、吸附等异常现象。 ④确认好电机额定电流的设定
Er.0021	热模型检测到逆变过热	逆变热模型输出故障等	①减少电机负载。 ②检查直流母线纹波。 ③降低变频器的载波频率。 ④降低负载循环。 ⑤确认三相输入有无缺相且均衡现象。 ⑥确认自动切换载波频率禁止。 ⑦增加加减速时间
Er.0022	功率部分过热	热敏电阻位置确定故障等	①检查风扇是否正常工作。 ②检查风扇速度是否正常。 ③减少电机负载。 ④检查柜子风道情况。 ⑤检查柜子进风口是否堵塞。 ⑥降低负载循环。 ⑦降低载波频率。 ⑧确认变频器选型正确。 ⑨选择更大电流、功率的变频器。 ⑩增加加减速时间。 ⑪增加通风
Er.0024	电机热敏电阻过热	电机热敏电阻过热、电机过热等	①检查电机的温度。 ②检查热敏电阻的接线
Er.0025	电机热敏电阻短路	电机热敏电阻短路、热敏电阻阻抗过低（<50Ω）等异常	①更换电机、电机热敏电阻。 ②检查热敏电阻接线
Er.0026	数字输出过载	24V用户电源或者数字输出端子输出电流超过限值、单个数字输出端子最大电流输出为100mA等	①检查控制线接线是否正确。 ②检查输出接线是否损坏。 ③检查数字输出端子上的总负载量
Er.0027	直流母线过热	直流母线热模型输出故障等	①检查电机参数设置是否与铭牌一致。 ②检查交流输入电压水平、平衡度。 ③检查直流母线纹波水平。 ④降低电机负载。 ⑤降低负载循环。 ⑥降低速度环增益（RFC-A）

续表

故障代码	故障类型	原因	维修
Er.0028	模拟输入 AI1 电流丢失	模拟输入 AI1 选为 4 ～ 20mA 或者 20 ～ 4mA 时，未检测到电流（电流小于 3mA）	① 检查电流信号是否存在并且大于 3mA 的情况。 ② 检查控制线接线情况。 ③ 检查控制线是否损坏。 ④ 检查模拟输入 AI1 的模式 F1.013
Er.0030	控制字看门狗超时	看门狗故障由控制字已使能但超时等	检查看门狗的设置
Er.0031	出厂参数被下载	EEPROM Fail 故障表示出厂参数被下载	① 变频器恢复出厂参数，并且复位变频器。 ② 检修变频器。 ③ 保存参数时，确定参数保存完成，并且能断开变频器电源
Er.0032	输入缺相	输入缺相动作	① 减少电机负载。 ② 检测直流母线的纹波。 ③ 检查满负载时交流输入电压水平、不平衡度。 ④ 检查输出电流的稳定性。 ⑤ 降低负载循环
Er.0033	测量阻抗超过参数允许范围	自整定过程中测量到定子阻抗超过 FC.008、FH.005 的范围	① 更换电机。 ② 监控输出电流波形情况。 ③ 检查电机定子绕线的完整性。 ④ 检查电机接线情况。 ⑤ 检查电机相间阻抗情况
Er.0034	变频器从操作面板给定时，操作面板被移除	变频器处于操作面板模式，操作面板被移除或者操作面板与变频器失去连接	① 正确设定参数。 ② 重新安装操作面板，并且复位
Er.0035	控制字故障位有效	控制字 FF.007 的第 12 位设置为有效，则控制字故障出现	需要检查 FF.007 的设置值
Er.0036	参数保存错误 / 未完成	在参数保存过程中变频器断电等	确认参数保存已完成，才能够给变频器断电
Er.0037	掉电保存错误	变频器检测到在非易失寄存器中掉电保存参数错误	正确设置 FP.005 中的参数
Er.0038	掉载故障	输出频率大于掉载检出频率阈值（FL.033），并且负载百分比低于掉载检出水平时，变频器报故障等	检查负载情况和设置情况
Er.0090	功率板、控制板、整流模块间出现通信丢失错误	无通信、通信错误等	需要检查硬件
Er.0091	保留	保留	保留

续表

故障代码	故障类型	原因	维修
Er.0092	检测到吸收回路过流	检测到整流吸收回路过电流故障等	① 安装输出电抗器或者正弦滤波器。 ② 测试电机、电机线的绝缘性。 ③ 检查输入电压的不平衡度。 ④ 检查输入是否受到干扰。 ⑤ 内部 EMC 滤波器是否已安装。 ⑥ 确认电机线长度未超过已选的载波频率对应的最大电机线长度
Er.0093	检测到功率控制通信错误 / 丢失	用户板丢失了与功率板的通信、功率板丢失了与用户板的通信、PLL 运行范围超出了锁定、通信 CRC 错误等	需要检查硬件
Er.0094	直流制动故障	应用直流制动时，电机在 60s 内没有停止等	检查直流制动以及设置情况
Er.0096	板载用户程序自定义故障触发	用户程序自定义故障等	检查用户程序
Er.0097	变频器参数正被更改	参数异常	确认变频器在无使能时执行参数下载
Er.0098	输出缺相	输出缺相检查 FL.0015=0 等	检查变频器、电机的接线
Er.0101	制动 IGBT 过热	变频器检测到制动 IGBT 过热	检查制动电阻值是否符合要求
Er.0102	整流过热	模块代码、整流代码、热敏电阻位置	① 安装输出电抗器或者正弦滤波器。 ② 检查电机、电机线的绝缘性。 ③ 检查风扇是否正常工作。 ④ 检查柜子风道是否堵塞。 ⑤ 检查柜子进风口是否堵塞。 ⑥ 降低负载循环，减少电机负载。 ⑦ 强制散热风扇以最大速度运行。 ⑧ 增加加减速时间。 ⑨ 增加通风
Er.0109	IGBT 输出检测到过电流	变频器输出短路保护有效等	① 检测电机、线缆的绝缘性。 ② 检查变频器硬件
Er.0173	风扇故障	风扇本身或者连线等异常	① 风扇本身损坏，需要更换。 ② 确认风扇没有被卡住。 ③ 确认风扇正确安装、正确接线
Er.0174	SD 卡故障，选件卡文件传输失败	选件卡不能正确响应	检查问题插槽的选件卡

续表

故障代码	故障类型	原因	维修
Er.0175	SD卡数据块不兼容	不兼容	① FP.005=9666，按复位键。 ② 使用兼容的SD卡
Er.0177	0号菜单参数更改无法存储到SD卡中	设置、存储异常等	① 正确设置Pr11.042参数。 ② 重新修改0号菜单参数
Er.0178	无法访问SD卡，SD卡正被其他选件卡访问	表示正尝试访问SD卡，但SD卡正被选件卡访问	等选件卡完成访问SD卡后，尝试需要的功能
Er.0179	SD卡数据块已被占用	尝试保存数据到SD卡，但是该位置已存在其他数据块	① 将数据保存到其他位置。 ② 清除该数据块
Er.0180	SD卡故障引起；选错选件卡	与SD卡有关	① FP.005=9666，按复位键。 ② 确认与SD卡数据块中不一致的选件卡参数将被设为默认值。 ③ 正确安装选件卡
Er.0181	SD卡只读位被设置有效	设置错误	将所有SD卡中数据块的只读标识清除
Er.0182	SD卡数据结构错误	① 访问的文件夹、文件结构文本不存在。 ② HEADER.DAT文件损坏。 ③ OLDATA\DRIVE文件夹中两个或者多个文件具有相同的标识号	① 擦除所有数据块，再重新执行操作。 ② 检查SD卡安装是否正确。 ③ SD卡本身损坏、异常，需要更换
Er.0183	SD卡中没有数据	SD卡中不存在文件或者数据块	确认数据块
Er.0184	SD卡存储已满	SD卡中无足够剩余空间	① 更换SD卡。 ② 删除SD卡中的一些或全部数据以挪出空间
Er.0185	SD卡写失败	可能是SD卡本身或者通信、安装异常	① 检查SD卡安装是否正确。 ② 检查SD卡本身是否正常
Er.0186	SD卡故障；源文件不一致	与SD卡、源文件有关	① 复位变频器。 ② 确认参数被正确传输
Er.0187	SD卡中参数设置与当前变频器模式不匹配	不匹配	① FP.005=0，按复位键。 ② 确认控制模式与源参数文件中的控制模式是否一致。 ③ 确认支持文件中的控制模式
Er.0188	SD卡中的文件、数据与变频器中的存在差异	结果参数值不一致	① 将FP.005设置为0复位故障。 ② 确认SD卡中的数据的正确性

续表

故障代码	故障类型	原因	维修
Er.0189	模拟输入 AI1 过流	模拟输入 AI1 的电流输入超过 24mA	—
Er.0199	目标参数被 2 个或者多个参数写	目标参数异常	设置 FP.005 为目标参数，以及检查所有菜单中的可见参数是否存在写入冲突
Er.0200	选件卡 1 硬件故障	无法识别选件卡种类、参数错误、无足够的空间分配给该模块做通信缓冲、变频器上电后移除选件卡、变频器更改模式时该模块停止访问变频器参数等	① 更换选件卡。 ② 确认选件卡正确安装。 ③ 需要检查硬件
Er.0201	选件卡看门狗功能工作错误	选件卡看门狗功能异常等	更换选件卡
Er.0202	插槽 1 中选件卡故障	插槽 1 异常等	检查插槽 1 中的选件卡
Er.0203	插槽 1 中选件卡被移除	变频器上电后移除插槽 1 中的选件卡等	① 确认选件卡正确地安装。 ② 如果不需要该选件卡，可在 FP.005 中保存参数。 ③ 重新安装选件卡
Er.0204	选件卡被更换	选件卡错误、安装错误、设置参数被改变等	①FP.005 正确设置参数。 ② 确认选件卡参数正确。 ③ 正确安装选件卡
Er.0215	变频器变更模式时选件卡未响应	变频器变更模式时，选件卡没有在规定时间内通报其与变频器的通信已丢失等	① 复位故障。 ② 更换选件卡
Er.0218	内部热敏电阻故障	功率型热敏电阻位置等	需要检查硬件
Er.0219	控制部分过热	冷却风扇控制 F9.010=0，故障表示控制板过热	冷却风扇控制设置为大于 0
Er.0220	功率部分组态错误	功率部分异常	需要检查硬件
Er.0221	上次断电时出现硬件故障	硬件故障等	①FP.005 中输入 1299，并按复位键清除故障。 ② 需要检查硬件
Er.0225	电流反馈偏置错误	电流反馈偏置过大	① 存在硬件故障。 ② 确认无使能时变频器有没有电流输出
Er.0226	缓冲继电器没有闭合	缓冲继电器未闭合、缓冲检测电路故障等	需要检查硬件
Er.0227	RAM 分配错误	RAM 分配错误等	正确进行 RAM 分配

续表

故障代码	故障类型	原因	维修
Er.0228	输出短路	检测到输出过电流等	① 检测电机绝缘的完整性。 ② 检查电机线长度。 ③ 检查输出电缆是否短路
Er.0231	电流标度范围	电流标度范围错误	—
Er.0232	变频器组态故障	软件 ID 与硬件 ID 不匹配	检查 ID
Er.0234	STO 板没有安装	STO 板没有安装	检查、安装 STO 板
Er.0235	功率板硬件故障	功率处理器硬件故障	需要检查硬件
Er.0236	无功率板	功率板与控制板间无通信等	检查功率板和控制板间的接线情况
Er.0237	固件不兼容	不兼容	把变频器升级到最新固件版本
Er.0245	功率板处于程序引导模式	—	重新刷写功率板程序
Er.0246	变频器型号文件错误	型号文件不同、型号文件丢失等	检查型号文件
Er.0247	文件更改	文件更改	变频器断电再上电
Er.0248	变频器型号镜像文件错误	检测到变频器型号镜像文件错误等	检查变频器型号镜像文件
Er.0249	板载用户程序故障	用户程序错误等	检查板载用户程序
Er.0250	整流过热、制动过热	整流或者制动 IGBT 检测到过热现象	检查整流、制动电路；检查设置
HF01	数据处理错误、CPU 硬件错误	变频器的控制板损坏等	需要检查硬件
HF02	数据处理错误、CPU 内存管理错误	控制板损坏等	需要检查硬件
HF03	数据处理错误、CPU 检测到总线错误	控制板损坏等	需要检查硬件
HF04	数据处理错误、CUP 检测到使用错误	控制板损坏等	需要检查硬件
HF05	保留	—	—
HF06	保留	—	—

续表

故障代码	故障类型	原因	维修
HF07	数据处理错误、看门狗故障	控制板损坏等	需要检查硬件
HF08	数据处理错误、CPU 中断错误	控制板损坏等	需要检查硬件
HF09	数据处理错误、空闲存储区溢出	控制板损坏等	需要检查硬件
HF10	保留	—	—
HF11	数据处理错误、非易失存储器通信错误	EEPROM 容量与用户固件不兼容等	① 需要检查硬件。 ② 使用兼容的用户固件升级
HF12	数据处理错误、主程序堆栈溢出	后台任务、保留、主系统中断等	需要检查硬件
HF13	保留	—	—
HF14	保留	—	—
HF15	保留	—	—
HF16	数据处理故障、RTOS 错误	控制板故障等	需要检查硬件
HF17	保留	—	—
HF18	数据处理错误、内部闪存错误	闪存中存在不正确的设置菜单 CRC、闪存中存在不正确的应用菜单 CRC、选件卡初始化超时、写闪存中菜单时发生程序错误、清除包含应用菜单的闪存数据块时出现错误、清除包含设置菜单的闪存数据块时出现错误等	需要检查硬件、检查设置
HF19	数据处理故障、固件 CRC 校验失败	CRC 校验失败等	① 升级变频器固件。 ② 需要检查硬件

艾默生 EV3500 系列变频器故障代码，维修见表 3-12。

表 3-12　艾默生 EV3500 系列变频器故障代码，维修

故障代码	故障类型	维修
C. Busy	SMARTCARD 智能卡故障——智能卡在被应用模块登录时不能执行所需的功能	等待应用模块完成对智能卡的登录，然后重试所需的功能

续表

故障代码	故障类型	维修
C. Chg	SMARTCARD 智能卡故障——目标数据块中已包含数据	清除目标数据块数据，然后将数据写入其他选数据块中
C.Acc	SMARTCARD 智能卡故障——智能卡读 / 写失败	检查智能卡安装、固定是否无误。如果有误，则改正即可。如果无误，则可能是智能卡损坏，需要更换智能卡
C.boot	SMARTCARD 智能卡故障——菜单 0 参数变更不能被存储在 SMARTCARD 智能卡上	故障原因系 SMARTCARD 智能卡上未创建必要的文档，因此，可以通过写入菜单 0 参数操作以通过键盘启动，创建必要的文档，以及在菜单 0 参数中重试参数写入
C.CPr	SMARTCARD 智能卡故障——驱动器存储的值与 SMARTCARD 智能卡数据块的值不同	按下红色复位键看是否可排除故障，如果不行，则需要把两者的值调整为相同
It.AC	输出电流过载超时——累加器数值可查看 Pr4.19	确认负载无堵塞，检查反馈装置有无噪声，检查反馈装置机械耦合性是否良好，检查电机负载有无变化，调整额定速度参数（仅限闭环矢量模式）
O. SPd	电机速度超过过速阈值	速度已超过 1.2 × Pr1.06 或 Pr1.07（开环模式），降低速度环增益参数（Pr3.10）以减少速度超越度（仅限于闭环模式），提高 Pr3.08 的过速故障阈值（仅限于闭环模式）
O.CtL	驱动器控制板过热	降低驱动器载波频率，检查机柜、驱动器风扇是否正常，检查机柜通风路径是否通畅，检查机柜门滤波器是否正常，检查环境温度是否合适
O.ht1	热模型功率器件过热	检查或者维修热模型功率器件
O.ht2	散热器过热	降低加减速率，降低驱动器载波频率，缩短负载周期，降低电机负载，检查机柜、驱动器风扇是否正常，检查机柜通风路径是否通畅，检查机柜门滤波器是否正常，加速通风
O.ht3	热模型显示驱动器过热	降低加减速率，降低驱动器载波频率，缩短负载周期，降低电机负载，检查机柜、驱动器风扇是否正常，检查机柜通风路径是否通畅，检查机柜门滤波器是否正常，加速通风
O.Ld1	数字输出过载——24V 电源及数字输出产生的总电流超过 200mA	检查数字输出总负载与 +24V 干线是否异常
Oht2.P	电源模块散热器过热	降低加减速率，降低驱动器载波频率，缩短负载周期，降低电机负载，检查机柜、驱动器风扇是否正常，检查机柜通风路径是否通畅，检查机柜门滤波器是否正常，加速通风
Oht4.P	电源模块整流器过热、输入缓冲器电阻过热	检查电源是否不平衡，检查电源是否存在干扰现象，检查机柜、驱动器风扇是否正常，检查机柜通风路径是否顺畅，检查机柜门滤波器是否正常，加速通风，降低加减速率，降低驱动器载波频率，缩短负载周期，降低电机负载

续表

故障代码	故障类型	维修
OI.AC	检测到瞬时输出过流——峰值输出电流大于 225%	检查输出电缆线路是否短路，检查电机绝缘是否完好，检查反馈装置线路是否异常，检查反馈装置机械耦合性是否异常，检查反馈信号有无干扰现象，检查电机电缆长度是否符合要求
OI.br	检测出制动晶体管过流——制动晶体管短路保护启动	检查制动电阻配线是否异常，检查制动电阻值是否大于或等于最小阻抗值，检查制动电阻绝缘性是否完好
OIAC.P	从模块输出电流中检测出电源模块过流	检查输出电缆线路有无短路现象，检查电机绝缘是否完好，检查反馈装置线路是否正常，检查反馈装置机械耦合性是否正常，检查反馈信号有无噪声，检查电机电缆长度是否符合要求
Olbr. P	电源模块制动 IGBT 过流	检查制动电阻配线是否异常，检查制动电阻值是否大于或等于最小阻抗值，检查制动电阻绝缘性是否异常
Oldc. P	从状态电压监控 IGBT 中检测出电源模块过流	检查电机与电缆的绝缘性是否异常
OV	直流母线电压超过峰值电平、电源模块直流母线电压最大连续电压水平达 15s	增加减速斜坡，降低制动电阻值（保持在最小值之上），检查额定交流电源水平，检查是否存在可导致直流母线电压上升的电源干扰，检查电机绝缘性，检查驱动器电压额定值与峰值电压是否正常
OV. P	电源模块直流母线电压超过峰值电平、电源模块直流母线电压最大连续电压水平达 15s	增加减速斜坡，降低制动电阻值（保持在最小值之上），检查额定交流电源水平，检查是否存在可导致直流母线电压上升的电源干扰，检查电机绝缘性，检查驱动器电压额定值与峰值电压是否正常
PAd	驱动器接收键盘速度给定值时键盘已拆除	安装键盘并复位，更改速度给定值选择器并由另一个源选择速度给定值
Ph	交流电压输入缺相、交流电压存在较大电源不平衡	确认三个相位是否不正常或者不平衡，检查输入电压水平是否正确，检查负载水平是否介于 50% ～ 100%
Ph.P	电源模块缺相检测	检查三个相位是否不正常或者不平衡，检查输入电压水平是否正确（满载时）
PS	内部电源故障	维修电源电路
PS. P	电源模块电源故障	维修电源电路
PS.10V	10V 用户电源电流大于 10mA	检查端子 4 配线情况，降低端子 4 负载
PS.24V	24V 内部电源过载	驱动器及应用模块总用户负载是否超过内部 24V 电源极限
PSAVE. Er	EEPROM 中下电存储参数失效	执行用户存储功能或对驱动器进行正常下电
rS	自整定或在开环矢量模式 0 或 3 中启动时电阻测量失败	检查电机电源连接连贯性
SAVE.Er	EEPROM 中的用户存储参数失效	执行一次用户存储功能
SCL	远程键盘与驱动器间 RS-485 串行通信缺失	重新安装驱动器与键盘间的电缆，检查电缆是否损坏，更换电缆，更换键盘
SLX.dF	插槽 X 中的应用模块型号更改	保存参数并复位

德弗斯 D9000 系列变频器故障代码见表 3-13。

表 3-13　德弗斯 D9000 系列变频器故障代码

故障代码	故障类型	故障代码	故障类型
BCE	制动单元故障	OUT1	逆变单元 U 相故障
CE	通信故障	OUT2	逆变单元 V 相故障
EEP	EEPROM 读写故障	OUT3	逆变单元 W 相故障
EF	外部故障	OV1	加速运行过电压
-END-	厂家设定时间到达	OV2	减速运行过电压
ITE	电流检测电路故障	OV3	恒速运行过电压
LCD-E	LCD 键盘未接	PCDE	编码器反向故障
OC1	加速运行过电流	PCE	编码器断线故障
OC2	减速运行过电流	PIDE	PID 反馈断线故障
OC3	恒速运行过电流	SPI	输入侧缺相故障
OH1	整流模块过热故障	SPO	输出侧缺相故障
OH2	逆变模块过热故障	TE	电机自学习故障
OL1	电机过载故障	TI-E	时钟芯片故障
OL2	变频器过载故障	UV	母线欠压故障
OPSE	系统故障		

德力西 CDI-EM60 系列变频器故障代码见表 3-14。

表 3-14　德力西 CDI-EM60 系列变频器故障代码

故障代码	故障类型	故障代码	故障类型
Err00	无故障	Err19	电机掉载
Err01	恒速中过流故障	Err20	PID 反馈丢失
Err02	加速中过流故障	Err21	用户自定义故障 1
Err03	减速中过流故障	Err22	用户自定义故障 2
Err04	恒速中过压故障	Err23	累计上电时间到达
Err05	加速中过压故障	Err24	累计运行时间到达
Err06	减速中过压故障	Err25	编码器故障
Err07	模块故障	Err26	参数读写故障
Err08	欠压故障	Err27	电机过热故障
Err09	变频器过载故障	Err28	速度偏差过大故障
Err10	电机过载故障	Err29	电机超速故障
Err11	输入缺相故障	Err30	初始位置错误

续表

故障代码	故障类型	故障代码	故障类型
Err12	输出缺相故障	Err31	电流检测故障
Err13	外部故障	Err32	接触器
Err14	通信故障	Err33	电流检测故障
Err15	变频器过热故障	Err34	快速限流超时
Err16	变频器硬件故障	Err35	运行时切换电机
Err17	电机对地短路	Err36	24V 电源故障
Err18	电机辨识出错	Err40	缓冲电阻

东芝 VFNC3C 系列变频器故障代码见表 3-15。

表 3-15　东芝 VFNC3C 系列变频器故障代码

错误码	故障代码	故障类型
OC1	0001	加速中的过电流故障
OC2	0002	减速中的过电流故障
OC3	0003	恒速中的过电流故障
OCL	0004	过电流（启动时负荷端有过电流）
OCR	0005	启动时支路过电流故障
E	0011	紧急停止
E-13	0045	超速故障
E-18	0032	模拟信号电缆断开
E-19	0033	CPU 通信错误
E-20	0034	转矩提升过大
E-21	0035	CPU 故障 2
E-26	003A	CPU 故障 3
EEP2	0013	EEPROM 故障 2
EEP3	0014	EEPROM 故障 3
EEP1	0012	EEPROM 故障 1
EF2	0022	接地故障跳闸
EPHI	0008	输入相位故障
EPHO	0009	输出相位故障
Err2	0015	主单元 RAM 故障
Err3	0016	主单元 ROM 故障
Err4	0017	CPU 故障 1
Err5	0018	遥控错误

续表

错误码	故障代码	故障类型
Err7	001A	电流检测器故障
OH	0010	过热故障
OL2	000E	电机过负荷故障
OL3	003E	主模块过负荷故障
OLI	000D	变频调速器过负荷故障
OP2	000B	减速中的过电压故障
OP3	000C	匀速运转中的过电流故障
OP1	000A	加速中的过电压故障
UC	001D	小电流运转跳闸
UPI	001E	欠电压跳闸（主电路）

伦茨 SMD 系列变频器故障代码见表 3-16。

表 3-16　伦茨 SMD 系列变频器故障代码

故障代码	故障类型	故障代码	故障类型
br	直流加压制动有效	Inh	停止（U、V、W 禁止）
cF	EPM 中的数据无效	JF	远程面板故障
CF	EPM 中的数据无效	LC	自动启动禁止
CL	电流极限到达	LU	直流母线欠压
dEC	减速过程中直流母线过电压（报警）	nEd	无法访问代码
dF	回馈制动故障	OC1	短路或过载故障
EEr	外部故障	OC2	接地故障
F1	内部故障	OC6	电机过载故障
F2	内部故障	OFF	停止（U、V、W 禁止）
FC3	通信故障	OH	内部过热故障
FC5	通信故障	OU	直流母线过压故障
Fl	EPM 错误	rC	正在使用远程操作面板
FO	内部故障	SF	单相故障

3.3.8　过流现象的维修

变频器过流现象可能是由加速时间太短、变频器整流桥损坏、逆变 IGBT 损坏、电机相间短路或对地短路、霍尔损坏或接线异常等引起的，如图 3-10 所示。

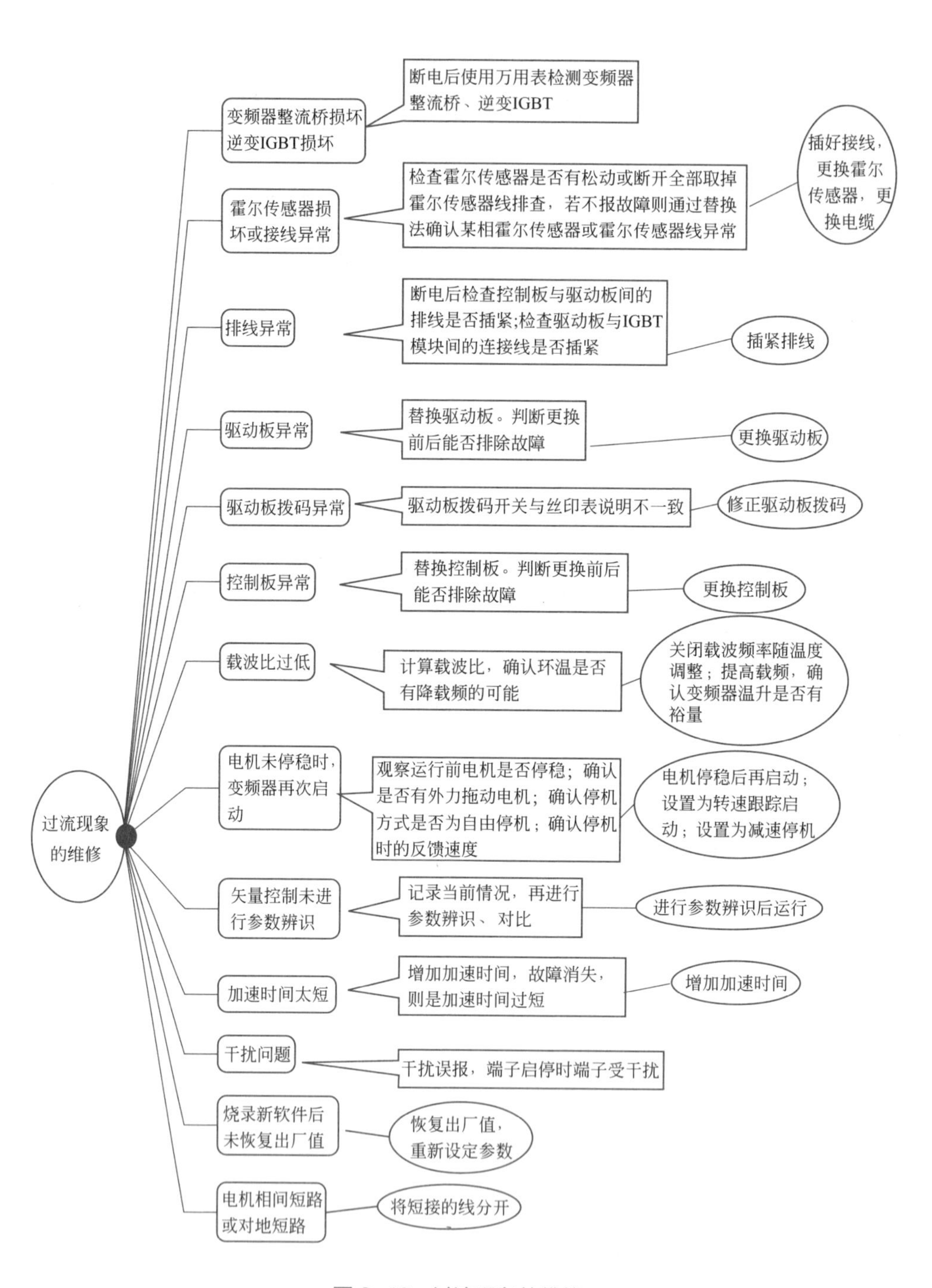

图 3-10　过流现象的维修

3.3.9 过压现象的维修

变频器过压现象可能是由加速时间太短、减速时间太短、矢量控制未进行参数辨识等引起的，如图 3-11 所示。

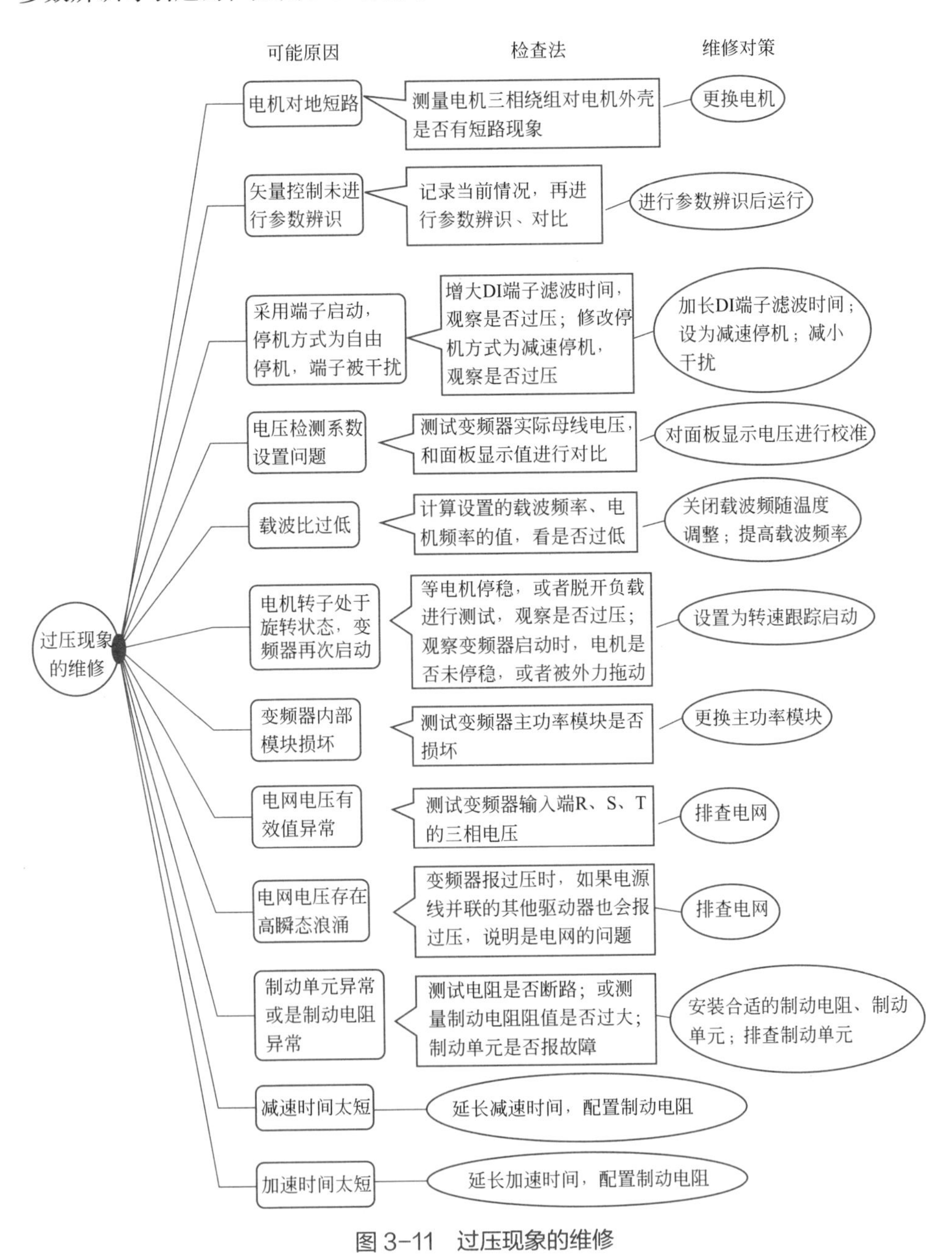

图 3-11 过压现象的维修

3.3.10 欠压现象的维修

变频器欠压现象可能是由输入电压偏低、接触器没有吸合等引起的，如图 3-12 所示。

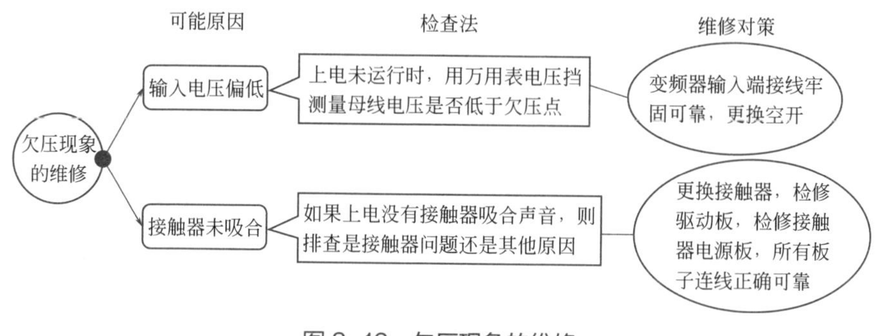

图 3-12 欠压现象的维修

3.3.11 变频器过载现象的维修

变频器过载现象可能是由电机堵转、排线异常等引起的，如图 3-13 所示。

3.3.12 电机过载现象的维修

电机过载现象可能是由电机堵转、显示异常等引起的，如图 3-14 所示。

3.3.13 散热器过热的维修

散热器过热的原因有：

① 变频器受干扰误动作情况——需要去除干扰。

② 电缆是否松动情况——调整电缆，或者更换电缆。

③ 风道的情况——风道是否堵塞等。

④ 风扇的情况——风扇是否运行，风扇是否运行正常，风量是否正常等。

⑤ 环境温度是否超标情况——采用外部强排风、降低载频等降温措施。

⑥ 主控板存在不匹配情况——更换主控板。

⑦ 主控制板、驱动板故障情况——需要维修板子，或者更换板子。

散热器过热的维修流程如图 3-15 所示。

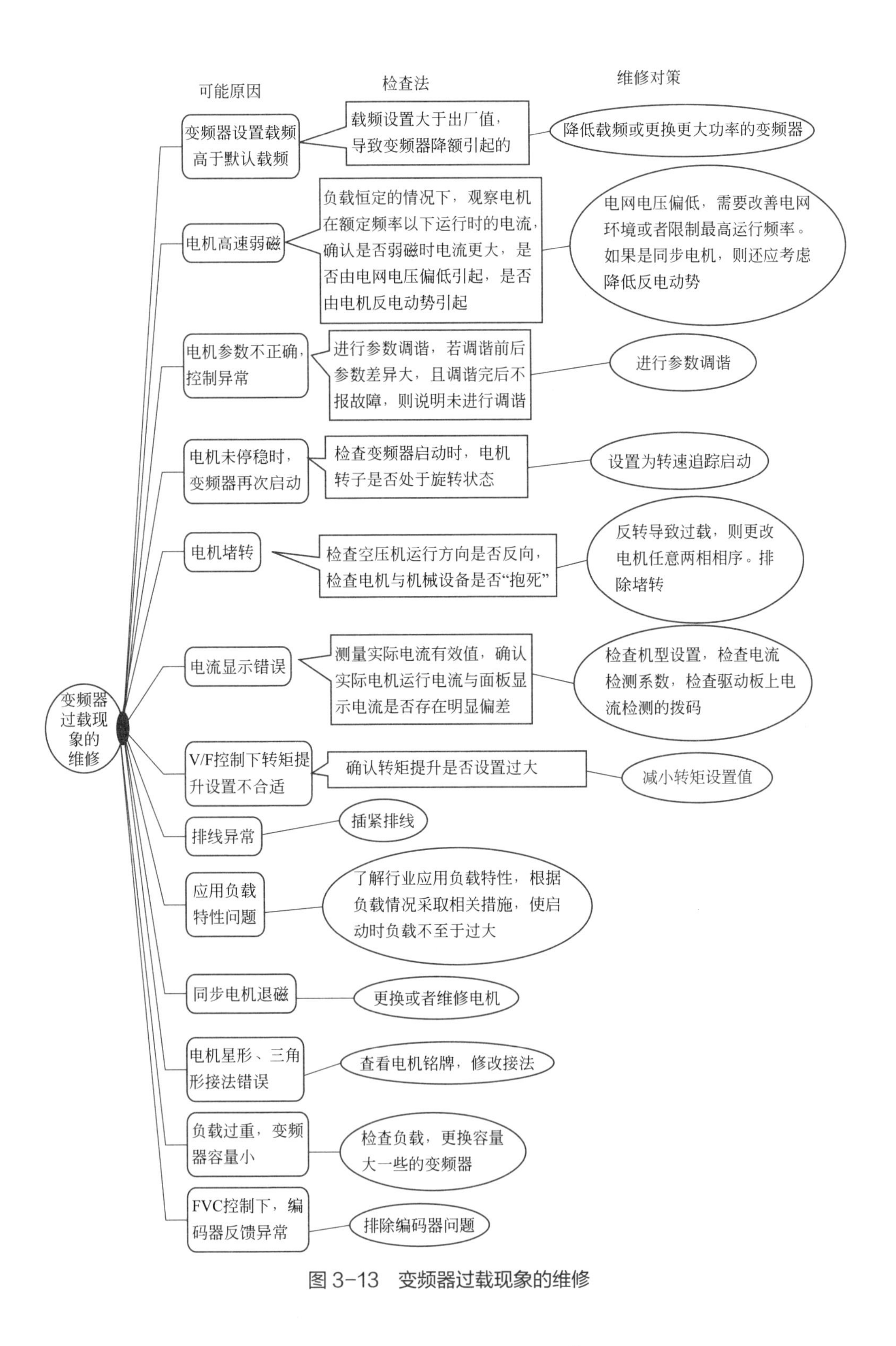

图 3-13　变频器过载现象的维修

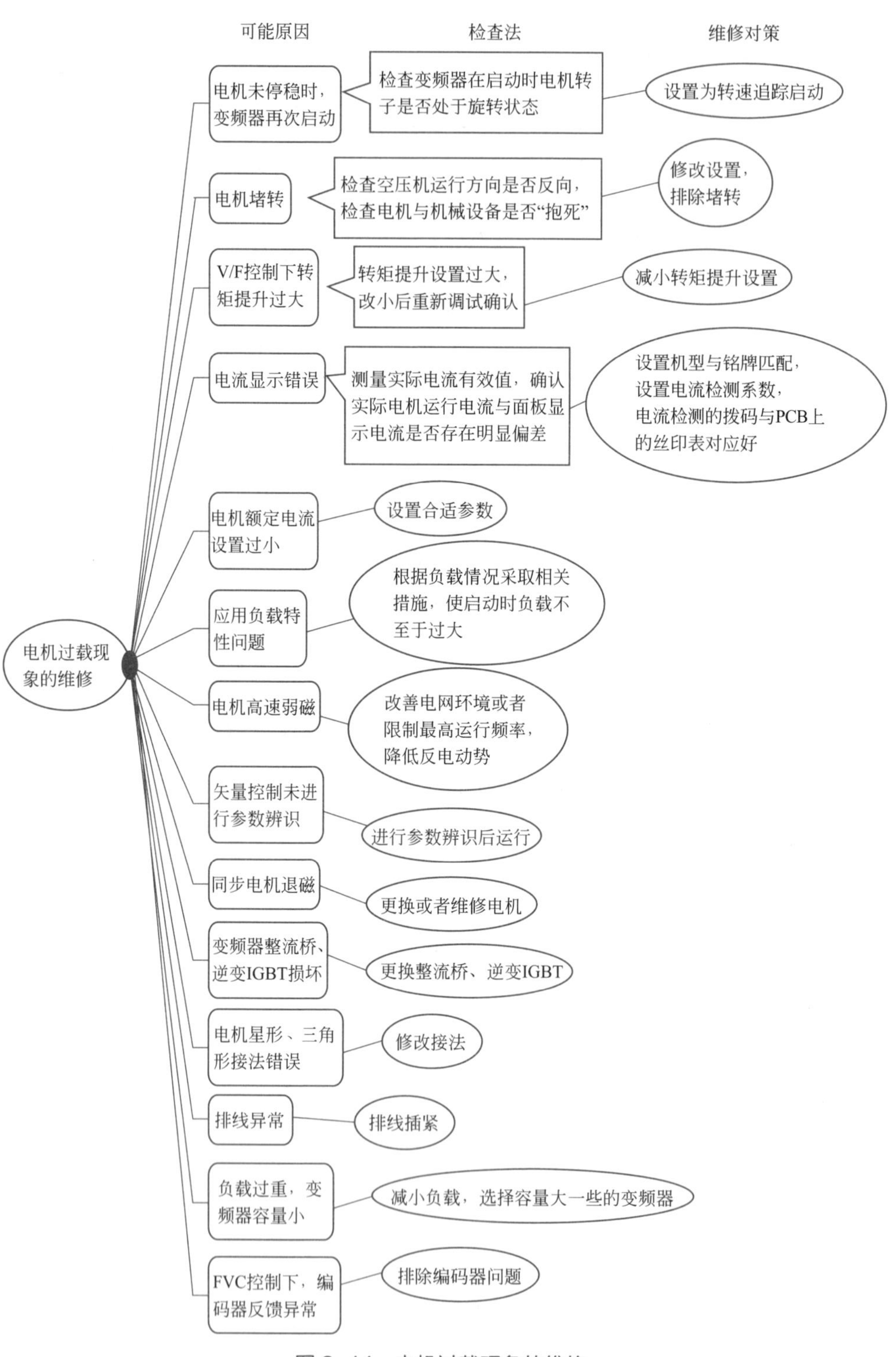

图 3-14　电机过载现象的维修

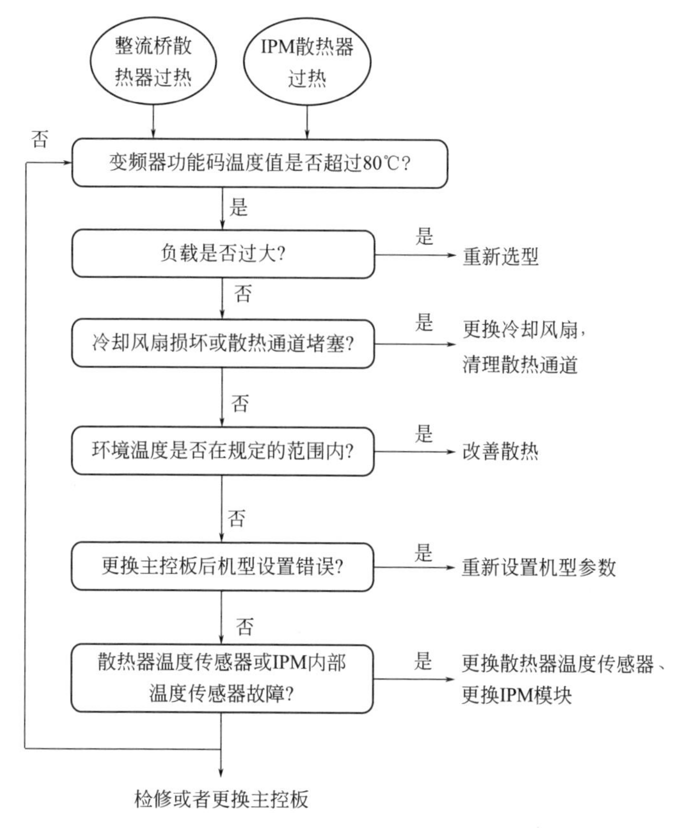

图 3-15　散热器过热的维修流程

3.3.14　EEPROM 读写故障

变频器上电开机工作时，会进行自检与修改功能码，并且 DSP 会对 EEPROM 进行读写数据检查。对 EEPROM 写入、读出数据进行对比检查时，如果出现写入、读出数据不一样，则许多变频器会出现 EEPROM 读写故障的警告，或者显示故障代码。

EEPROM 读写故障常见的原因与对策如图 3-16 所示。

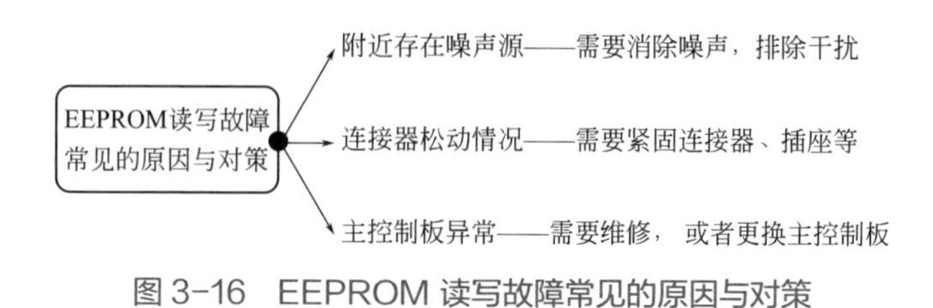

图 3-16　EEPROM 读写故障常见的原因与对策

3.4 维修 IC 速查

3.4.1 6N139 光耦合 IC

6N139 光耦合 IC 具有电流回路驱动器、低输入电流线接收器、CMOS 逻辑接口等。6N139 引脚分布（顶视图）如图 3-17 所示。6N139 参考代换型号有 HCNW139、HCPL-0701 等。

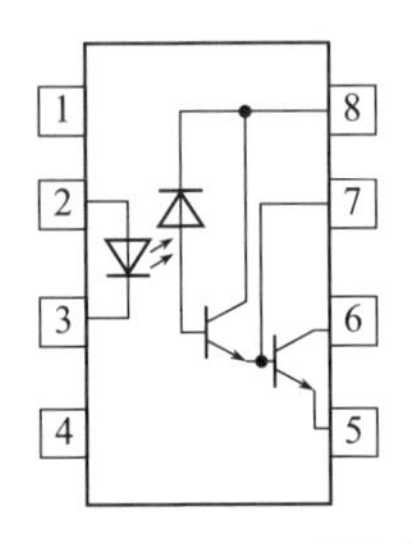

图 3-17 6N139 引脚分布

3.4.2 74HC273 触发 IC

74HC273 为 8 路 D 触发 IC。其引脚功能分布如图 3-18 所示。74HC273 的功能表见表 3-17。74HC273 参考代换型号有 MC74HC273N、ECG74HC273 等。

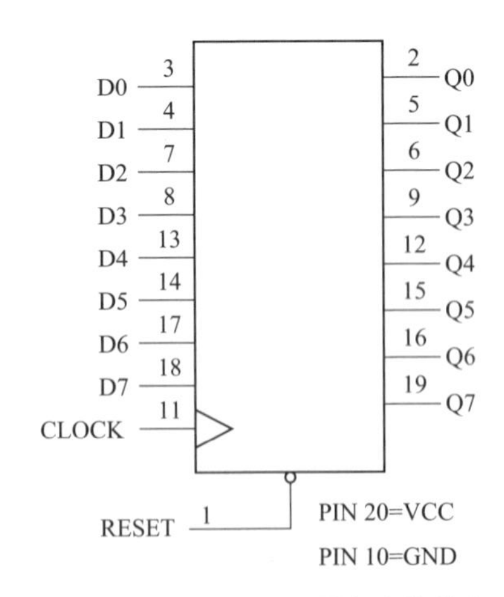

图 3-18 74HC273 引脚功能分布

表 3-17　74HC273 功能表

输入			输出
复位	时钟	D	Q
L	×	×	L
H	↑	H	H
H	↑	L	L
H	L	×	没有变化
H	↓	×	没有变化

3.4.3　A7840 光耦 IC

A7840 属于线性光电耦合 IC，其在电路中主要用于对 mV 级微弱的模拟信号进行线性传输。A7840 为差分信号输出方式，内部输入电路有放大作用，且为高阻抗输入，能不失真传输 mV 级交、直流信号，具有 1000 倍左右的电压放大倍数。其在变频器电路中，往往用于输出电流的采样与放大处理、主回路直流电压的采样与放大处理、输出信号作为后级运算放大器差分输入信号。

A7840 功能方框图、引脚功能如图 3-19 所示。A7840 的 2、3 脚为信号输入端，1、4 脚为输入侧供电端；6、7 脚为差分信号输出端，8、5 脚为输出侧供电端。

A7840 参考代换型号有 HCPL7840、AMC1200 等。

A7840 的工作参数如下：

① 输入侧、输出侧的供电典型值——5V。

② 输入电阻——480kΩ。

③ 最大输入电压——320mV。

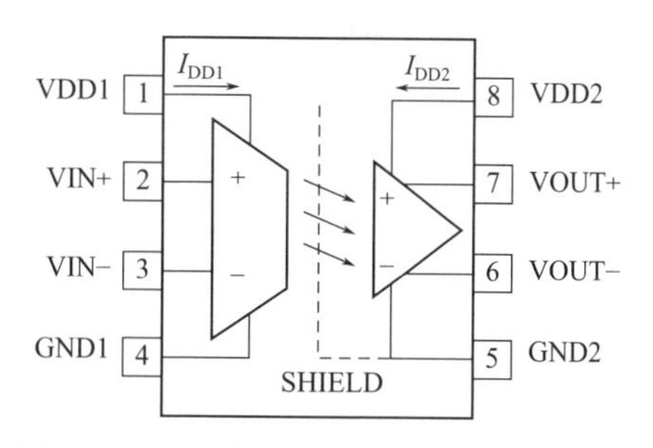

图 3-19　A7840 功能方框图、引脚功能

A7840 在线检测方法：将内部电路看作一个“整体的运算放大器”，短接 2、3 脚（使输入信号为零）时，6、7 脚之间输出电压也为零；当 2、3 脚有 mV 级电压输入时，6、7 脚之间有“放大了的”比例电压输出；如果与此有差异，则 A7840 可能损坏了。

A7840 的应用电路如图 3-20 所示。

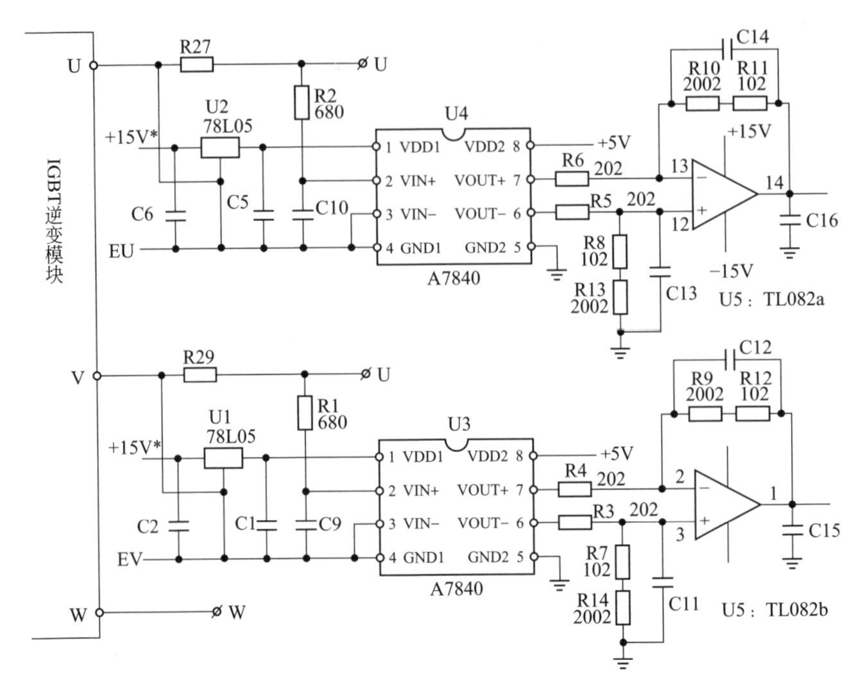

图 3-20　A7840 的应用电路

3.4.4　AT24C16A 存储 IC

AT24C×× 系列有 AT24C01A/02/04/08A/16A。其引脚功能分布（顶视图）如图 3-21 所示。AT24C16A 参考代换型号有 24AA16、ST24C16B1、XL24C16A、ST24C16M1、X24C16A 等。

主要引脚功能名称：

① 电源端（VSS）。

② 串行数据端（SDA），该端对于串行数据传输是双向的，为开漏输出结构。

③ 器件 / 页地址端（A2、A1、A0），A2、A1 与 A0 端是地址端。

④ 写保护端（WP），该端为 AT24C01A/02/04/08A/16A 提供硬件数据保护功能。

⑤ 串行时钟端（SCL），该端输入用于将上升沿时钟数据输入每个 EEPROM 器件，将下降沿时钟数据输出到每个器件。

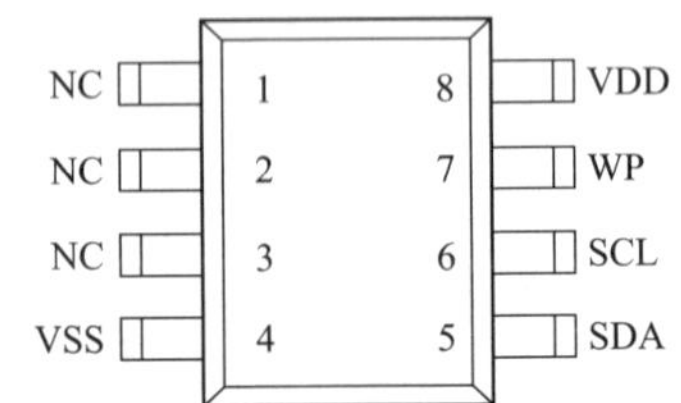

图 3-21　AT24C16A 引脚功能分布

3.4.5 LF353 运算放大 IC

LF353 为双路通用 JFET 输入运算放大器，其引脚分布与功能块图如图 3-22 所示。

LF353 参考代换型号有 NJM072D、NTE858M、SK7641、LF353、LF353N、MC34002P、TL072CP、UA772BRC、UA772BTC、TL082CP、UA772ARC、UA772ATC、UA772RC、UA772TC、XR082CP 等。

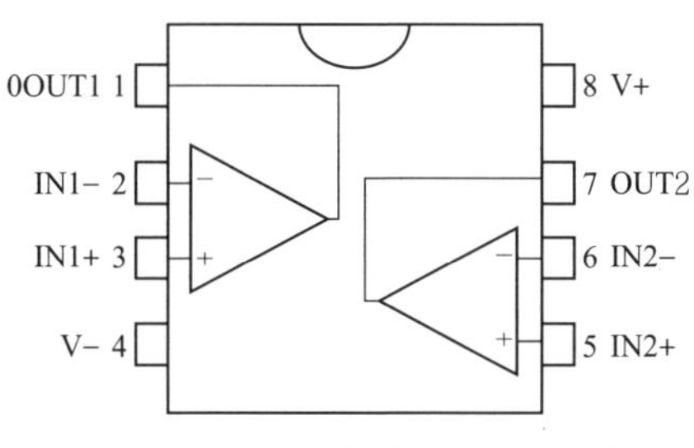

图 3-22 LF353 引脚分布与功能块图

3.4.6 UC3844 电流模式控制 IC

UC3844 内部结构如图 3-23 所示，引脚分布如图 3-24 所示，引脚功能说明见表 3-18。

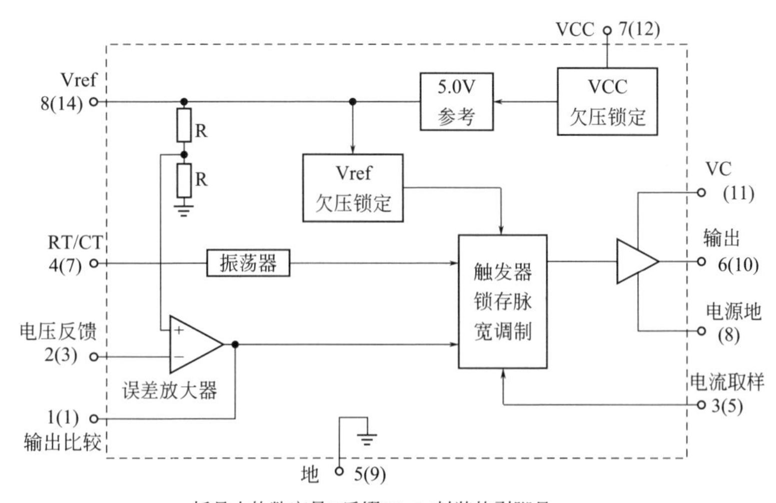

图 3-23 UC3844 内部结构

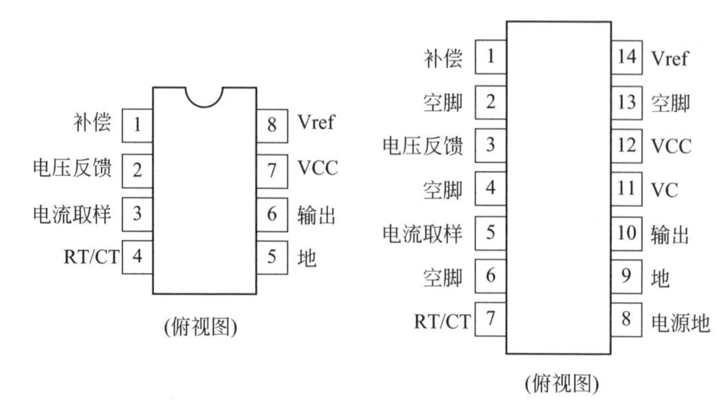

图 3-24　UC3844 引脚分布

表 3-18　UC3844 引脚功能说明

8 引脚	14 引脚	功能	说明
—	8	电源地端	该脚是一个连回到电源的分离电源地返回端（仅 14 引脚封装而言），用于减少控制电路中开关瞬态噪声的影响
—	11	VC 端	输出高态（U_{oH}）加到该脚（仅 14 引脚封装而言）的电压设定。通过分离的电源连接，可以减小开关瞬态噪声对控制电路的影响
—	9	地端	该脚是控制电路地返回端（仅 14 引脚封装而言），并被连回到电源地
—	2、4、6、13	空脚端	无连接（仅 14 引脚封装而言）。这些引脚没有内部连接
1	1	补偿端	该脚为误差放大器输出端，并可以用于环路补偿
2	3	电压反馈端	该脚是误差放大器的反相输入端，一般通过一个电阻分压器连到开关电源输出端上
3	5	电流取样端	一个正比于电感器电流的电压接到此输入端，脉宽调制器使用该信息中止输出开关的导通
4	7	RT/CT 外接端	通过将电阻 RT 连接到 Vref 以及电容 CT 连接到地，使振荡器频率与最大输出占空比可调。该集成电路工作频率可达 1MHz
5	—	地端	该脚是控制电路与电源公共地（仅对 8 引脚封装而言）
6	10	输出端	该输出直接驱动功率 MOSFET 栅极
7	12	VCC 电源端	该脚是控制集成电路的正电源端
8	14	Vref 参考输出端	该脚为参考输出端，它通过电阻 RT 向电容 CT 提供充电电流

UC3842/3/4/5 在应用电路中的作用主要是为开关管（MOSFEF）提供 PWM 信号，让开关管（MOSFET）导通或者关断。其中 UC3842/4 供电电压为 16V，UC3843/5 供电电压为 8V，即它们的 7 脚 VCC 电压不同。

UC3844 有 16V（通）、10V（断）低压锁定门限。UC3845 是专为低压应用设计的，低压锁定门限有 8.5V（通）、7.6V（断）。

UC3844 参考代换型号有 CS3842、KA3842、UC3842、UC3845 等。

UC3844 的应用电路如图 3-25 所示。

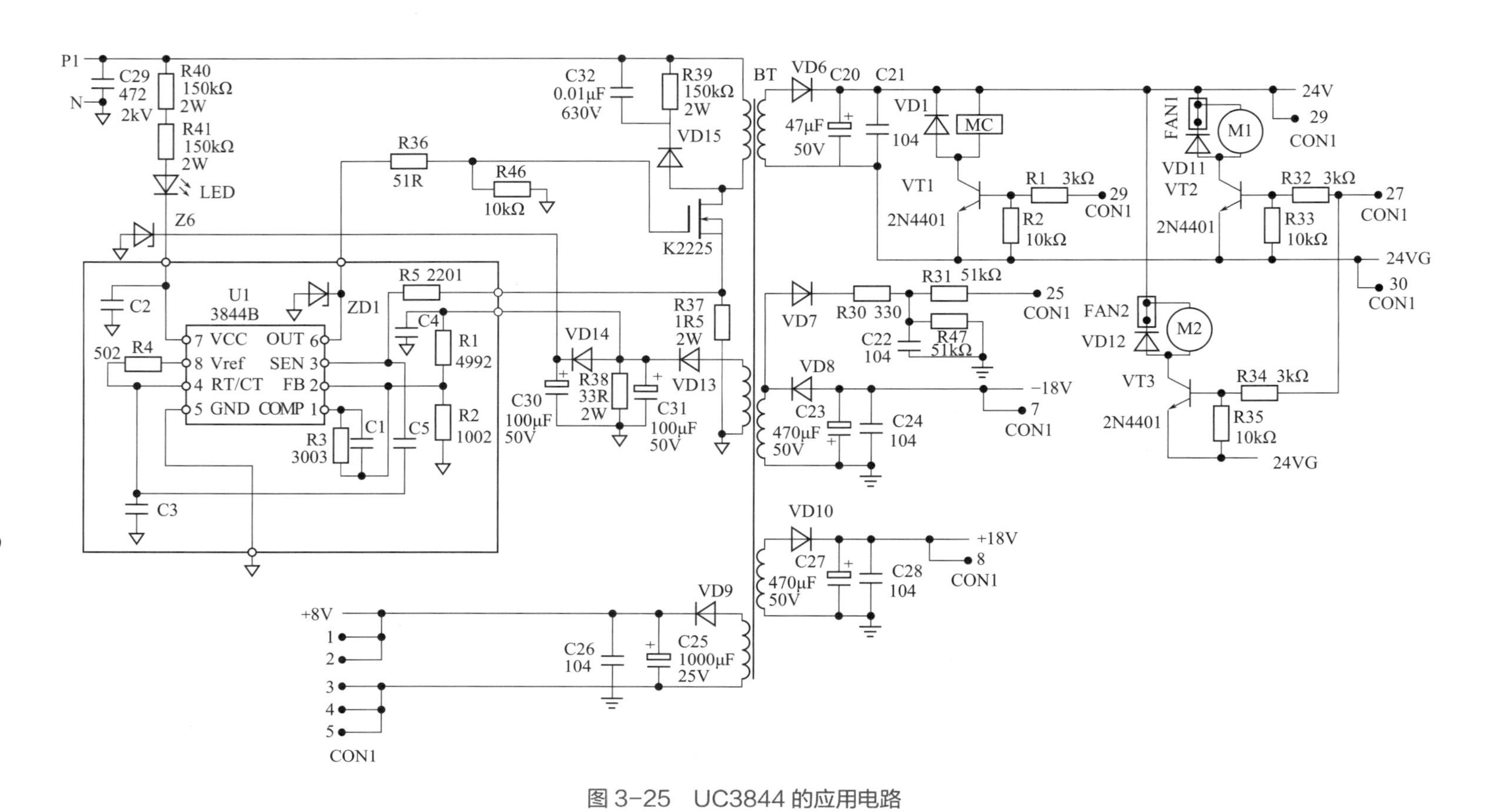

图 3-25 UC3844 的应用电路

第 4 章
步进电机

4.1 基础

4.1.1 普通电机的结构

普通电机的结构如图 4-1 所示。气隙是定子与转子间的空隙。气隙大小对电机性能影响大：气隙大了，电机空载电流大，电机输出功率下降；气隙太小，定子、转子间容易相碰而发生转动不灵活等故障。

了解了普通电机的结构，再理解步进电机的结构就容易多了。

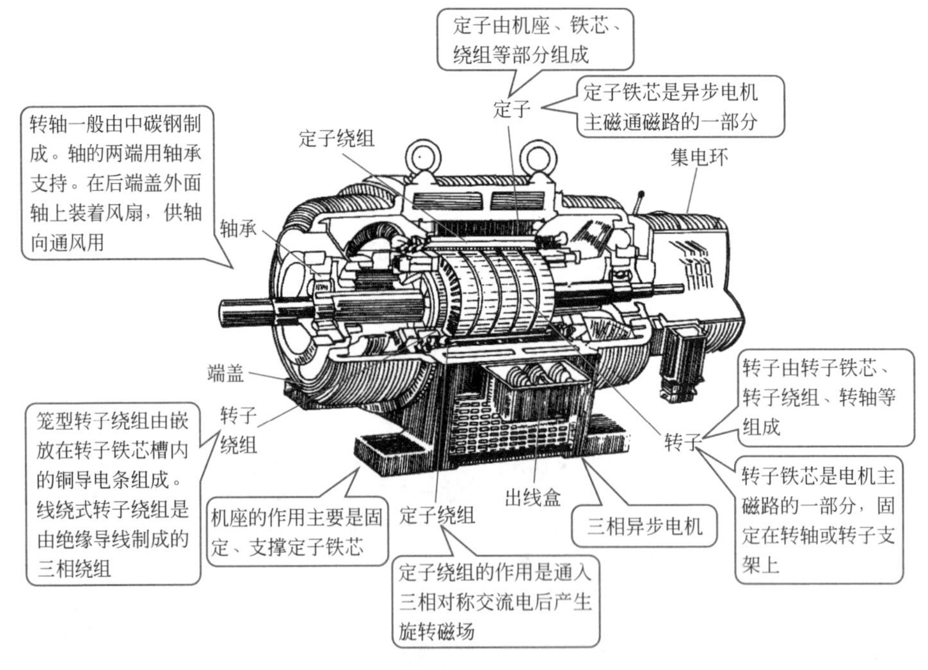

图 4-1 普通电机的结构

4.1.2 步进电机的特点、类型

步进电机是一种将电脉冲转化为角位移或线位移的执行机构。因此，步进电机又称为脉冲电机。步进电机也是一种感应电机，如图 4-2 所示。

步进电机的类型如图 4-3 所示。

图 4-2　一些步进电机外形

步进电机

- 二相步进电机
  - 标准型
  - 经济型
- 三相步进电机
  - 标准型
  - 经济型
- 闭环步进电机
  - 二相闭环步进电机
  - 三相闭环步进电机
  - 一体式闭环步进电机
  - 定制步进电机
- 一体化步进电机
- 空心轴步进电机
- 防水步进电机
  - 外径42mm二相混合式防水步进电机
  - 外径57mm二相混合式防水步进电机
  - 外径60mm二相混合式防水步进电机
  - 外径86mm二相混合式防水步进电机
  - 外径110mm二相混台式防水步进电机
  - 外径132mm三相混合式防水步进电机
- 刹车步进电机
  - 电磁刹车步进电机
  - 弹簧刹车步进电机
- 丝杆步进电机
  - 贯通轴式丝杆步进电机
  - 外部驱动式丝杆步进电机
  - 固定轴式丝杆步进电机
  - 滚珠丝杆步进电机
  - 带刹车直线丝杆步进电机
  - 定制化丝杆步进电机
- 减速步进电机
  - 外径42mm齿轮减速步进电机
  - 外径60mm齿轮减速步进电机
  - 外径90mm齿轮减速步进电机
- 五相步进电机
  - 外径42mm五相混合式步进电机，经济型
  - 外径60mm五相混合式步进电机，经济型
  - 外径86mm五相混合式步进电机，经济型

步进电机按励磁方式分类

- 反应式步进电机：转子为软磁材料，无绕组，定、转子开小齿，步距角小
- 永磁式步进电机：转子为永磁材料，转子的极数=每相定子极数，不开小齿，步距角较大，转矩较大
- 感应子式(混合式)步进电机：转子为永磁式、两段，开小齿，转矩大，步距角小

图 4-3

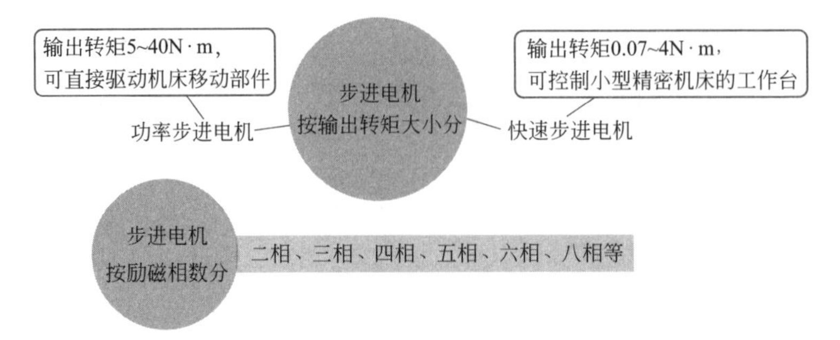

图 4-3　步进电机的类型

小技巧

励磁式步进电机、反应式步进电机的区别在于励磁式步进电机的转子上有励磁线圈，反应式步进电机的转子上没有励磁线圈。

4.1.3　步进电机的构造

步进电机的构造如图 4-4 所示，其主要由定子、转子两部分组成。

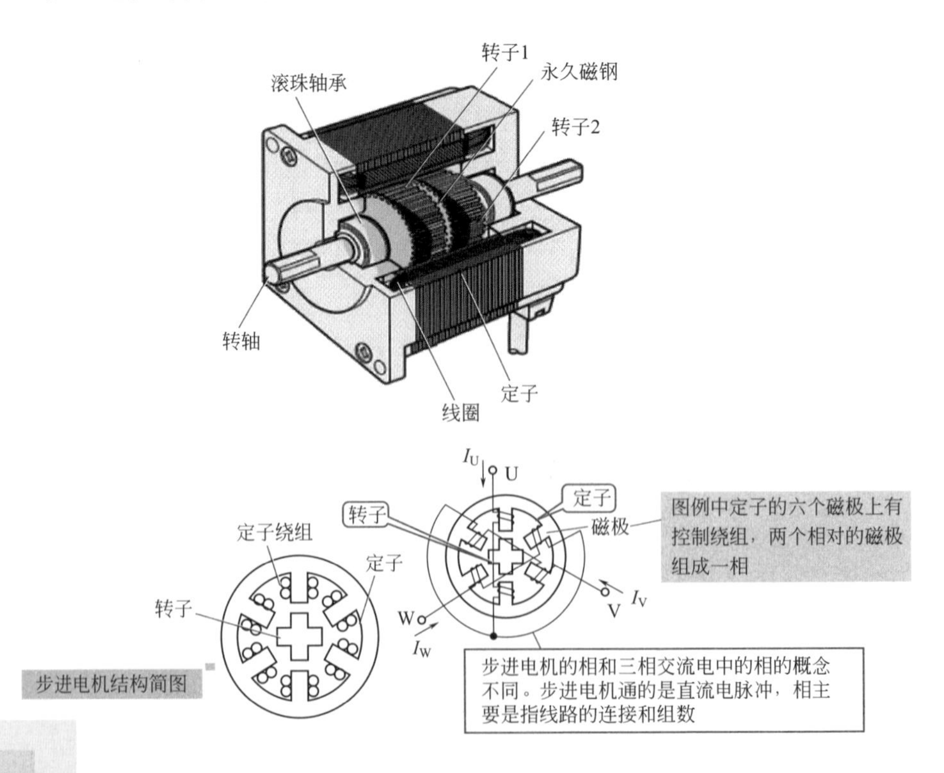

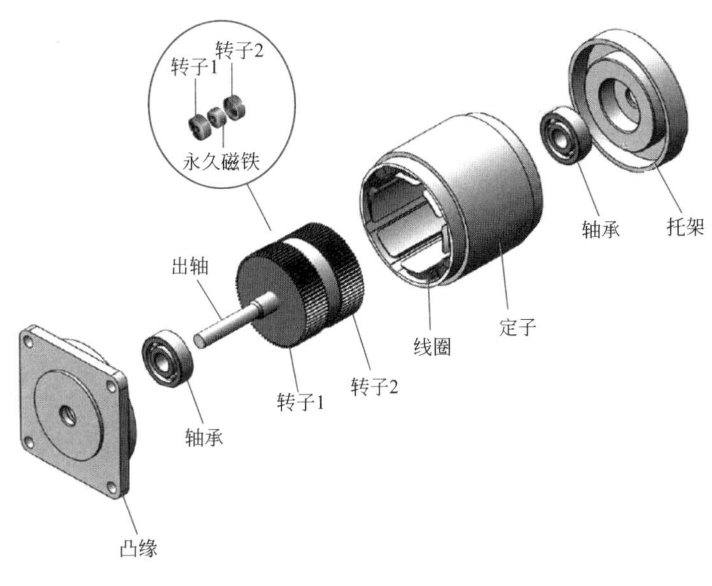

转子2
转子1
永久磁铁
轴承
托架
出轴
定子
线圈
转子2
转子1
轴承
凸缘

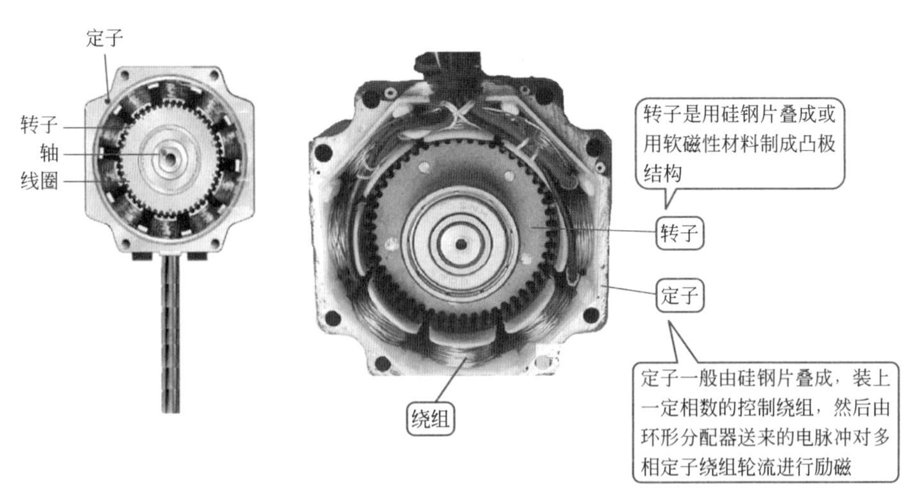

定子
转子
轴
线圈
转子是用硅钢片叠成或用软磁性材料制成凸极结构
转子
定子
定子一般由硅钢片叠成，装上一定相数的控制绕组，然后由环形分配器送来的电脉冲对多相定子绕组轮流进行励磁
绕组

图 4-4　步进电机的构造

4.1.4 三种步进电机的构造特点

三种步进电机是永磁式步进电机、反应式步进电机、混合式步进电机。

① 永磁式步进电机　永磁式步进电机的转子是采用永磁材料制成的，转子极数与定子极数相同。其具有输出转矩大、步距角大、电机精度差等特点。

② 反应式步进电机　定子上有绕组，转子由软磁材料组成。其具有结构简单、步距角小、动态性能差、效率低、发热量大等特点。

③ 混合式步进电机　混合式步进电机定子上有多相绕组，转子采用永磁材料，转子与定子上均有多个小齿以提高步距精度。其具有动态性能好、步距角小、成本相对较高等特点。

三种步进电机的构造特点如图 4-5 所示。

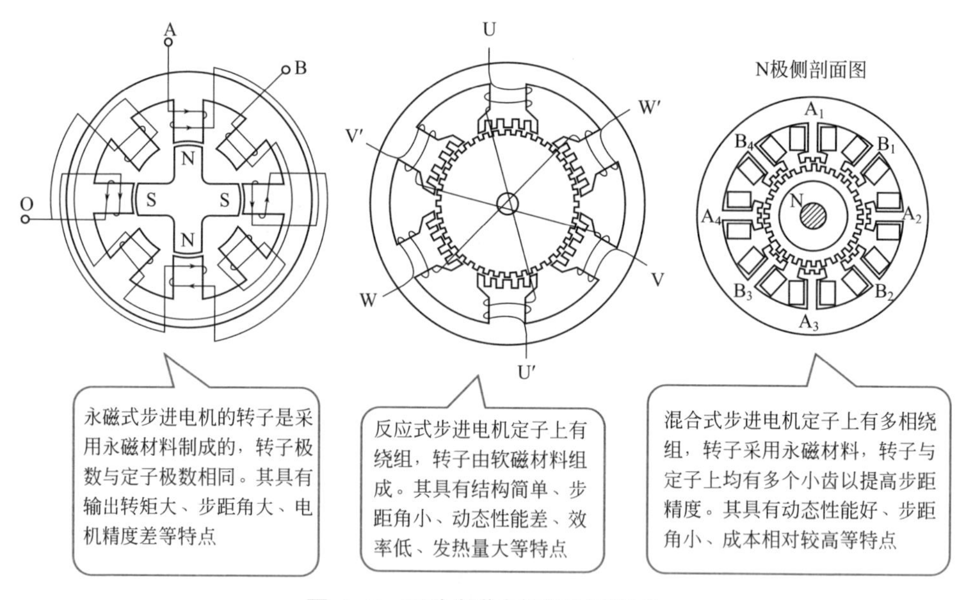

图 4-5　三种步进电机的构造特点

4.1.5 步进电机的出轴

步进电机出轴形式有带轮轴、齿轮轴、轴销、螺纹轴、通孔轴、单扁丝轴、双扁丝轴、键槽轴、滚齿轴、空心轴、其他特殊出轴等。步进电机一些出轴形式如图 4-6 所示。

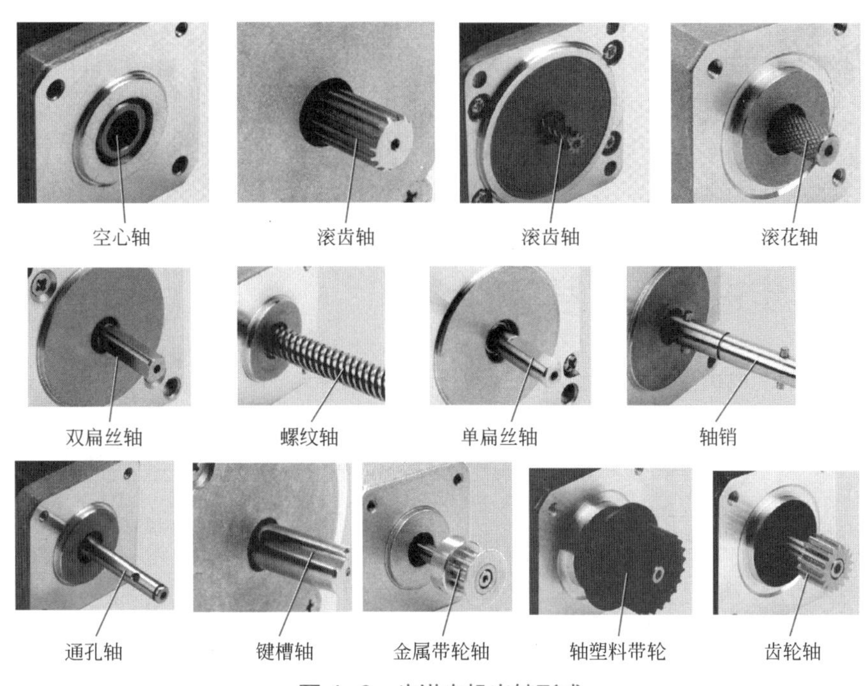

图 4-6　步进电机出轴形式

4.1.6　步进电机的主要参数

步进电机主要参数如图 4-7 所示。另外，电机外表允许的最高温度取决于不同电机磁性材料的退磁点。一般而言，磁性材料的退磁点都在 130℃以上，有的高达 200℃以上。步进电机外表温度一般在 80 ～ 90℃。

相数 —→ 指电机内部的线圈组数

拍数 —→ 完成一个磁场周期性变化所需脉冲数或导电状态，或指电机转过一个齿距角所需脉冲数，用m表示

步距角 —→ 对应一个脉冲信号，电机转子转过的角位移

定位转矩 —→ 电机在不通电状态下，电机转子自身的锁定力矩

保持转矩 —→ 步进电机通电但没有转动时，定子锁住转子的力矩

失调角 —→ 转子齿轴线偏移定子齿轴线的角度

失步 —→ 电机运转时运转的步数，不等于理论上的步数

运行矩频特性 —→ 电机在某种测试条件下测得运行中输出力矩与频率关系的曲线

图 4-7　步进电机主要参数

小技巧

一般步进电机的精度为步进角的 3% ~ 5%，并且不累积。不同的细分驱动器精度可能差别较大，并且细分数越大精度越难控制。

4.1.7 步进电机型号识读

一些步进电机型号的识读如图 4-8 所示。

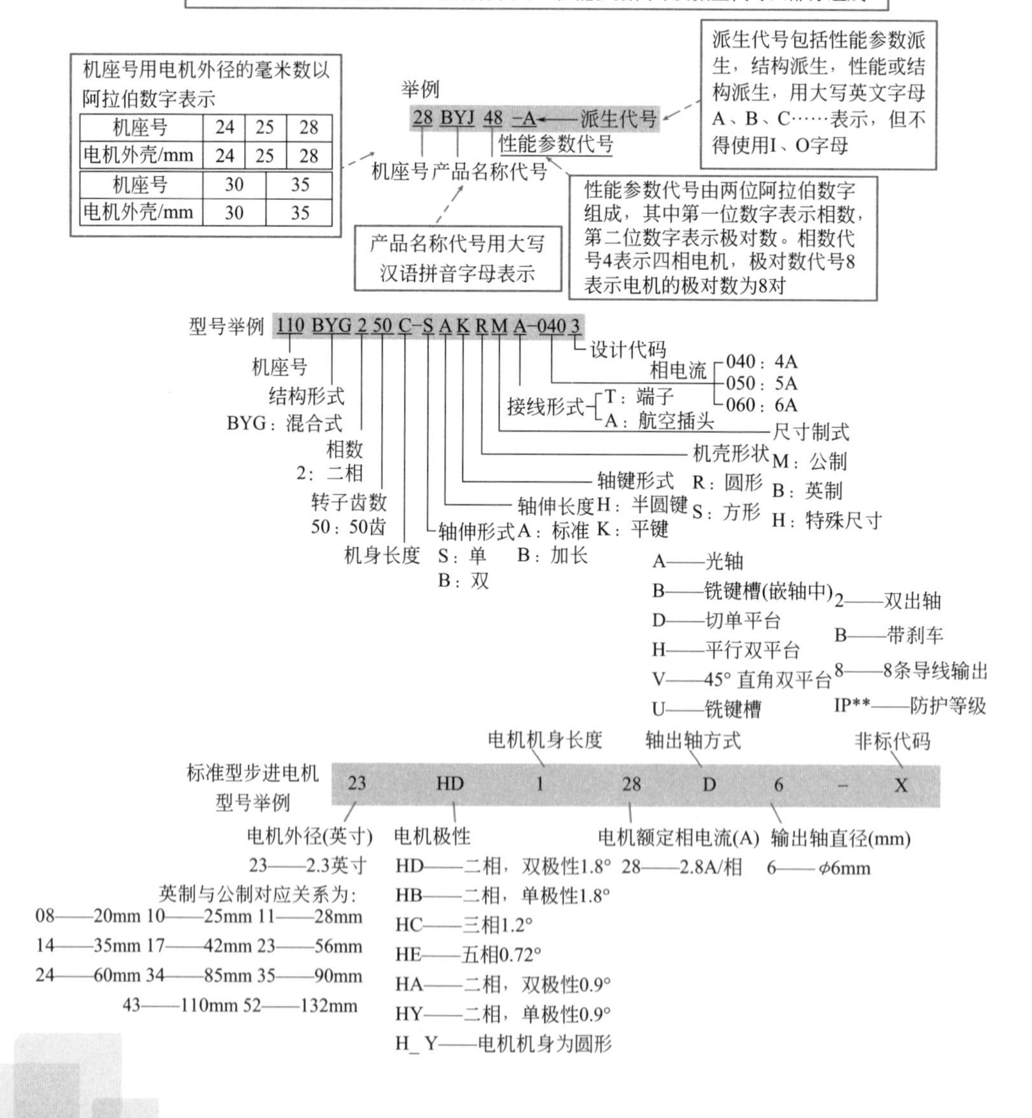

机座号	24	25	28
电机外壳/mm	24	25	28
机座号	30	35	
电机外壳/mm	30	35	

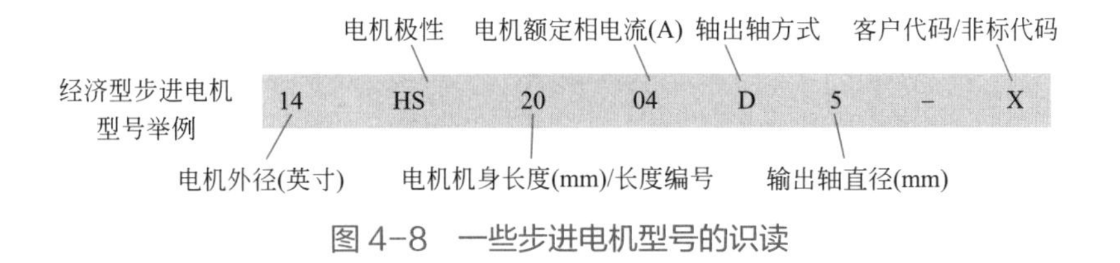

图 4-8　一些步进电机型号的识读

4.1.8　步进电机引线方式与标志

步进电机引线方式与标志有一定的规律，不同厂家的步进电机可能会存在差异。某步进电机型号的引线方式与标志如图 4-9 所示。

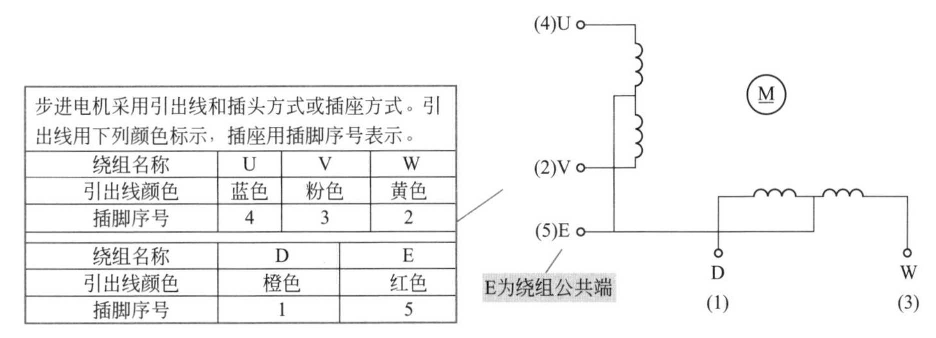

步进电机采用引出线和插头方式或插座方式。引出线用下列颜色标示，插座用插脚序号表示。

绕组名称	U	V	W
引出线颜色	蓝色	粉色	黄色
插脚序号	4	3	2

绕组名称	D	E
引出线颜色	橙色	红色
插脚序号	1	5

图 4-9　某步进电机引线方式与标志

4.1.9　步进电机接线的类型

步进电机接线的类型如图 4-10 所示。

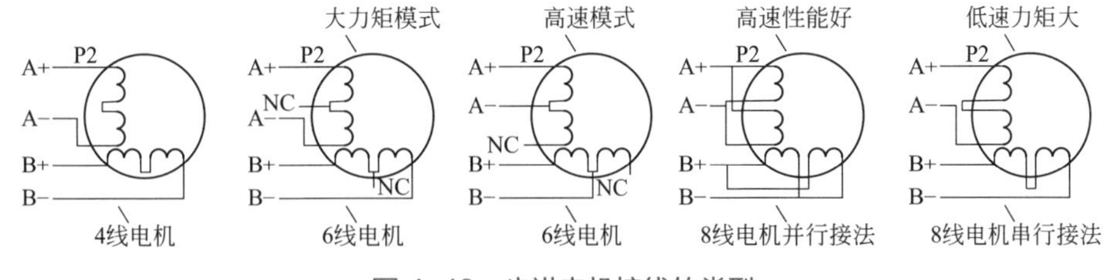

图 4-10　步进电机接线的类型

4.1.10　步进电机 4 线为同一相的方法

步进电机 4 线为同一相的方法如图 4-11 所示。

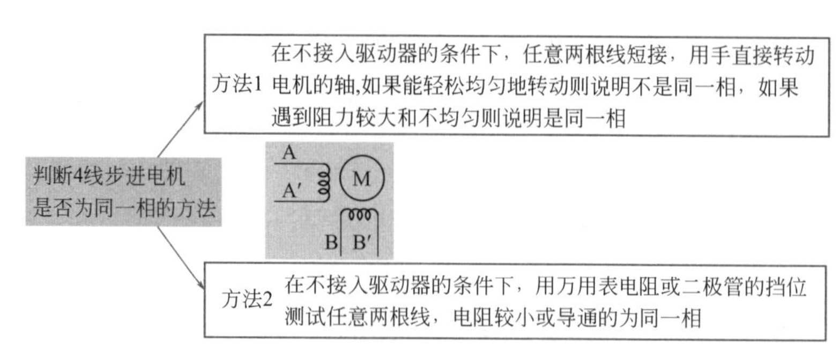

图 4-11　步进电机 4 线为同一相的方法

4.1.11　电机接线插座

电机接线插座如图 4-12 所示。

序号	1	2	3	4	5	6	7
相序	U		V		W		GND

相序	A+	A−	B+	B−	GND
序号	1	2	3	4	5

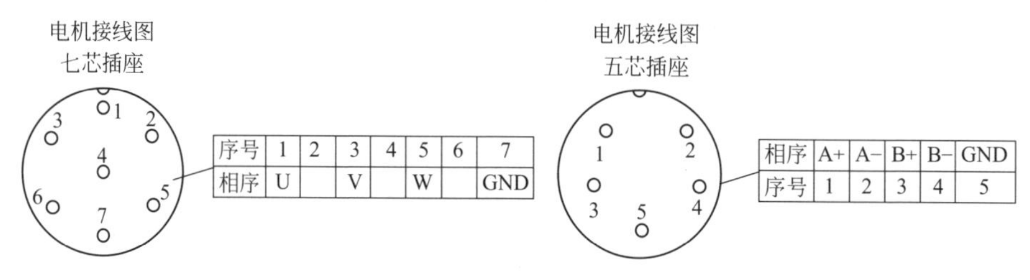

图 4-12　电机接线插座

4.2　工作原理

4.2.1　相、单、双、拍的含义

步进电机通电方式中的相、单、双、拍的含义如图 4-13 所示。

- 相　指步进电机定子绕组的对数
- 单　指每次切换前后只有一相绕组通电
- 双　指每次切换有两相绕组通电
- 拍　从一种通电状态转换到另一种通电状态就叫作一拍

图 4-13　相、单、双、拍的含义

4.2.2 三相单三拍工作原理（以 4 转子齿为例）

三相单三拍工作原理图解如图 4-14 所示（以 4 转子齿为例，注意图中定子的标注）。

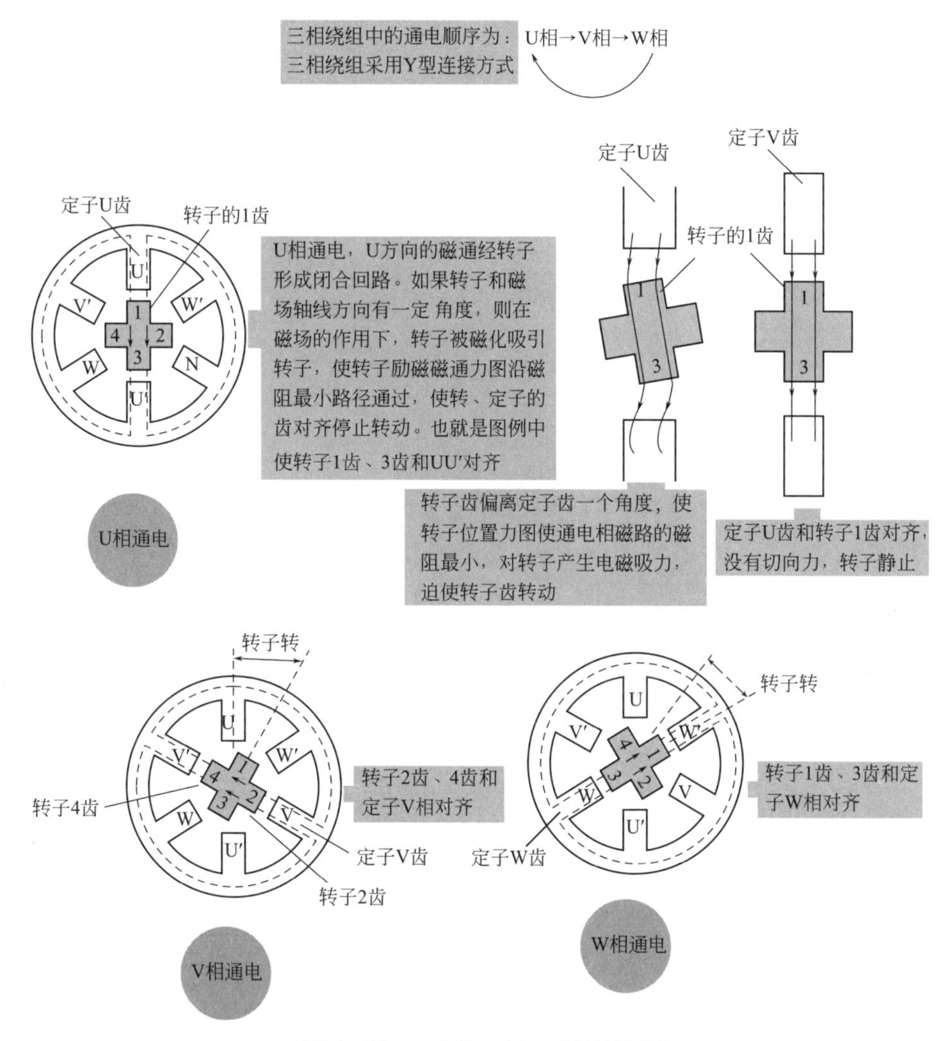

图 4-14 三相单三拍工作原理图解

4.2.3 三相单三拍工作原理（以 2 转子齿为例）

三相单三拍工作原理图解如图 4-15 所示（以 2 转子齿为例，并且注意图中定子的标注）。

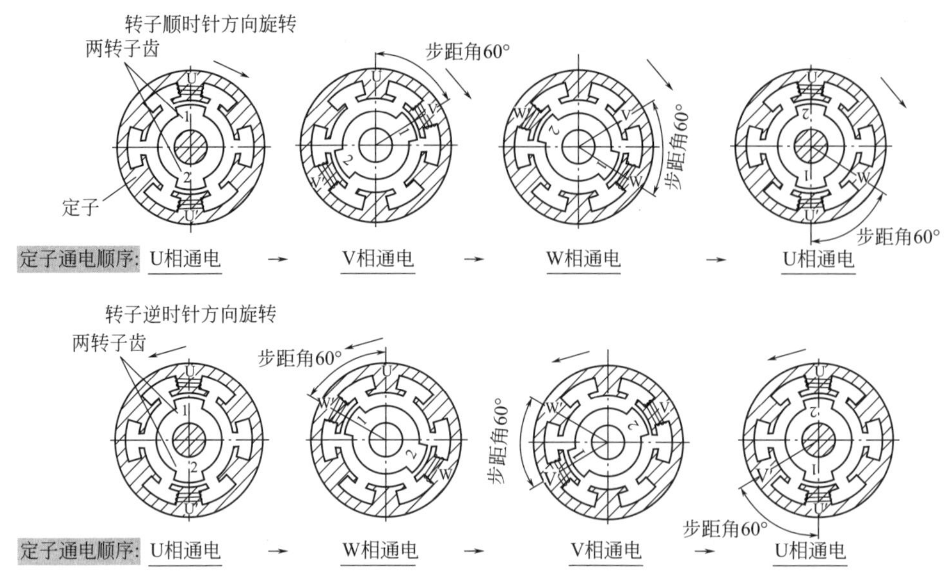

图 4-15 三相单三拍工作原理（以 2 转子齿为例）

4.2.4 三相单三拍的特点（以 4 转子齿为例）

三相单三拍的特点图解如图 4-16 所示。

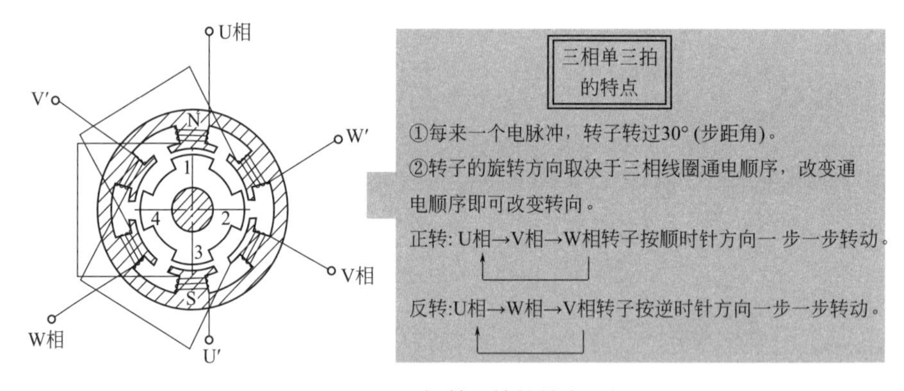

图 4-16 三相单三拍的特点图解

4.2.5 三相单双六拍工作原理（以 4 转子齿为例）

三相单双六拍工作原理图解如图 4-17 所示（以 4 转子齿、转子顺时针转动为例，并且注意图中定子的标注）。

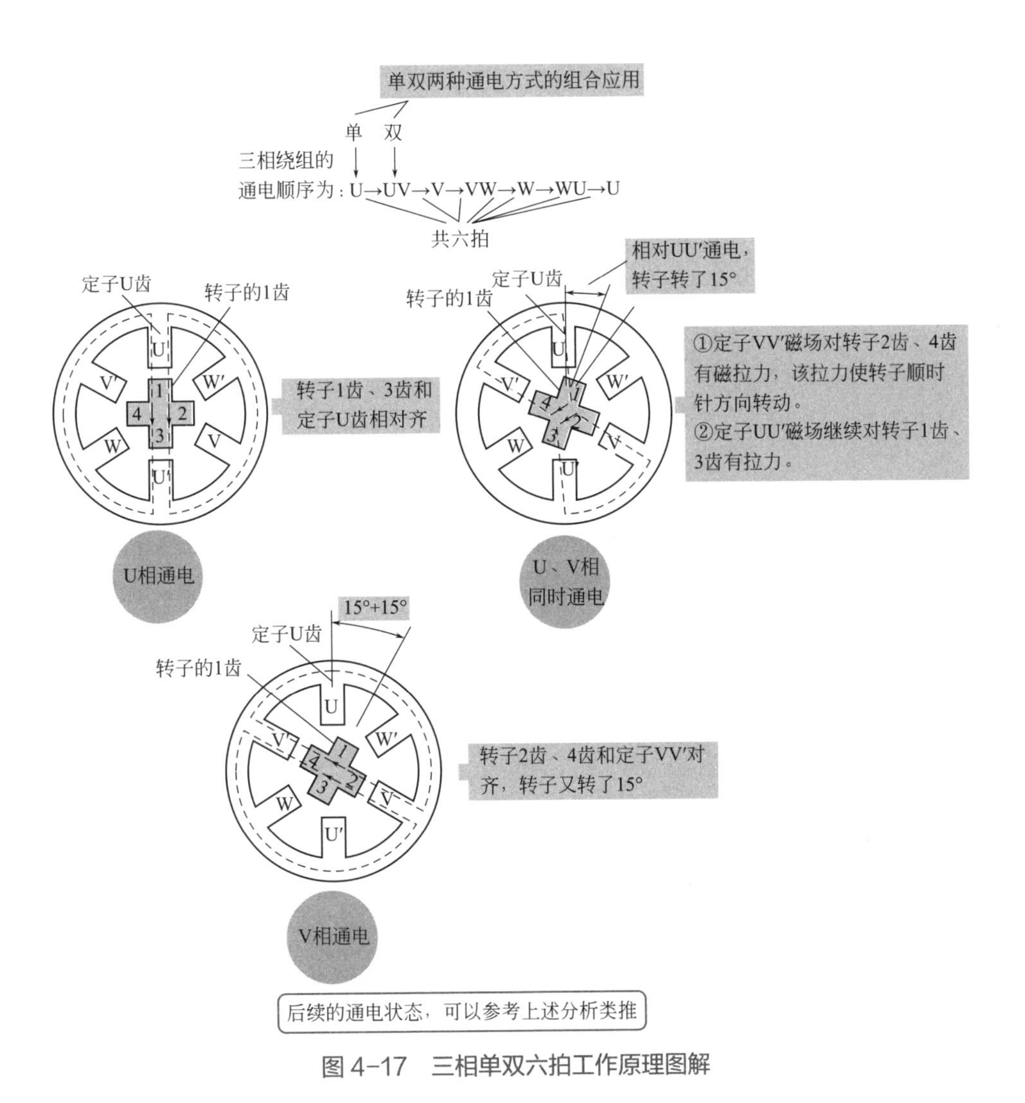

图 4-17　三相单双六拍工作原理图解

三相单双六拍工作原理图解如图 4-18 所示（以 4 转子齿、转子逆时针转动为例，注意图中定子的标注）。

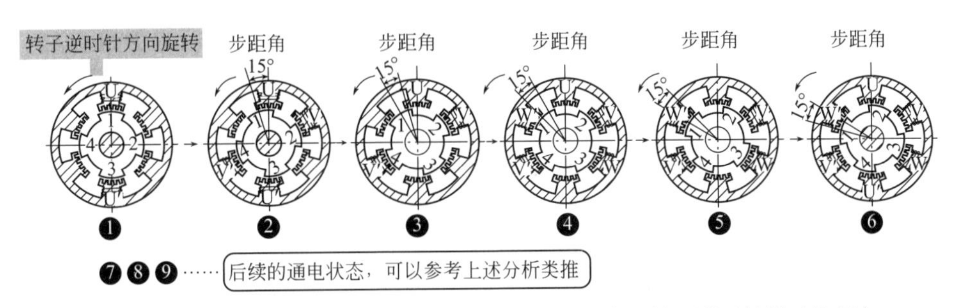

图 4-18　三相单双六拍工作原理图解（以 4 转子齿、转子逆时针转动为例）

4.2.6 三相单双六拍工作原理（以 2 转子齿为例）

三相单双六拍工作原理图解如图 4-19 所示（以 2 转子齿为例，注意图中定子的标注）。

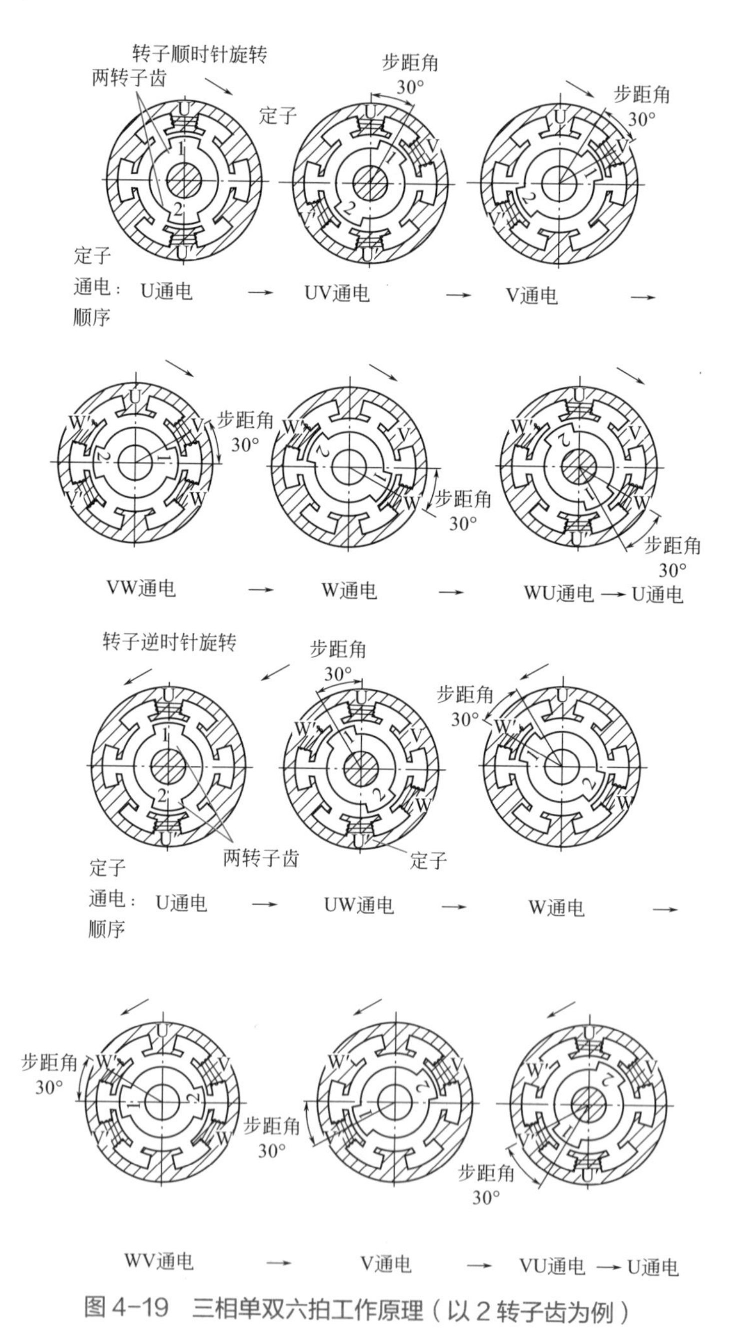

图 4-19 三相单双六拍工作原理（以 2 转子齿为例）

4.2.7 三相单双六拍的特点（以 4 转子齿为例）

三相单双六拍的特点图解如图 4-20 所示。

单双拍工作方式的特点

正转：U–UV–V–VW–W–WU–U。反转：U–UW–W–WV–V–VU–U。每个循环周期有六种通电状态，步距角为15°

图 4-20　三相单双六拍的特点图解

4.2.8 三相双三拍工作原理（以 4 转子齿为例）

三相双三拍工作原理图解如图 4-21 所示（以 4 转子齿为例）。

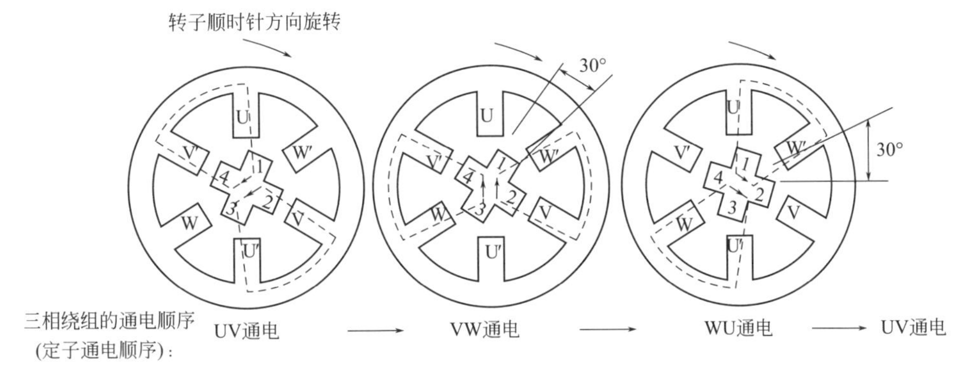

图 4-21　三相双三拍工作原理图解（以 4 转子齿为例）

4.2.9 步进电机转子齿与定子齿的错位

步进电机转子齿与定子齿错位的理解图解如图 4-22 所示。

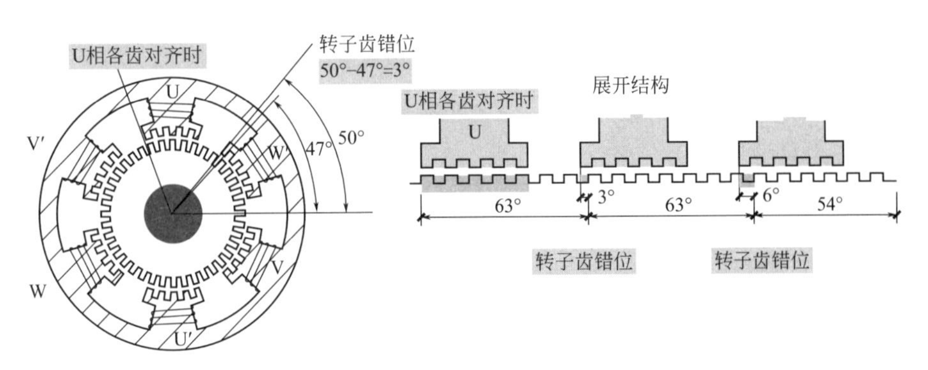

图 4-22　步进电机转子齿与定子齿错位的理解图解

4.2.10 小步距步进电机的应用

实际中，小步距步进电机应用较多的原因如图 4-23 所示。

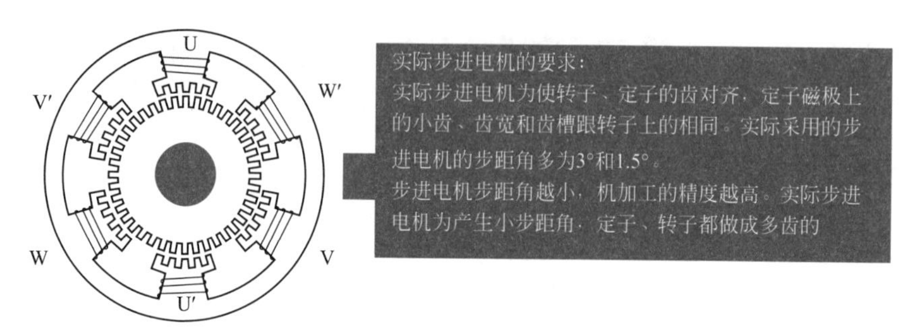

图 4-23　小步距步进电机应用较多的原因

4.3 计算与选择

4.3.1 步进电机步距角的计算

步进电机步距角的计算公式如下：

$$\theta_{\mathrm{b}}=\frac{360°}{mZC}$$

$$\text{拍数}=mC$$

式中　θ_{b}——步距角；

m——定子相数；

Z——转子齿数；

C——通电方式 $C=1$：单相轮流通电、双相轮流通电方式（单拍制）；$C=2$：单双相轮流通电方式（双拍制）。

【例 4-1】一台三相步进电机，与之匹配的转子齿数为 40 齿，则该步进电机的步距角为多少？

解：根据公式

$$\theta_{\mathrm{b}}=\frac{360°}{mZC}$$

$$\text{拍数}=mC$$

得

单拍制 $\theta_b = \frac{360°}{mZC} = \frac{360°}{3×40×1} = 3°$　　双拍制 $\theta_b = \frac{360°}{mZC} = \frac{360°}{3×40×2} = 1.5°$

【例 4-2】一台五相步进电机，与之匹配的转子齿数为 48 齿，则该步进电机的步距角为多少?

解：根据公式

$$\theta_b = \frac{360°}{mZC}$$

$$拍数 = mC$$

得

单拍制 $\theta_b = \frac{360°}{mZC} = \frac{360°}{5×48×1} = 1.5°$　　双拍制 $\theta_b = \frac{360°}{mZC} = \frac{360°}{5×48×2} = 0.75°$

步进电机之所以成为一种能够操控精细位移、大范围调速的专用电机，主要是因为其旋转是以电机本身固有的步距角来一步一步运转的。也就是说，步进电机每旋转一步，步距角始终不变，不管旋转多少次，没有堆集误差。

步进电机的步距角是由其转子与定子的机械结构决定的。

4.3.2　步进电机转速的计算

每输入一个脉冲，步进电机转过一个步距角

$$\theta_b = \frac{360°}{转子齿数×一个周期的运行拍数} = \frac{360°}{定子相数×转子齿数×通电方式}$$

也就是说，每输入一个脉冲，步进电机转过整个圆周的 $\frac{1}{定子相数×转子齿数×通电方式}$。那么，每分钟转过的圆周数，也就是步进电机转速的计算如下

$$n=\frac{60f\theta_b}{360°}$$

$$=\frac{60f\ \dfrac{360°}{mZC}}{360°}$$

$$=\frac{60f}{mZC}$$

$$=\frac{\theta_b}{6°}f\,(\mathrm{r/min})$$

根据上述公式可知，f为通电脉冲频率，n为步进电机转速，其他参数是步进电机的固有参数或者常数。因此，通过控制通电脉冲频率f，就可以控制电机转速n。控制通电脉冲频率f，往往可以通过步进电机驱动器来实现。

另外，根据上述公式还可知，步进电机的转速与脉冲信号的频率成正比。角位移量与脉冲个数相关。

通俗地讲，步进电机由分配脉冲的功率型的设备来驱动，该设备就是步进电机驱动器。

小技巧

步进电机转向由方向信号决定。

步进电机转角由脉冲数决定。

步进电机转速由脉冲频率决定。

4.3.3　步进电机的选择

选择步进电机的要点如下：

① 正确选择使步进电机在空载情况下可以正常发动的脉冲频率，也就是正确选择空载发动频率。如果脉冲频率高于空载发动频率，则步进电机不能正常发动，可能会出现丢步、堵转等异常现象。

② 一般步进电机断电不会自锁，上电才会自锁，要完成断电自锁，需在步进电机尾部加装一个抱闸设备，也就是刹车设备。如果选择刹车步进电机，则无须增加抱闸设备。

③ 正确选择步进电机的保持转矩（即静力矩）。其是衡量步进电机负载能力

重要的参数之一。保持转矩是指步进电机通电但没有转动时定子锁住转子的力矩。步进电机低速运转时的力矩接近保持转矩，但是步进电机的力矩随着速度的增大而快速衰减，输出功率也随速度增大而变化。

④ 正确选择步进电机的相数，不同相数步进电机的特点比较见表 4-1。

表 4-1 不同相数步进电机的特点比较

名称	特点	适用
二相步进电机	步距角最小 1.8°； 低速时的振动较大； 高速时力矩下降快	适用于高速且对精度、平稳性要求不高的场合
三相步进电机	步距角最小 1.5°； 振动比二相步进电机小； 低速性能好于二相步进电机； 最高速度比二相步进电机高 30% ～ 50%	适用于高速且对精度、平稳性要求较高的场合
五相步进电机	步距角更小； 低速性能好于三相步进电机； 成本偏高	适用于中低速段且对精度、平稳性要求较高的场合

⑤ 选择步进电机时，首先确定步进电机拖动负载所需要的力矩。步进电机是控制类电机。目前常用的步进电机的最大力矩不超过 45N · m。步进电机力矩越大，成本越高。如果所选择的步进电机力矩较大或超过该范围，则可以考虑加配减速装置。选择好合适的减速比，需要综合考虑力矩、速度的关系。

⑥ 需要确定步进电机的最高运行转速。步进电机一般驱动电压越高，力矩下降越慢。步进电机的相电流越大，力矩下降越慢。

⑦ 一般情况下，可以根据负载最大力矩、最高转速、矩 - 频特性选择适合的步进电机。

⑧ 选择步进电机时，需要考虑留有一定的力矩余量、转速余量。

⑨ 因安装空间、成本的限制无法使用大功率步进电机，以及步进电机的出轴采用直驱负载的方式，当负载惯量很大时会出现加速力矩不足等现象，可以考虑选择减速步进电机。

小技巧

步进电机拖动负载所需要的力矩的确定方法——在步进电机负载轴上加一杠杆，然后用弹簧秤拉动杠杆，通过拉力乘以力臂长度得到负载力矩。

第 5 章
步进电机驱动器

5.1 基础

5.1.1 步进电机的驱动方式

步进电机的驱动方式（即驱动模式）分为整步、半步、细分等类型。不同的驱动方式，主要区别在于电机线圈电流的控制精度（即励磁方式）不同。

整步运行中，同一种步进电机既可以配整/半步驱动器，也可以配细分驱动器，但是运行效果不同。

与整步方式相比，半步方式具有精度高一倍、低速运行时振动较小等优点，因此，实际使用整/半步驱动器时，一般选择半步模式。

细分驱动模式具有低速振动极小、定位精度高等优点。对于有时需要低速运行（即电机转轴有时工作在60r/min以下）、定位精度要求小于0.9°的步进动作的场合，细分驱动器获得了广泛的应用。

小技巧

细分驱动器细分数的特点——不同的细分驱动器精度可能差别很大，细分数越大，则精度越难控制。

5.1.2 步进电机驱动器的分类

步进电机驱动器的分类如图5-1所示。

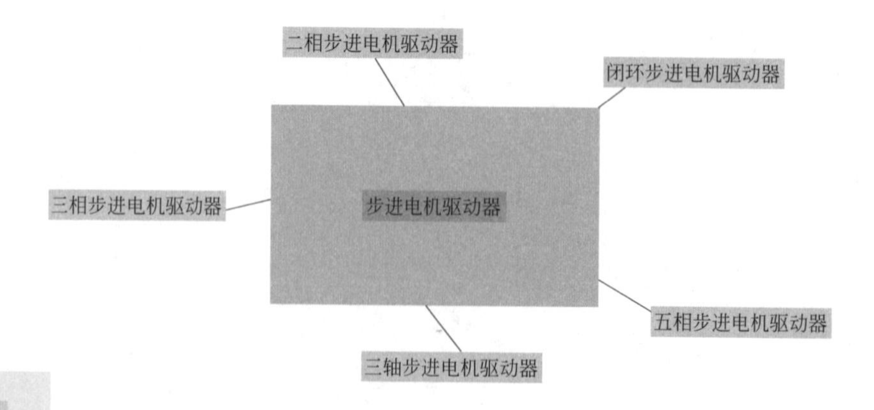

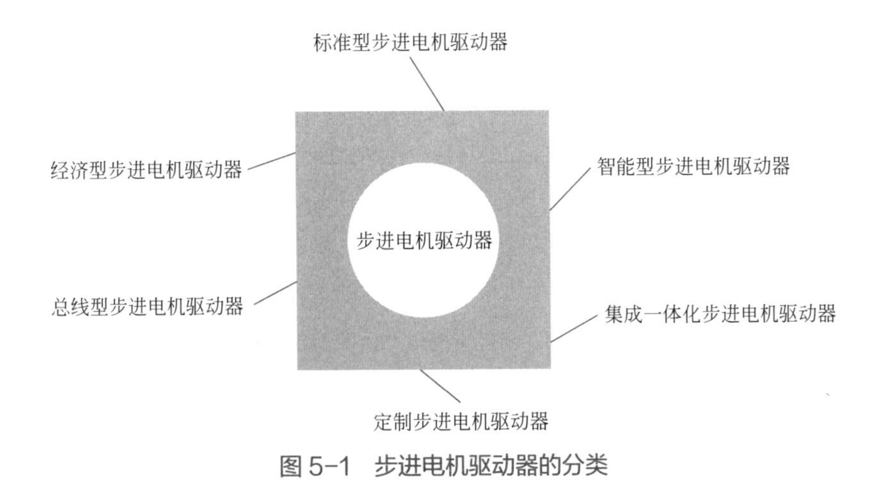

图 5-1　步进电机驱动器的分类

小技巧

混合式步进电机驱动器使能信号 ENA 一般情况下的应用——当使能信号 ENA 为低电平时，步进电机驱动器输出到电机的电流被切断，电机转子处于自由状态。有些设备中，如果在驱动器不断电的情况下要求可以用手动直接转动电机轴，则可以将 ENA 置低电平使电机脱机。完成手动等操作后，可以再将 ENA 信号置高电平以继续自动控制。

5.1.3　步进电机驱动器的结构

步进电机驱动器接纳控制器的脉冲信号，然后根据步进电机的结构特点次序分配脉冲，完成操控角位移、旋转方向、旋转速度、自在状况、制动加载状况等。控制器每发一个脉冲信号，经过步进电机驱动器就能够驱动步进电机旋转一个步距角。

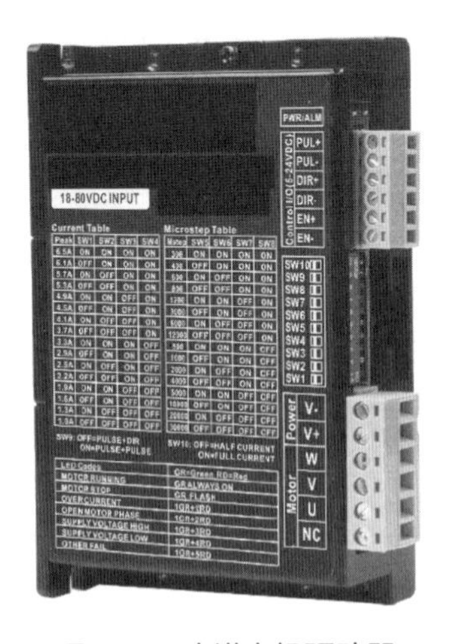

图 5-2　步进电机驱动器

步进电机驱动器如图 5-2 所示。

步进电机中止旋转时，能够发生两种状况：制动加载能够产生最大或部分保持转矩、转子处于自在状况。

步进电机驱动器简明结构如图 5-3 所示。再细化一些的步进电机驱动器结构如图 5-4 所示。

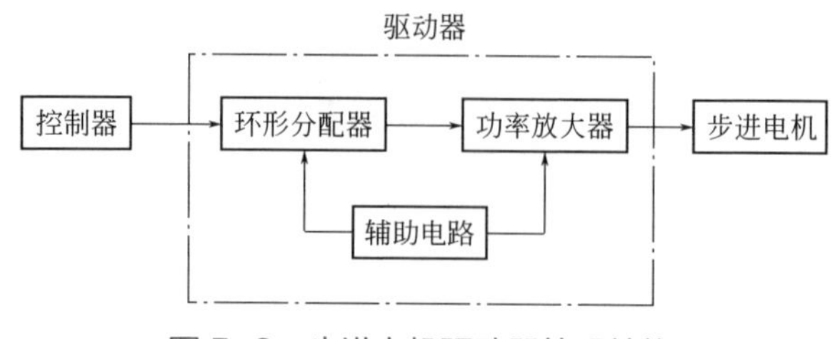

图 5-3　步进电机驱动器简明结构

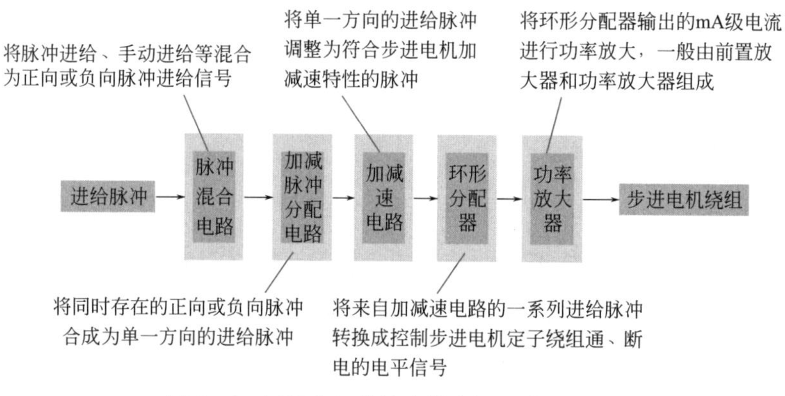

图 5-4　再细化一些的步进电机驱动器结构

小技巧

首先确定驱动器的供电电压，再确定工作电流。供电电源电流一般根据驱动器的输出相电流来确定。如果采用线性电源，则驱动器电源电流一般可取输出相电流的 1.1 ~ 1.3 倍。如果采用开关电源，则驱动器电源电流一般可取输出相电流的 1.5 ~ 2 倍。

5.1.4　步进电机驱动器电路结构

步进电机驱动器电路结构如图 5-5 所示。

整流电路是将输出 AC 电源整流、滤波为直流电压，作为稳压电源供电，以及作为逆变功率电路的输入电源。有的小功率步进电机驱动器，直接采用外供直流电源，也就是省去了整流电路环节。

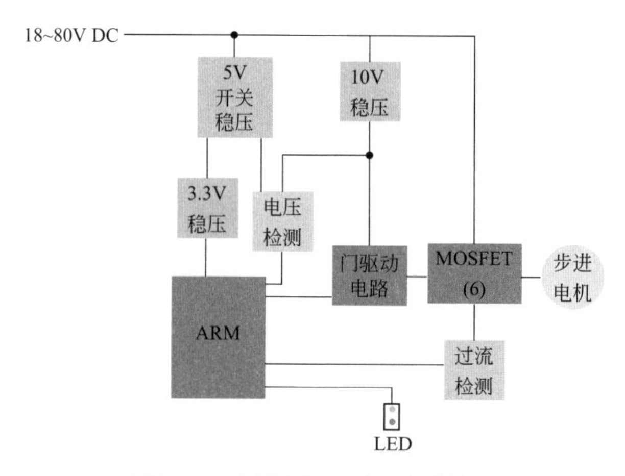

图 5-5　步进电机驱动器电路结构

控制电路一般采用单片机（CPU）为核心，接收从输入端子进入的控制信号，以及过流检测电路输入的保护信号，输出逆变电路所需的信号脉冲，并且经过脉冲驱动电路进行功率放大，驱动逆变功率电路功率开关管，使负载电机产生相应的步进动作。

逆变功率电路有的采用单管分立零件组成，有的采用整流功率电路集成于内部的模块。步进电机驱动器电路的特点如图 5-6 所示。

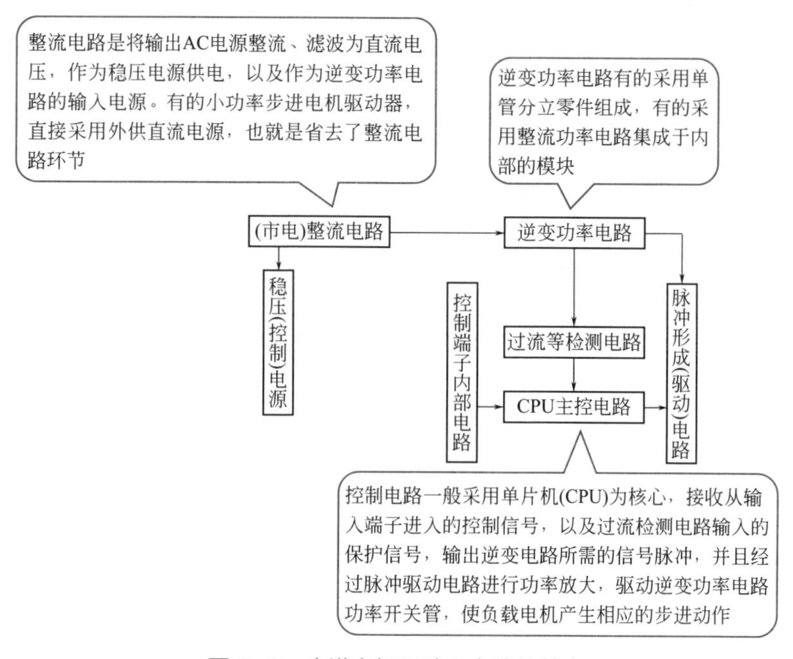

图 5-6　步进电机驱动器电路的特点

小技巧

四相混合式步进电机一般采用两相驱动器来驱动。连接时，四相混合式步进电机可以采用串联接法，或者并联接法将四相电机接成两相使用。串联接法需要的驱动器输出电流为电机相电流的 0.7 倍。并联接法需要的驱动器输出电流为电机相电流的 1.4 倍。

5.2 连接、接口与选择

5.2.1 端口与接线

步进电机驱动器常见的强电接口功能描述如下：

① A+：A 相电机绕组 +。

② A−：A 相电机绕组 −。

③ B+：B 相电机绕组 +。

④ B−：B 相电机绕组 −。

⑤ VDD：输入电源 +。

⑥ GND：输入电源 −。

一些步进电机驱动器端口与接线如图 5-7 所示。

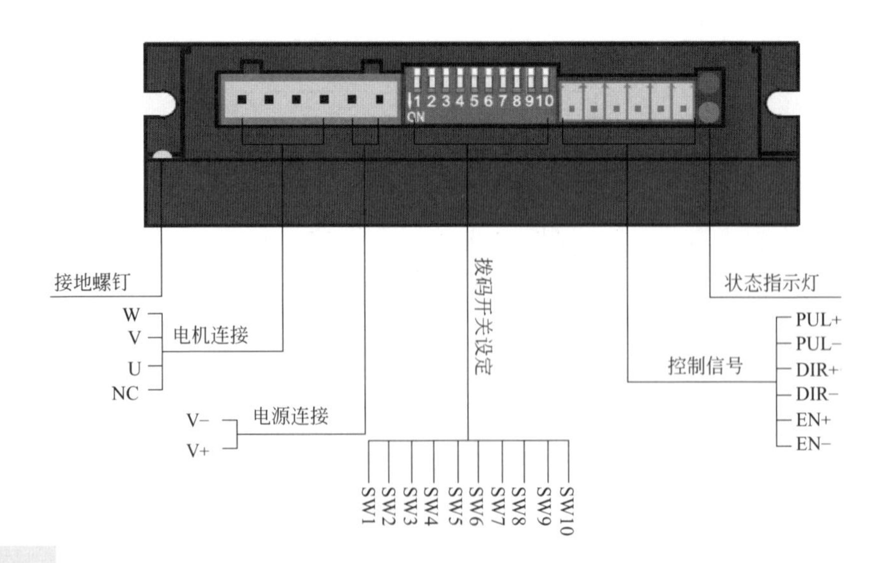

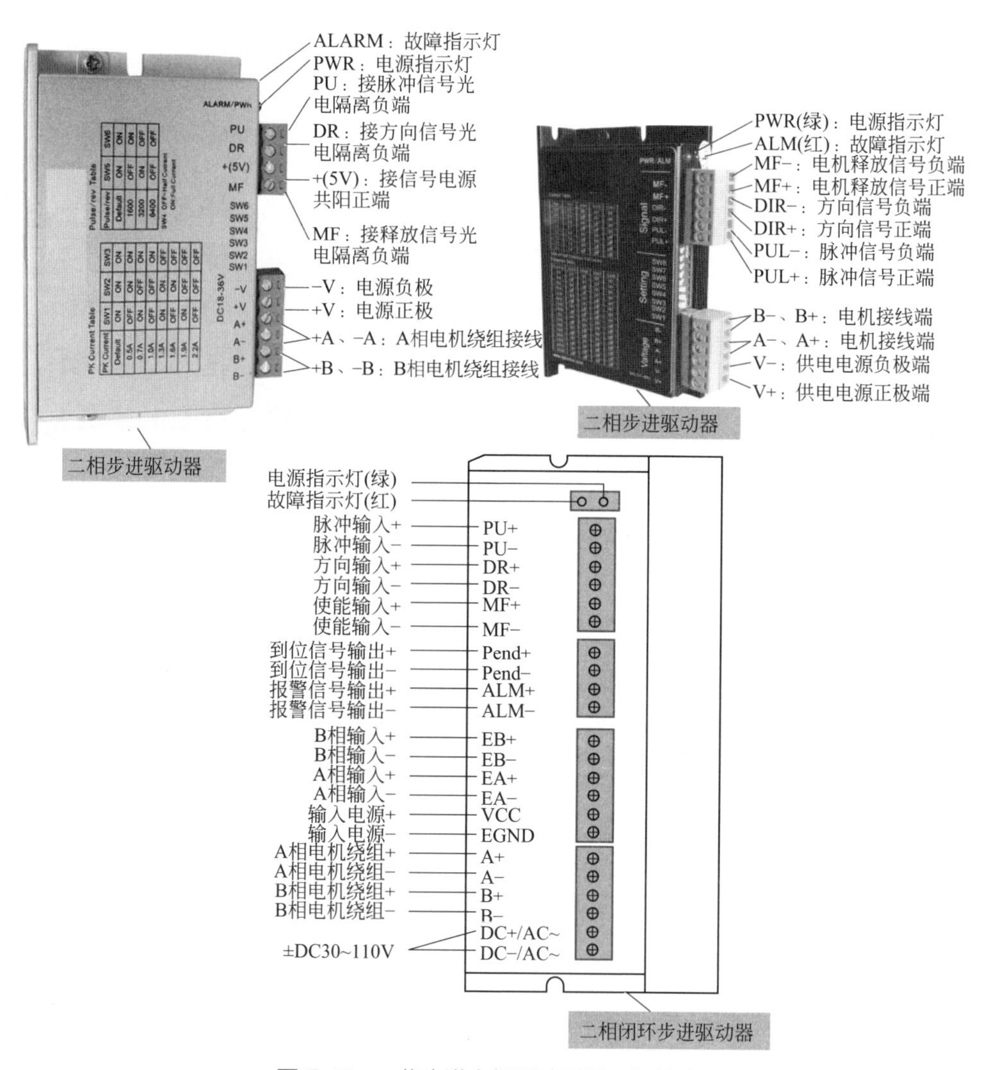

图 5-7　一些步进电机驱动器端口与接线

小技巧

四相驱动混合式步进电机与驱动器的串联接法、并联接法的区别——四相混合式步进电机一般由两相驱动器来驱动，其连接时可以采用并联接法、串联接法将四相电机接成两相使用，并联接法一般在电机转速较高的场合使用，所需要的驱动器输出电流为电机相电流的 1.4 倍，因而电机发热量较大，串联接法一般在电机转速较低的场合使用，所需要的驱动器输出电流为电机相电流的 0.7 倍，因而电机发热量小。

5.2.2　三相步进电机驱动器控制信号类型

三相步进电机驱动器控制信号类型如图 5-8 所示。

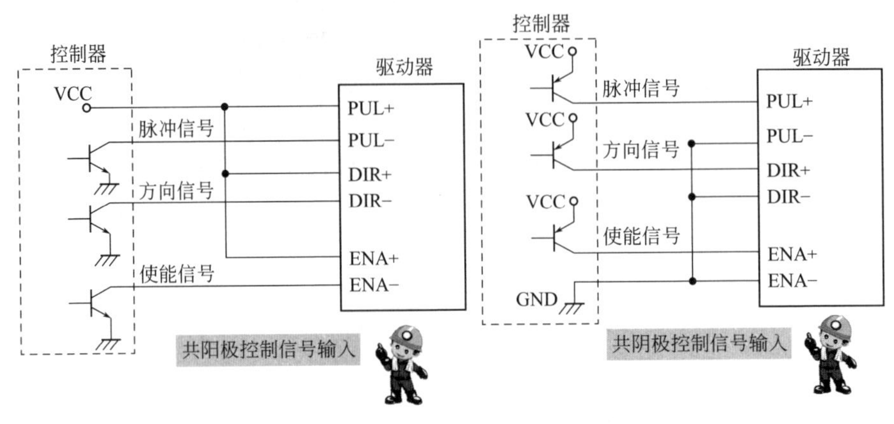

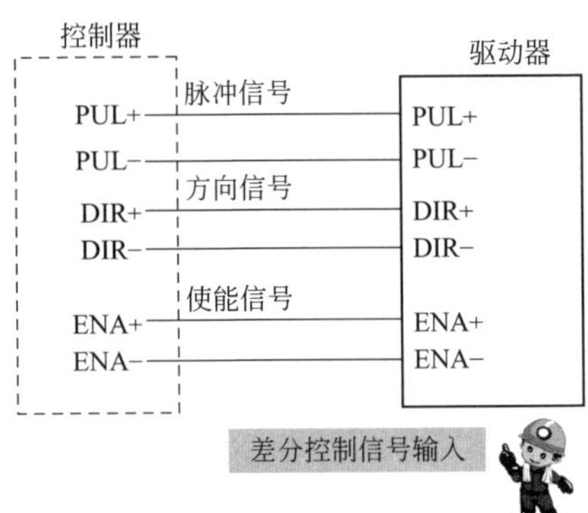

图 5-8　三相步进电机驱动器控制信号类型图例

一种控制信号接口功能描述如下:

① PUL +：脉冲控制正信号，一般为上升沿有效。每次脉冲信号由低变高时，电机运行一步。

② PUL －：脉冲控制负信号。

③ DIR +：方向控制正信号，对应电机运转的两个方向。电机的初始运行方向取决于电机的接线，互换任意一相可改变电机初始运行方向。

④ DIR －：方向控制负信号。

⑤ ENA +：使能 / 释放正信号，用于释放电机，当 ENA + 接高电平，ENA －接低电平时，驱动器将切断电机各相电流而处于自由状态，步进脉冲不被响应。此时，驱动器与电机的发热、温升将减少。不用时，将电机释放信号

端悬空。

⑥ ENA －：使能 / 释放负信号。

另外一种控制信号接口功能描述如下：

① PUL+：步进脉冲信号输入正端或正向步进脉冲信号输入正端。

② PUL－：步进脉冲信号输入负端或正向步进脉冲信号输入负端。

③ DIR+：步进方向信号输入正端或反向步进脉冲信号输入正端。

④ DIR－：步进方向信号输入负端或反向步进脉冲信号输入负端。

⑤ ENA+：脱机使能复位信号输入正端。

⑥ ENA－：脱机使能复位信号输入负端。

小技巧

如何确定步进电机驱动器供电电源输出电流——供电电源电流一般根据驱动器的输出相电流 I 来确定；如果采用开关电源，则电源电流一般可取 I 的 1.5 ~ 2.0 倍；如果采用线性电源，则电源电流一般可取 I 的 1.1 ~ 1.3 倍；如果一个供电电源同时给几个驱动器供电，则需要考虑供电电源的电流应适当加倍。

5.2.3 三相步进电机驱动器与电机的连接

三相步进电机驱动器与三相电机需要连接三相，也就是三根相线。三相电机定子绕组连接方式有三角形、星形。其中，三相电机三角形连接适应高速应用，星形连接适应低速应用。

三相步进电机驱动器与三相电机星形连接如图 5-9 所示。

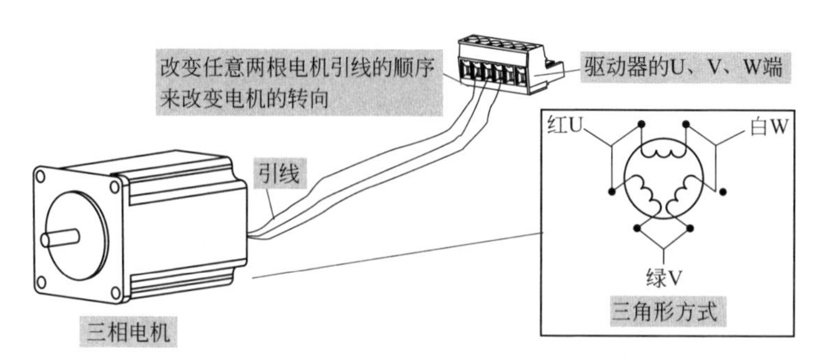

图 5-9 三相步进电机驱动器与三相电机星形连接

小技巧

步进电机驱动器的直流供电电源的确定：

① 电压的确定：混合式步进电机驱动器的供电电源电压范围一般较宽，根据电机的工作转速和响应要求来选择。

② 电流的确定：供电电源电流一般根据驱动器的输出相电流来确定。

5.2.4 步进电机驱动器的选择

选择步进电机驱动器的要点如下：

① 需要选用与步进电机型号相匹配的驱动器。

② 尽量选取细分驱动器，并且使驱动器工作在细分状态。

③ 根据电机的电流，选择配用大于或等于该电流的步进电机驱动器。

④ 如果需要弱振动、高精度，则可以选择配用细分型驱动器。

⑤ 大力矩电机，则可以选择高电压型驱动器，以获得良好的高速性能。

小技巧

如何确定步进电机驱动器供电电源电压——混合式步进电机驱动器的供电电源电压一般为一个较宽的范围，其电源电压一般根据电机的工作转速、响应要求来选择；如果电机工作转速较高、响应要求较快，则电压取值也高，并且电源电压的纹波不能超过驱动器的最大输入电压，以免损坏驱动器。如果电机工作转速较低，则可以选择较低电压值的。

5.3 应用注意事项与故障信息

5.3.1 应用注意事项

步进电机驱动器应用的一些注意事项如下：

① 步进电机驱动器没有接电机前，严禁通电。

② 步进电机驱动器的输入电压必须符合有关要求。

③ 严禁带电对步进电机或驱动器进行设置、测量。

④ 步进电机驱动器必须在断电 3min 后，才能够再次进行接线、安装、参数设置等。

⑤ 通电前，应确保电源电缆、电机电缆、信号电缆连接的正确性与牢固性。

⑥ 步进电机驱动器需要避免电磁干扰。

⑦ 严禁带电插拔驱动器的输出端子，以免损坏驱动器。

⑧ 应避免将驱动器安装在其他发热设备旁边。

⑨ 应避免在粉尘、油雾、湿度太大、腐蚀性气体、强振动场合使用驱动器。

⑩ 上位机、驱动器、电机的接地线要与大地有大面积接触，以确保良好的导电性。

小技巧

一款步进电机驱动器状态指示如下：

RUN 状态灯指示：绿灯，正常工作时亮。

ERR 状态灯指示：红灯，故障时亮，表示电机相间短路、过压保护、欠压保护等。

5.3.2 步进电机驱动器 SJ-3M16R8AC 报警信息

步进电机驱动器 SJ-3M16R8AC 为三相混合式。SJ-3M16R8AC 用两个（红 / 绿）指示灯显示状态，正常状态为绿色 LED 闪烁，如果红色 LED 闪烁，表示报警或发生错误。报警信息可通过红灯和绿灯的闪烁组合来表示，见表 5-1。

表 5-1 SJ-3M16R8AC 报警信息

报警信息	现象含义	报警原因
●	绿灯闪烁	正常工作
●	绿灯长亮	使能起作用
●●●|●	3 红，1 绿	过热故障
●●●|●●	3 红，2 绿	驱动器内部故障
●●●●|●	4 红，1 绿	驱动器电源输入过压故障

报警信息	现象含义	报警原因
○○○○|●●	4 红，2 绿	驱动器电源输入欠压故障
○○○○○|●	5 红，1 绿	过流短路故障
○○○○○|●●	5 红，2 绿	信号频率过快
○○○○○○|●	6 红，1 绿	电机缺相故障

5.3.3 步进电机驱动器 DN2860MH-B1 报警信息

步进电机驱动器 DN2860MH-B1 过流（电流过大或电压过小）时，故障指示灯 O.C 亮，则需要检查电机接线、其他短路故障、是否电压过低。

驱动器通电时，绿色指示灯 PWR 亮。

有脉冲输入时，TM 指示灯会闪烁。无脉冲输入时，TM 指示灯常亮。

5.3.4 步进电机驱动器 FSD2204 报警信息

步进电机驱动器 FSD2204 驱动器报警信息如下。

PWR(绿)电源指示灯常亮——→通电
PWR(绿)电源指示灯闪烁——→正常运行
PVR (绿)电源指示灯1次ALM(红)故障指示灯1次交替闪烁——→表示驱动器过流
PWR(绿)电源指示灯1次ALM(红)故障指示灯2次交替闪烁——→表示驱动器输入电源过压
PWR(绿)电源指示灯1次ALM(红)故障指示灯3次交替闪烁——→表示驱动器内部电压错误

第 6 章 步进电机控制系统

6.1 基础

6.1.1 步进电机控制系统的特点

步进电机控制系统一般由步进电机控制器、步进电机驱动器、步进电机等组成。其中，步进电机控制器是指挥中心，其发出信号脉冲给步进电机驱动器。步进电机驱动器把接收到信号脉冲转化为电脉冲驱动步进电机转动。

步进电机控制系统中控制器每发出一个信号脉冲，步进电机就旋转一个角度。步进电机是以固定的角度一步一步运行的。控制器可以通过控制脉冲数量来控制步进电机的旋转角度，达到准确定位的目的。控制器也可以通过控制脉冲频率来精确控制步进电机的旋转速度。

步进电机控制系统如图 6-1 所示。

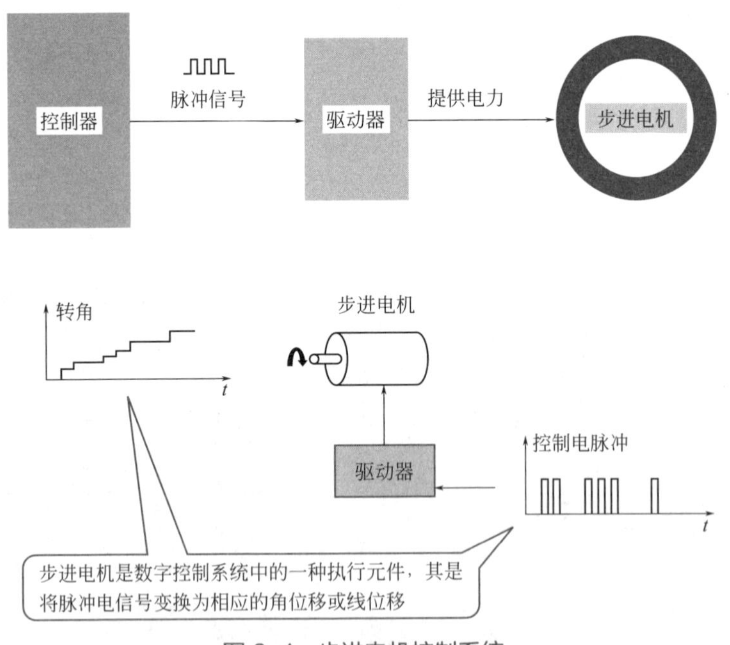

图 6-1 步进电机控制系统

控制器可以再细分为运行指令、变频信号等，驱动器可以再细分为脉冲分配、功率放大等，如图 6-2 所示。

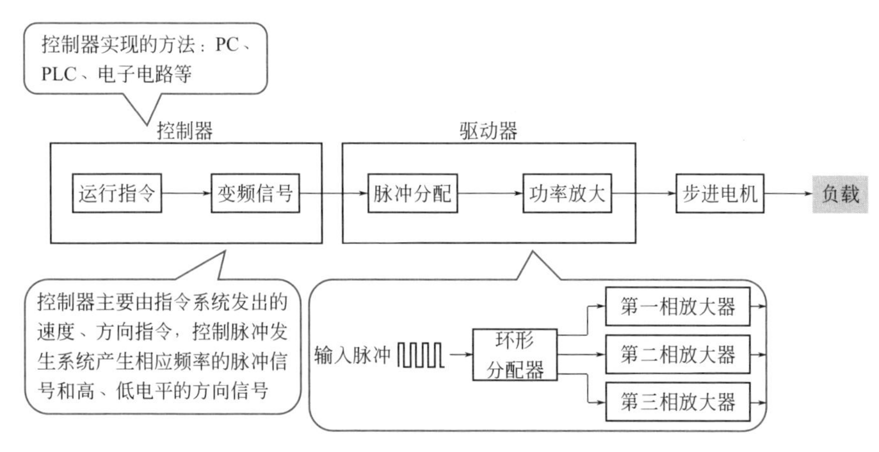

图 6-2　步进电机控制系统的细分

CH250 环形分配器引脚图与三相六拍线路图如图 6-3 所示。

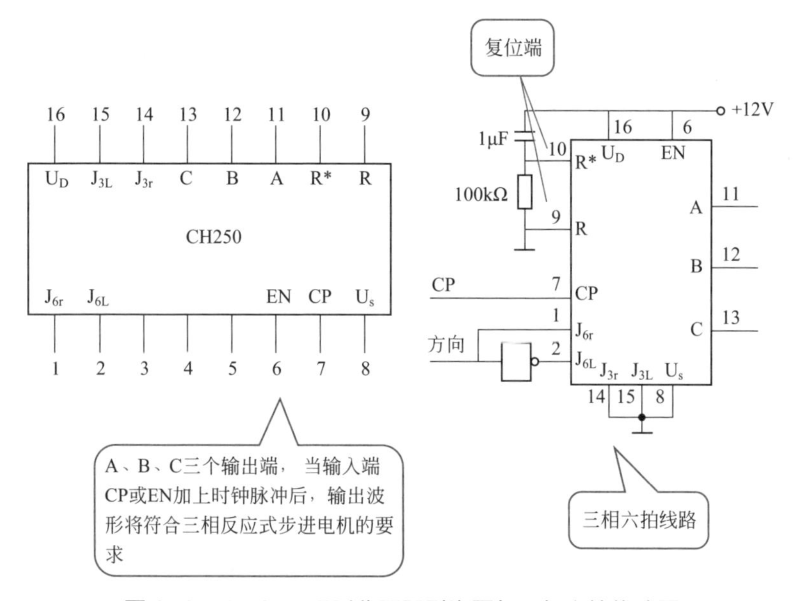

图 6-3　CH250 环形分配器引脚图与三相六拍线路图

6.1.2　步进电机控制器应用系统连接图

步进电机控制器是一种能够发出均匀脉冲信号的电子产品（设备）。其能够发出的信号进入步进电机驱动器后，会由驱动器转换成步进电机所需要的强电流信号，从而带动步进电机运转。

步进电机控制器应用系统连接图如图 6-4 所示。步进电机控制器常包括 CPU、计数器、定时器等。

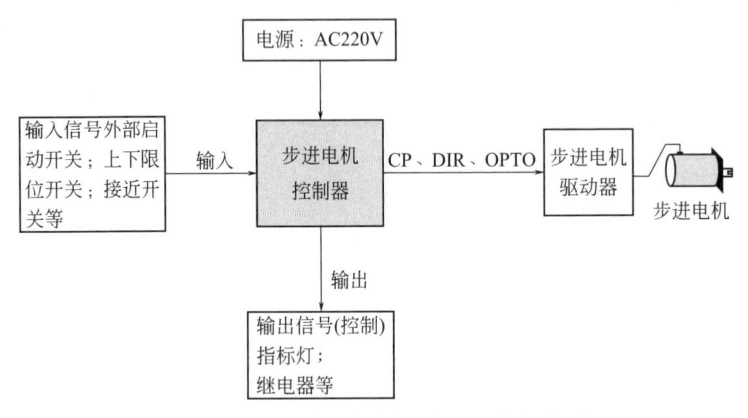

图 6-4　步进电机控制器应用系统连接图

6.1.3　步进电机控制器应用系统图

步进电机控制器应用系统图如图 6-5 所示。

① 脉冲信号输入端：由控制器发送脉冲个数、频率可变化的控制脉冲信号，控制步进电机的转速、步进距离。脉冲输入信号要求为矩形脉冲，脉冲宽度、信号间隔、低电平幅值、高电平幅值等均有要求。

② 方向信号端：有的方向信号为开关量电压信号。端子开路状态下，为静态高电平，在有脉冲信号输入时，步进电机正转；控制信号为低电平，在有脉冲信号输入时，步进电机反转。

③ 故障信号端：在过流、欠压、过压等故障发生时，步进电机驱动器停止输出。

④ 输出接线端：输出接线端 A+、A−、B+、B−，与步进电机的绕组相连接。

⑤ 编码器连接端：是与编码器相连接的端子。

⑥ 使能信号端：使能信号，也就是启用功能。

6.1.4　步进电机控制器与驱动器间控制信号接口电路

步进电机控制器与驱动器间控制信号接口电路可以分为共阳极接法、共阴极接法、差分接法，如图 6-6 所示。

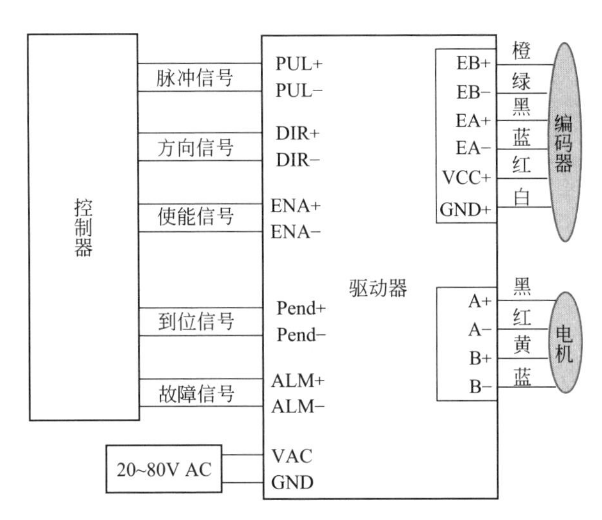

图 6-5　步进电机控制器应用系统图

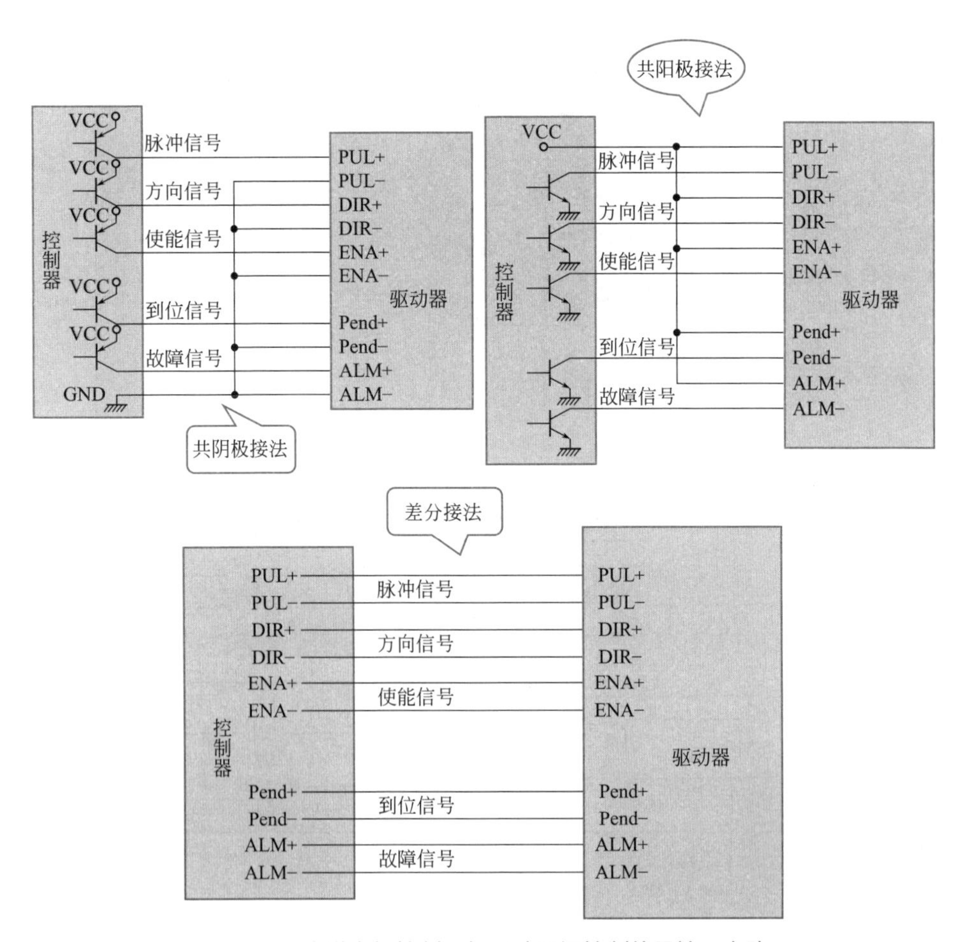

图 6-6　步进电机控制器与驱动器间控制信号接口电路

6.2 步进电机驱动 IC

6.2.1 TB67H452FTG PWM 斩波型 4 通道 H 桥电机驱动 IC

TB67H452FTG 可以通过 4 通道 H 桥驱动两台步进电机，或者两台直流有刷电机和一台步进电机等，还可以通过设置大电流模式来驱动双直流有刷电机或大电流驱动的步进电机。

TB67H452FTG 方框图如图 6-7 所示。

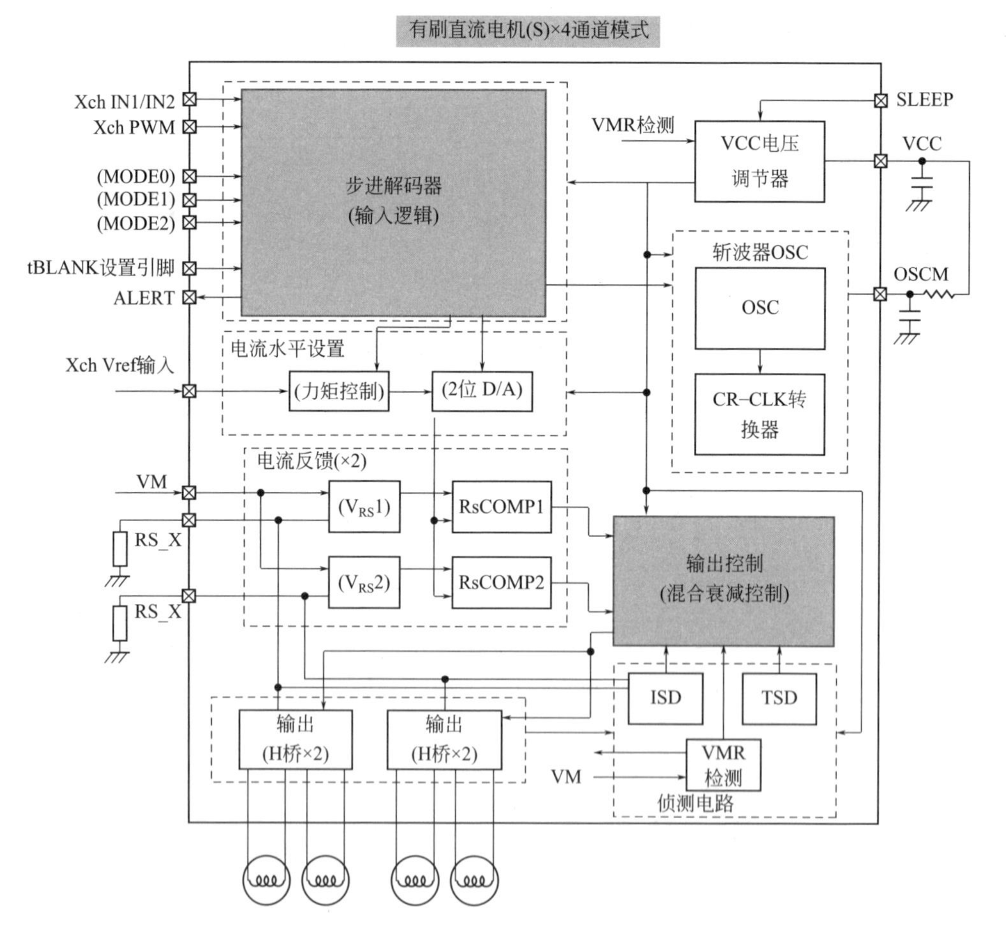

图 6-7 TB67H452FTG 方框图

TB67H452FTG 引脚分配见表 6-1。

表 6-1　TB67H452FTG 引脚分配

引脚号	名称	步进电机（S）×2	步进电机（L）	DC（L）-步进电机（S）	DC（S）×2+步进电机（S）
1	MO_CD	CDch MO 引脚	—	CDch MO 引脚	
2	CD_MODE2	CDch 步进分辨率模式设置引脚	—	CDch 步进分辨率模式设置引脚	
3	OUT_C-	Cch 输出引脚（-）	CDch 输出引脚（-）	Cch 输出引脚（-）	
4	RS_C	Cch 感应 RS 连接引脚	CDch 感应 RS 连接引脚	Cch 感应 RS 连接引脚	
5	RS_C	Cch 感应 RS 连接引脚	CDch 感应 RS 连接引脚	Cch 感应 RS 连接引脚	
6	OUT_C+	Cch 输出引脚（+）	CDch 输出引脚（+）	Cch 输出引脚（+）	
7	OUT_D+	Dch 输出引脚（+）	CDch 输出引脚（+）	Dch 输出引脚（+）	
8	RS_D	Dch 感应 RS 连接引脚	CDch 感应 RS 连接引脚	Dch 感应 RS 连接引脚	
9	RS_D	Dch 感应 RS 连接引脚	CDch 感应 RS 连接引脚	Dch 感应 RS 连接引脚	
10	OUT_D-	Dch 输出引脚（-）	CDch 输出引脚（-）	Dch 输出引脚（-）	
11	CD_MODE1	CDch 步进分辨率模式设置引脚	—	CDch 步进分辨率模式设置引脚	
12	VREF_A	Ach Vref 输入引脚	ABch Vref 输入引脚	ABch Vref 输入引脚	Ach Vref 输入引脚
13	VREF_B	Bch Vref 输入引脚	—	—	Bch Vref 输入引脚
14	VREF_C	Cch Vref 输入引脚	CDch Vref 输入引脚	Cch Vref 输入引脚	Cch Vref 输入引脚
15	VREF_D	Dch Vref 输入引脚	—	Dch Vref 输入引脚	Dch Vref 输入引脚
16	OSCM	斩波设置振荡电路频率的引脚			
17	VCC	用于监控内部产生 5V 电压偏差的引脚			
18	GND	GND 引脚			
19	VM	VM 电源故障引脚			
20	VM	VM 电源故障引脚			
21	SLEEP	SLEEP 引脚			
22	ALERT	警报引脚			
23	CLK_AB	ABch CLK 输入引脚	CLK 输入引脚	ABch PWM 引脚	Ach PWM 引脚
24	ENABLE_AB	ABch ENABLE 输入引脚	ENABLE 输入引脚	—	Bch PWM 引脚
25	CLK_CD	CDch CLK 输入引脚	—	CDch CLK 输入引脚	CDch CLK 输入引脚
26	ENABLE_CD	CDch ENABLE 输入引脚	—	CDch ENABLE 输入引脚	CDch ENABLE 输入引脚
27	OUT_A-	Ach 输出引脚（-）	ABch 输出引脚（-）	ABch 输出引脚（-）	Ach 输出引脚（-）

续表

引脚号	名称	步进电机（S）×2	步进电机（L）	DC（L）-步进电机（S）	DC（S）×2+步进电机（S）
28	RS_A	Ach 感应 RS 连接引脚	ABch 感应 RS 连接引脚	ABch 感应 RS 连接引脚	Ach 感应 RS 连接引脚
29	RS_A	Ach 感应 RS 连接引脚	ABch 感应 RS 连接引脚	ABch 感应 RS 连接引脚	Ach 感应 RS 连接引脚
30	OUT_A+	Ach 输出引脚（+）	ABch 输出引脚（+）	ABch 输出引脚（+）	Ach 输出引脚（+）
31	OUT_B+	Bch 输出引脚（+）	ABch 输出引脚（+）	ABch 输出引脚（+）	Bch 输出引脚（+）
32	RS_B	Bch 感应 RS 连接引脚	ABch 感应 RS 连接引脚	ABch 感应 RS 连接引脚	Bch 感应 RS 连接引脚
33	RS_B	Bch 感应 RS 连接引脚	ABch 感应 RS 连接引脚	ABch 感应 RS 连接引脚	Bch 感应 RS 连接引脚
34	OUT_B−	Bch 输出引脚（−）	ABch 输出引脚（−）	ABch 输出引脚（−）	Bch 输出引脚（−）
35	D_tBLANK_AB	ABch 衰减设置引脚	—	tBLANK 设置引脚	
36	NC	NC			
37	D_tBLANK_CD	CDch 衰减设置引脚	CDch 衰减设置引脚	CDch 衰减设置引脚	
38	MODE2	“H”固定输入引脚	“H”固定输入引脚	“L”固定输入引脚	“L”固定输入引脚
39	MODE1	“H”固定输入引脚	“L”固定输入引脚	“H”固定输入引脚	“H”固定输入引脚
40	MODE0	“H”固定输入引脚	“H”固定输入引脚	“H”固定输入引脚	“L”固定输入引脚
41	VM	VM 电源输入引脚			
42	VM	VM 电源输入引脚			
43	NC	NC			
44	CW_CCW_AB	ABch CW/CCW 引脚	CW/CCW 引脚	ABch IN2 引脚	Ach IN2 引脚
45	MO_AB	ABch MO 引脚	MO 引脚	ABch IN1 引脚	Ach IN1 引脚
46	AB_MODE2	ABch 步进分辨率模式设置引脚	模式设置引脚	—	Bch IN2 引脚
47	AB_MODE1	ABch 步进分辨率模式设置引脚	模式设置引脚	—	Bch IN1 引脚
48	CW_CCW_CD	CDch CW/CCW 引脚	—	CDch CW/CCW 引脚	

6.2.2 TB67S101 相位输入控制双极步进电机驱动 IC

TB67S101 相位输入控制双极步进电机驱动集成电路引脚分配、方框图如图 6-8、图 6-9 所示。

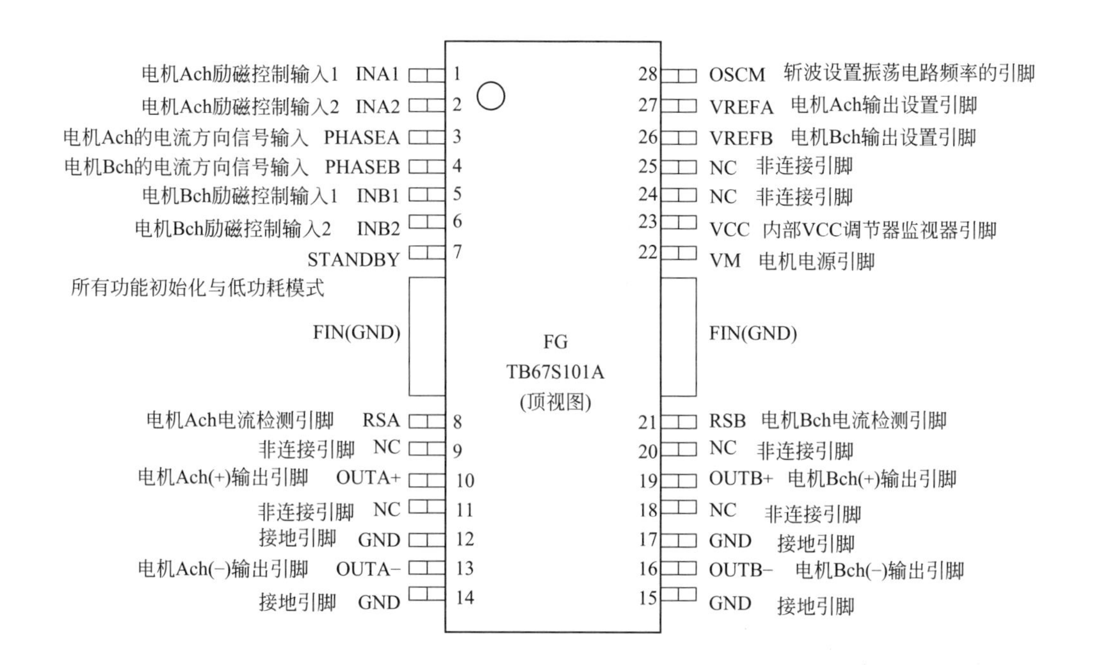

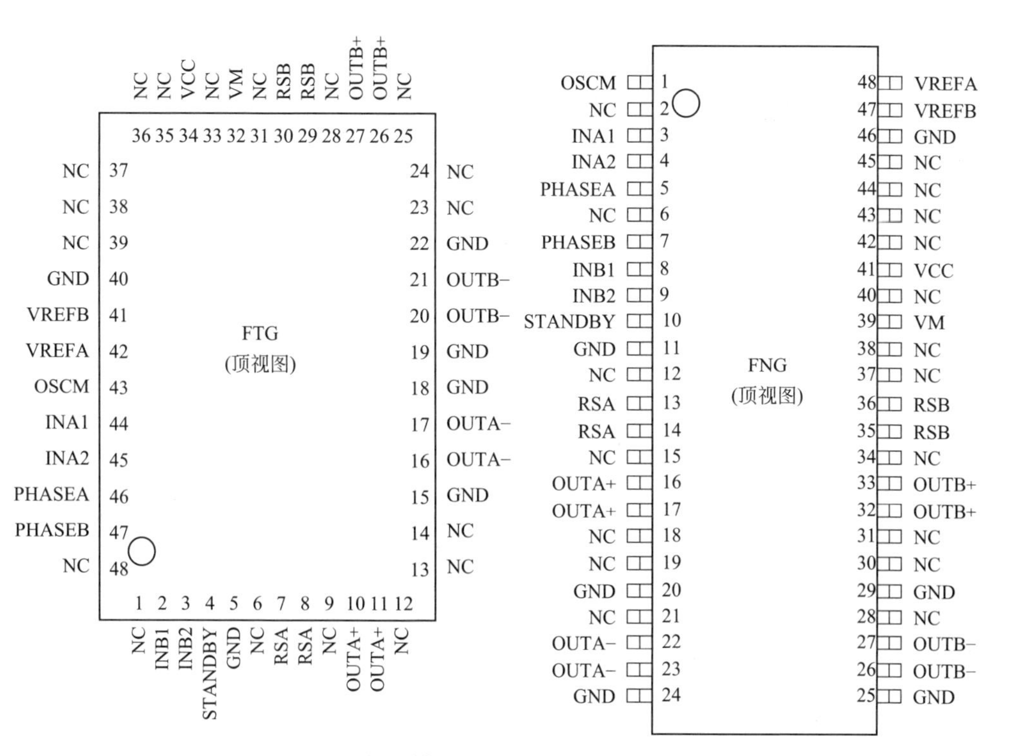

图 6-8 TB67S101 相位输入控制双极步进电机驱动集成电路引脚分配

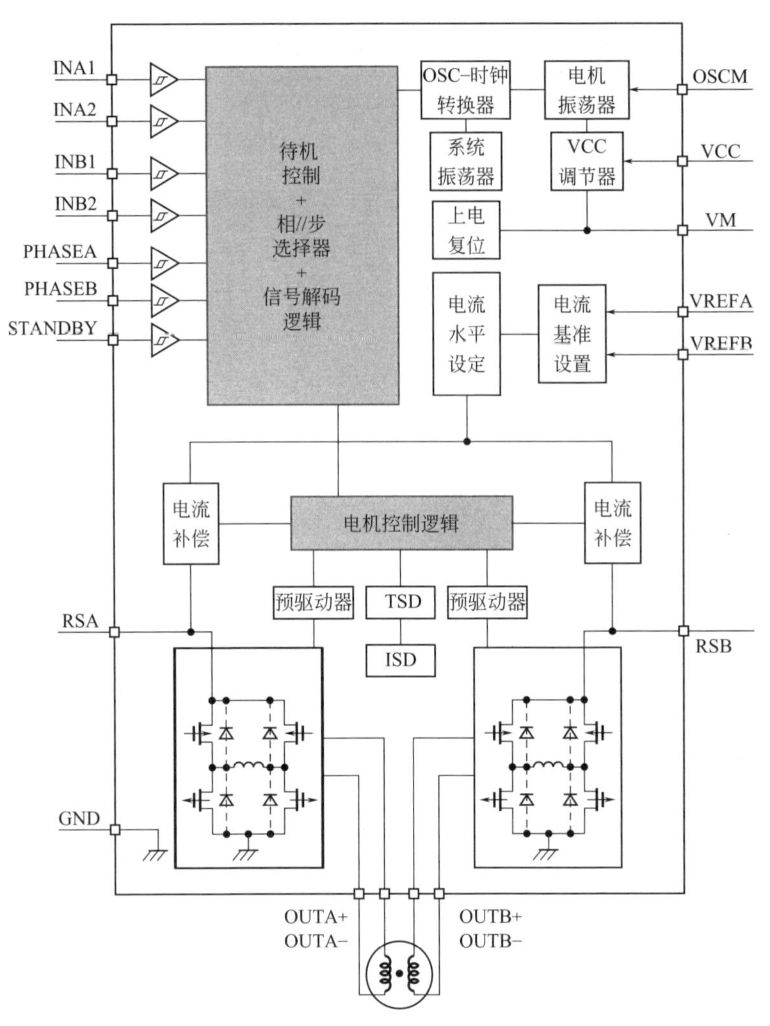

图 6-9　TB67S101 方框图

全步分辨率 TB67S101 的电机输出电流（I_{out}）见表 6-2。

表 6-2　全步分辨率 TB67S101 的电机输出电流（I_{out}）

Ach				Bch			
输入			输出	输入			输出
PHASEA	INA1	INA2	I_{out}（A）	PHASEB	INB1	INB2	I_{out}（B）
H（高电平）	H	H	+100%	H	H	H	+100%
L（低电平）	H	H	−100%	H	H	H	+100%
L	H	H	−100%	L	H	H	−100%
H	H	H	+100%	L	H	H	−100%

半步分辨率 TB67S101 的电机输出电流（I_{out}）见表 6-3。

表 6-3　半步分辨率 TB67S101 的电机输出电流（I_{out}）

Ach				Bch			
输入			输出	输入			输出
PHASEA	INA1	INA2	I_{out}（A）	PHASEB	INB1	INB2	I_{out}（B）
H	H	H	+100%	H	H	H	+100%
无关	L	L	0%	H	H	H	+100%
L	H	H	−100%	H	H	H	+100%
L	H	H	−100%	无关	L	L	0%
L	H	H	−100%	L	H	H	−100%
无关	L	L	0%	L	H	H	−100%
H	H	H	+100%	L	H	H	−100%
H	H	H	+100%	无关	L	L	0%

四分之一步分辨率 TB67S101 的电机输出电流（I_{out}）见表 6-4。

表 6-4　四分之一步分辨率 TB67S101 的电机输出电流（I_{out}）

Ach				Bch			
输入			输出	输入			输出
PHASEA	INA1	INA2	I_{out}（A）	PHASEB	INB1	INB2	I_{out}（B）
H	H	L	+71%	H	H	L	+71%
H	L	H	+38%	H	H	H	+100%
无关	L	L	0%	H	H	H	+100%
L	L	H	−38%	H	H	H	+100%
L	H	L	−71%	H	H	L	+71%
L	H	H	−100%	H	L	H	+38%
L	H	H	−100%	无关	L	L	0%
L	H	H	−100%	L	L	H	−38%
L	H	L	−71%	L	H	L	−71%
L	L	H	−38%	L	H	H	−100%
无关	L	L	0%	L	H	H	−100%
H	L	H	+38%	L	H	H	−100%
H	H	L	+71%	L	H	L	−71%

续表

Ach				Bch			
输入			输出	输入			输出
H	H	H	+100%	L	L	H	−38%
H	H	H	+100%	无关	L	L	0%
H	H	H	+100%	H	L	H	+38%

6.2.3 TB67S141FTG 相位控制的单极步进电机驱动 IC

TB67S141FTG 为相位控制的单极步进电机驱动 IC，其引脚分配、方框图如图 6-10 所示。

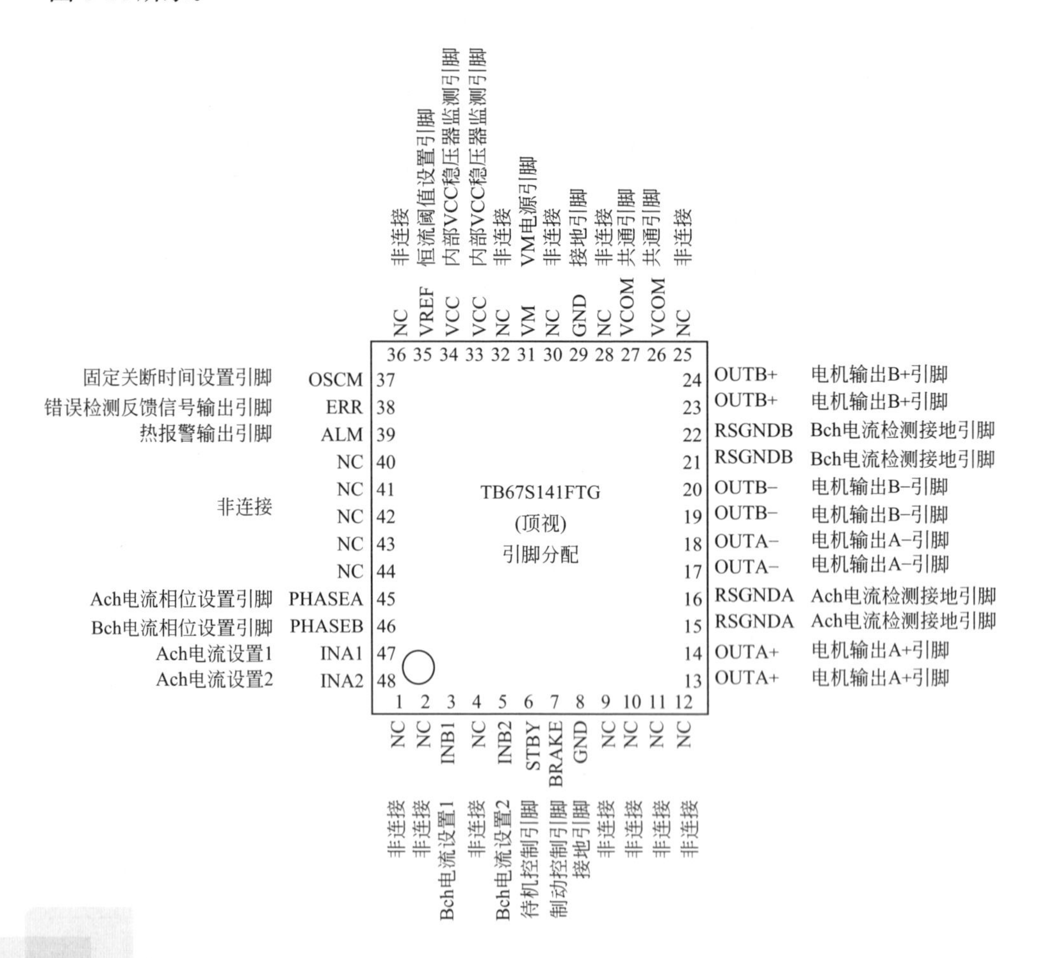

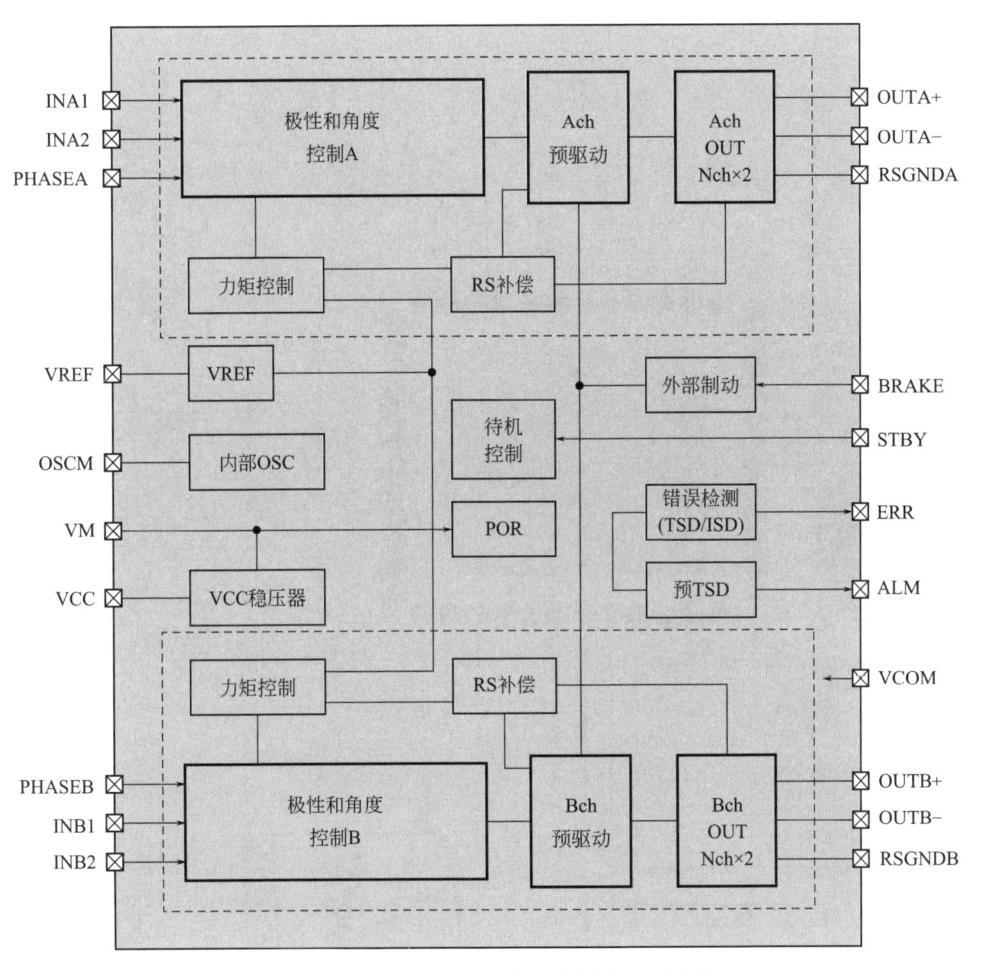

图 6-10　TB67S141FTG 引脚分配、方框图

TB67S141FTG 应用电路如图 6-11 所示。

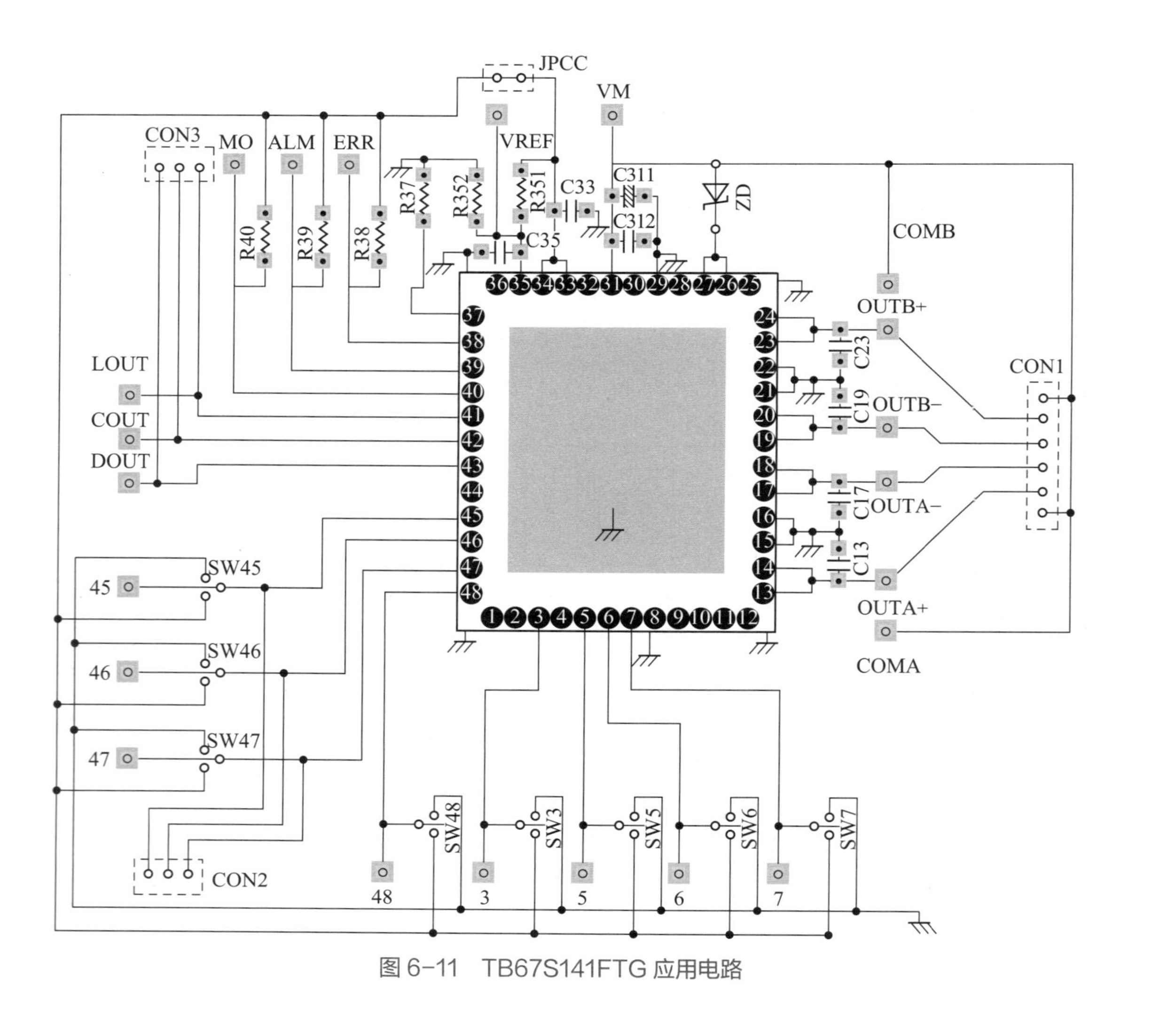

图 6-11　TB67S141FTG 应用电路

6.2.4 TB67S158NG 恒压控制 DMOS 驱动 IC

TB67S158NG 是恒压控制 DMOS 驱动 IC，可以驱动两台单极步进电机。TB67S158NG 引脚分配如图 6-12 所示。TB67S158NG 引脚功能见表 6-5。TB67S158NG 应用电路如图 6-13 所示。

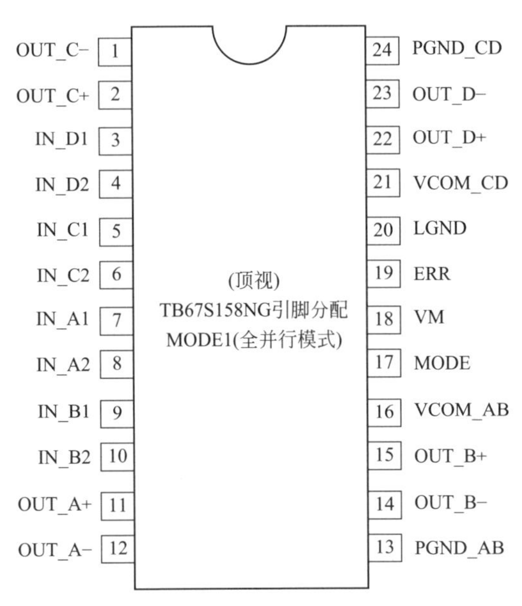

图 6-12　TB67S158NG 引脚分配

表 6-5　TB67S158NG 引脚功能

引脚	全并行（MODE = L）	串行 / 并行（MODE = H）	全并行（MODE = L）	串行 / 并行（MODE = H）
1	OUT_C−	OUT_C−	C 相的输出 − 引脚	C 相的输出 − 引脚
2	OUT_C+	OUT_C+	C 相的输出 + 引脚	C 相的输出 + 引脚
3	IN_D1	DATA	OUT_D+ON 引脚	串行数据输入引脚
4	IN_D2	CLK	OUT_D−ON 引脚	串行时钟输入引脚
5	IN_C1	ALM	OUT_C+ON 引脚	热检测输出引脚
6	IN_C2	NC	OUT_C−ON 引脚	NC
7	IN_A1	CLR	OUT_A+ON 引脚	储存寄存器清除引脚
8	IN_A2	GATE	OUT_A−ON 引脚	寄存器数据门引脚
9	IN_B1	STBY	OUT_B+ON 引脚	待机设置引脚

续表

引脚	全并行（MODE = L）	串行 / 并行（MODE = H）	全并行（MODE = L）	串行 / 并行（MODE = H）
10	IN_B2	LATCH	OUT_B−ON 引脚	串行锁存输入引脚
11	OUT_A+	OUT_A+	A 相的输出 + 引脚	A 相的输出 + 引脚
12	OUT_A−	OUT_A−	A 相的输出 − 引脚	A 相的输出 − 引脚
13	PGND_AB	PGND_AB	电源地引脚	电源地引脚
14	OUT_B−	OUT_B−	B 相的输出 − 引脚	B 相的输出 − 引脚
15	OUT_B+	OUT_B+	B 相的输出 + 引脚	B 相的输出 + 引脚
16	VCOM_AB	VCOM_AB	A 相和 B 相的共通引脚	A 相和 B 相的共通引脚
17	MODE	MODE	I/F 的开关引脚	I/F 的开关引脚
18	VM	VM	主电源的引脚	主电源的引脚
19	ERR	ERR	ERR 输出	ERR 输出
20	LGND	LGND	Logic_GND	Logic_GND
21	VCOM_CD	VCOM_CD	C 相和 D 相的共通引脚	C 相和 D 相的共通引脚
22	OUT_D+	OUT_D+	D 相的输出 + 引脚	D 相的输出 + 引脚
23	OUT_D−	OUT_D−	D 相的输出 − 引脚	D 相的输出 − 引脚
24	PGND_CD	PGND_CD	电源地引脚	电源地引脚

6.2.5 TB67S249FTG 双极步进电机驱动 IC

TB67S249FTG 为时钟控制、二相双极步进电机驱动集成电路。TB67S249FTG 额定值为 50V、4.5A。TB67S249FTG 引脚分配如图 6-14 所示。

TB67S249FTG 方框图如图 6-15 所示。

TB67S249FTG 的 DMODE 引脚用于设置步进电机运行的步进分辨率。如果 DMODE0、DMODE1、DMODE2 三引脚均设置为低电平，则 TB67S249FTG 进入“待机模式”。在“待机模式”期间，几个内部电路完全关闭以降低功耗。如果 DMODE0、DMODE1、DMODE2 三引脚中的任何一个设置为高电平，则 TB67S249FTG 将从待机模式下重新启动。但是，需要 7.5μs（典型值）来稳定内部电路。

TB67S249FTG 的 DMODE 引脚步进分辨率设置情况见表 6-6。维修时，需要注意这三个引脚的电平情况与对应功能情况。

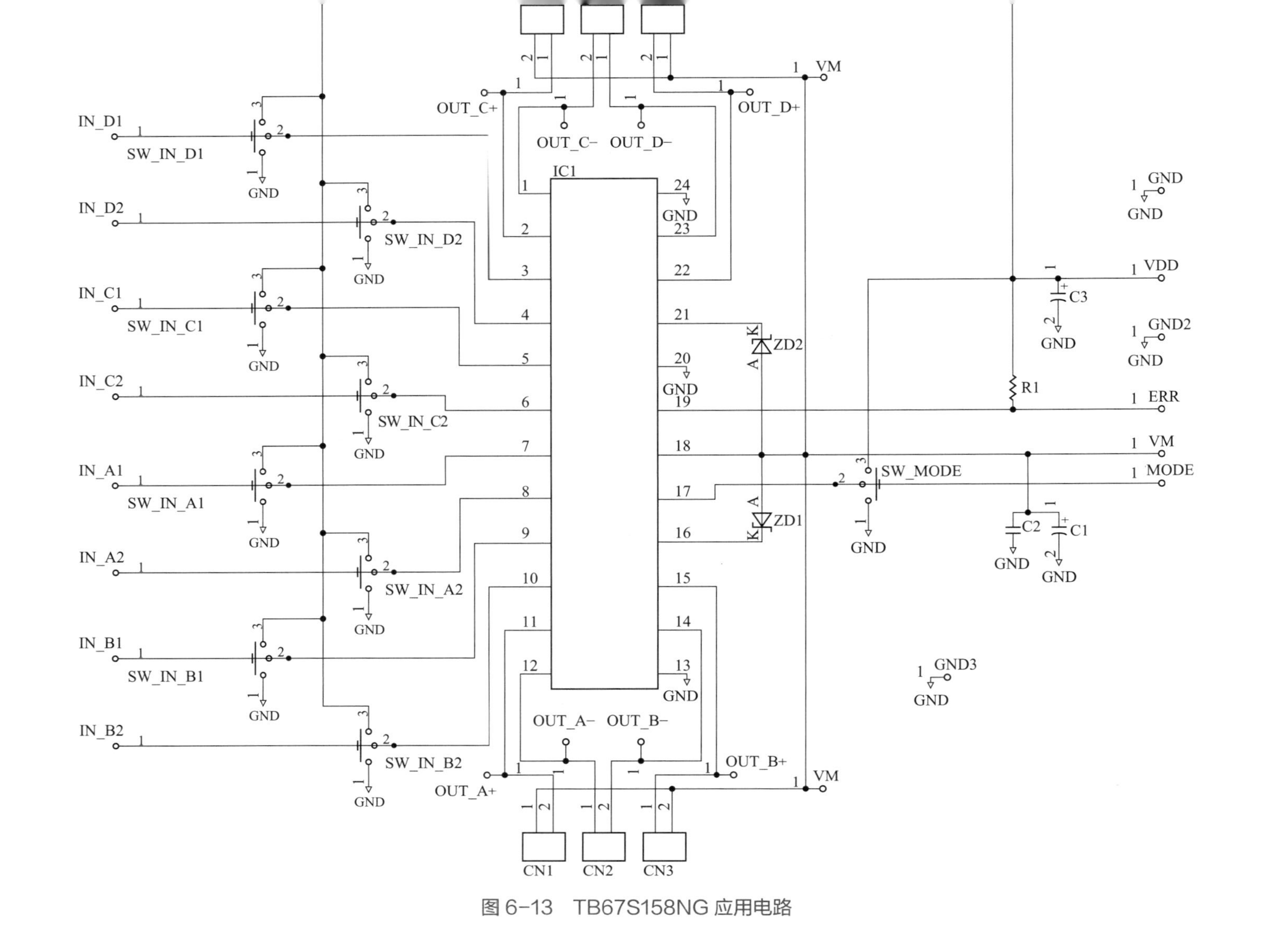

图 6-13　TB67S158NG 应用电路

引脚	名称	功能
36	NC	非连接
35	OSCM	内部振荡器频率监测和设置引脚
34	VCC	内部稳压器电压监控引脚
33	VCC	内部稳压器电压监控引脚
32	VREFA	Ach电流阈值参考引脚
31	VREFB	Bch电流阈值参考引脚
30	GND	接地引脚
28	GND	接地引脚
28	NC	非连接
27	VMB	电机电源输入引脚
26	VMB	电机电源输入引脚
25	NC	非连接
37	NC	非连接
38	NC	非连接
39	DMODE0	步进分辨率设置引脚0号
40	DMODE1	步进分辨率设置引脚1号
41	DMODE2	步进分辨率设置引脚2号
42	CW/CCW	电流方向设置引脚
43	CLK	步进时钟输入引脚
44	ENABLE	电机输出ON/OFF引脚
45	RESET	电角度初始化引脚
46	MO	电角度监控引脚
47	LO1	错误标志输出引脚1号
48	LO2	错误标志输出引脚2号
24	OUTB+	Bch电机输出(+)引脚
23	OUTB+	Bch电机输出(+)引脚
22	RSBGND	Bch电机电源接地引脚
21	RSBGND	Bch电机电源接地引脚
20	OUTB−	Bch电机输出(−)引脚
19	OUTB−	Bch电机输出(−)引脚
18	OUTA−	Ach 电机输出(−)引脚
17	OUTA−	Ach 电机输出(−)引脚
16	RSAGND	Ach电机电源接地引脚
15	RSAGND	Ach电机电源接地引脚
14	OUTA+	Ach电机输出(+)引脚
13	OUTA+	Ach电机输出(+) 引脚
1	AGC0	主动增益控制设置引脚0号
2	AGC1	主动增益控制设置引脚1号
3	CLIM0	AGC限流器设置引脚0号
4	CLIM1	AGC限流器设置引脚1号
5	FLIM	AGC频率限制器设置引脚
6	BOOST	AGC电流提升设置引脚
7	LTH	AGC阈值设置引脚
8	GND	接地引脚
9	NC	非连接
10	VMA	电机电源输入引脚
11	VMA	电机电源输入引脚
12	NC	非连接

TB67S249FTG
(俯视图)

图 6-14　TB67S249FTG 引脚分配

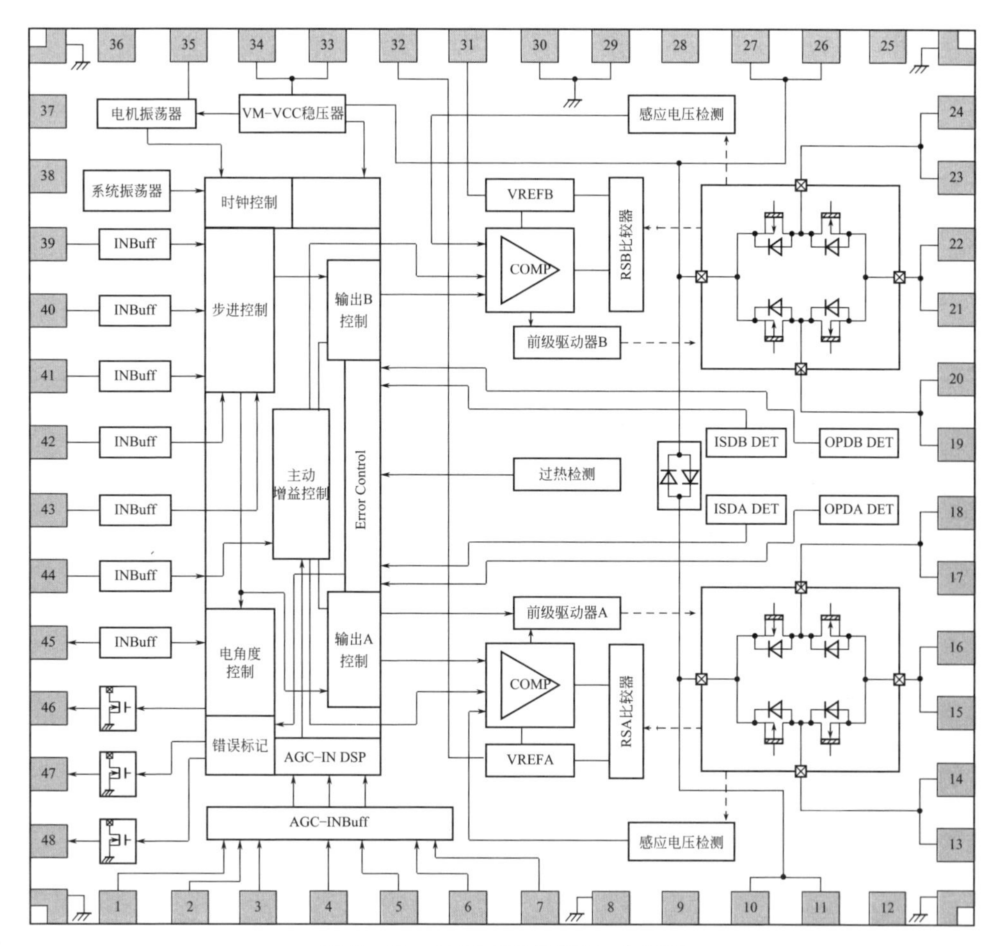

图 6-15 TB67S249FTG 方框图

表 6-6 TB67S249FTG 的 DMODE 引脚步进分辨率设置情况

DMODE0 引脚	DMODE1 引脚	DMODE2 引脚	功能情况
高电平	高电平	高电平	1/32 步进分辨率
高电平	高电平	低电平	1/16 步进分辨率
高电平	低电平	高电平	1/8 步进分辨率
高电平	低电平	低电平	1/2（b）步进分辨率
低电平	高电平	高电平	1/4 步进分辨率
低电平	高电平	低电平	1/2（a）步进分辨率
低电平	低电平	高电平	1/1 步进分辨率
低电平	低电平	低电平	待机模式（内部振荡器电路 OSCM、输出 MOSFET 设置为“OFF”）

TB67S249FTG 的 RESET 引脚可以初始化内部电角度。维修时，需要注意该引脚的电平情况与对应功能情况。TB67S249FTG 的 RESET 引脚电平与对应功能见表 6-7。

表 6-7　TB67S249FTG 的 RESET 引脚电平与对应功能

RESET 引脚	对应功能
高电平	初始化内部电角度
低电平	正常操作显示

TB67S249FTG 的 RESET 引脚设置为高电平时，每个 H 桥电路（Ach、Bch）当前将被设的值见表 6-8。当电角度对应于初始值时，MO 引脚输出低电平。

表 6-8　步进分辨率与 Ach 电流、Bch 电流、电角度

步进分辨率	Ach 电流	Bch 电流	电角度
1/32 步进设置	71%	71%	45°
1/16 步进设置	71%	71%	45°
1/8 步进设置	71%	71%	45°
1/2（b）步进设置	71%	71%	45°
1/4 步进设置	71%	71%	45°
1/2（a）步进设置	100%	100%	45°
1/1 步进设置	100%	100%	45°

TB67S249FTG 的输出电角度监控引脚 MO，是输出内部初始电角度信号。正确使用该引脚，一般是将 MO 输出上拉到 V_{CC}。上拉电阻值一般设置为 10 ～ 100kΩ 间。TB67S249FTG 的 MO 引脚功能见表 6-9。

表 6-9　TB67S249FTG 的 MO 引脚功能

MO 引脚	功能
V_{CC}（Hi-Z）	电角度不在初始位置
低电平	电角度在初始位置

注：Hi-Z 表示高阻态。

TB67S249FTG 的 AGC 频率限制器设置引脚 FLIM 的应用功能见表 6-10。频率限制阈值取决于步进分辨率设置，见表 6-11。

表 6-10　FLIM 引脚的应用功能

FLIM 引脚	功能
VCC 短路	频率限制：ON，当 f_{CLK} 低于 675Hz 时，AGC 无效
VCC-100kΩ 上拉	频率限制：ON，当 f_{CLK} 低于 450Hz 时，AGC 无效
GND-100kΩ 下拉	频率限制：ON，当 f_{CLK} 低于 225Hz 时，AGC 无效
GND 短路	FLIM：OFF

表 6-11　频率限制阈值取决于步进分辨率设置

FLIM 引脚	1/1	1/2（a）	1/2（b）	1/4	1/8	1/16	1/32
VCC 短路	675Hz	1.35kHz	1.35kHz	2.7kHz	5.4kHz	10.8kHz	21.6kHz
VCC-100kΩ 上拉	450Hz	900Hz	900Hz	1.8kHz	3.6kHz	7.2kHz	14.4kHz
GND-100kΩ 下拉	225Hz	450Hz	450Hz	900Hz	1.8kHz	3.6kHz	7.2kHz
GND 短路	FLIM：OFF						

TB67S249FTG 的 CLIM 引脚的功能见表 6-12。

表 6-12　TB67S249FTG 的 CLIM 引脚的功能

CLIM0 引脚	CLIM1 引脚	功能
高电平	VCC 短路	AGC 下限电流：I_{OUT} × 80%
高电平	VCC-100kΩ 上拉	AGC 下限电流：I_{OUT} × 75%
高电平	GND-100kΩ 下拉	AGC 下限电流：I_{OUT} × 70%
高电平	GND 短路	AGC 下限电流：I_{OUT} × 65%
低电平	VCC 短路	AGC 下限电流：I_{OUT} × 60%
低电平	VCC-100kΩ 上拉	AGC 下限电流：I_{OUT} × 55%
低电平	GND-100kΩ 下拉	AGC 下限电流：I_{OUT} × 50%
低电平	GND 短路	AGC 下限电流：I_{OUT} × 45%

TB67S249FTG 的错误输出：错误标志输出引脚 LO1、LO2 的功能见表 6-13。

表 6-13　TB67S249FTG 的错误输出：错误标志输出的功能

LO1 引脚	LO2 引脚	功能
VCC（Hi-Z）	VCC（Hi-Z）	正常状态（正常运行）
VCC（Hi-Z）	低电平	检测到电机负载开路（OPD）
低电平	VCC（Hi-Z）	检测到过电流（ISD）
低电平	低电平	检测到过热（TSD）

注：Hi-Z 表示为高阻态。

6.2.6 TB67S508FTG 二相双极步进电机驱动 IC

TB67S508FTG 为二相双极步进电机驱动 IC，其引脚分配如图 6-16 所示。TB67S508FTG 应用电路如图 6-17 所示。

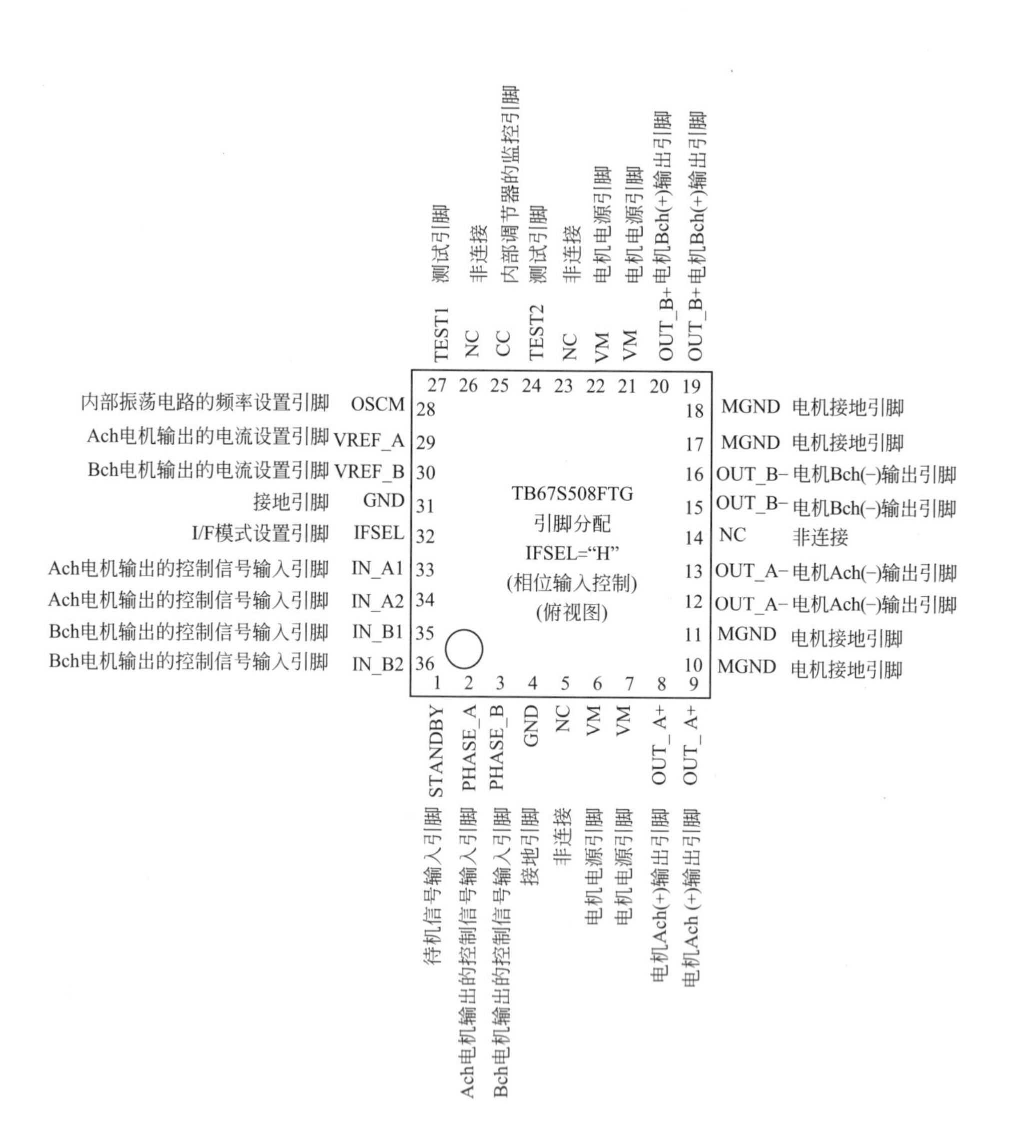

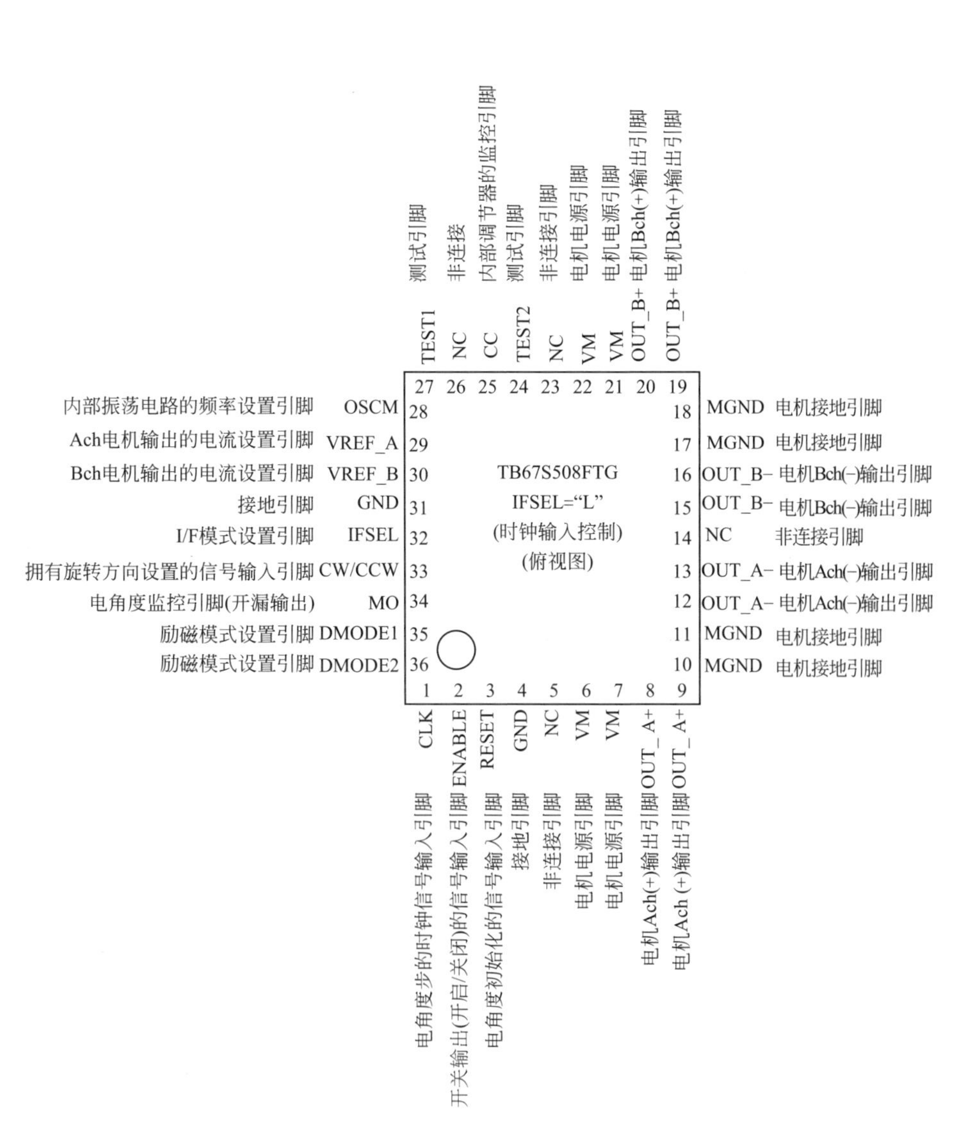

图 6-16　TB67S508FTG 引脚分配

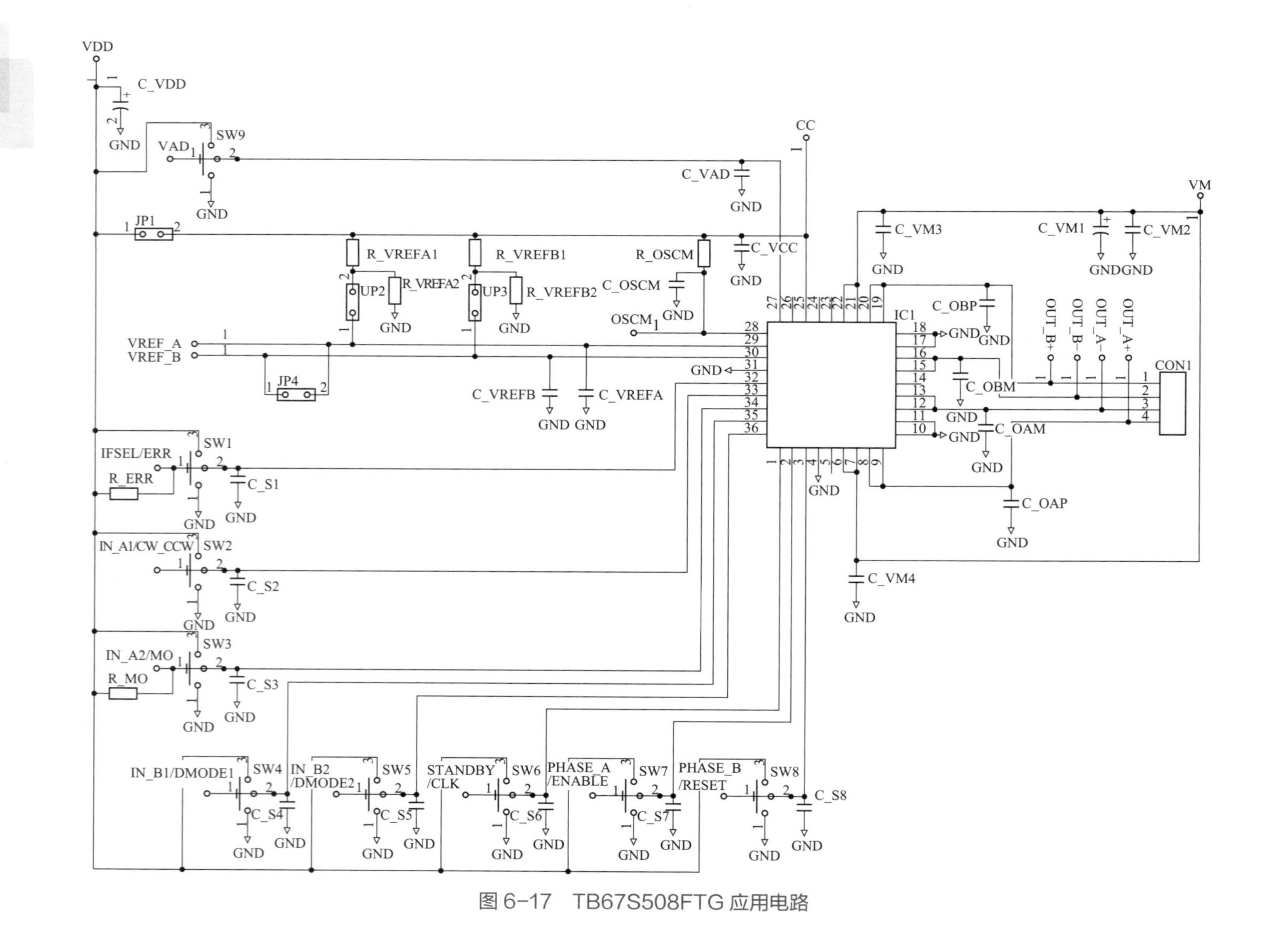

图 6-17　TB67S508FTG 应用电路

6.2.7 TC78H651FNG 双桥驱动 IC

TC78H651FNG 双桥驱动集成电路引脚分配、方框图如图 6-18、图 6-19 所示。

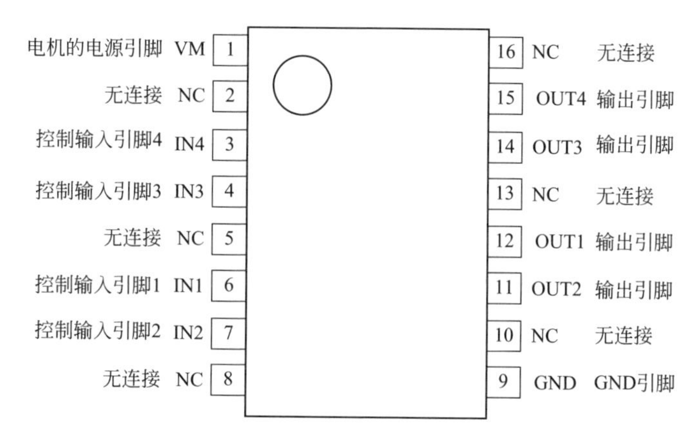

图 6-18 TC78H651FNG 双桥驱动器集成电路引脚分配

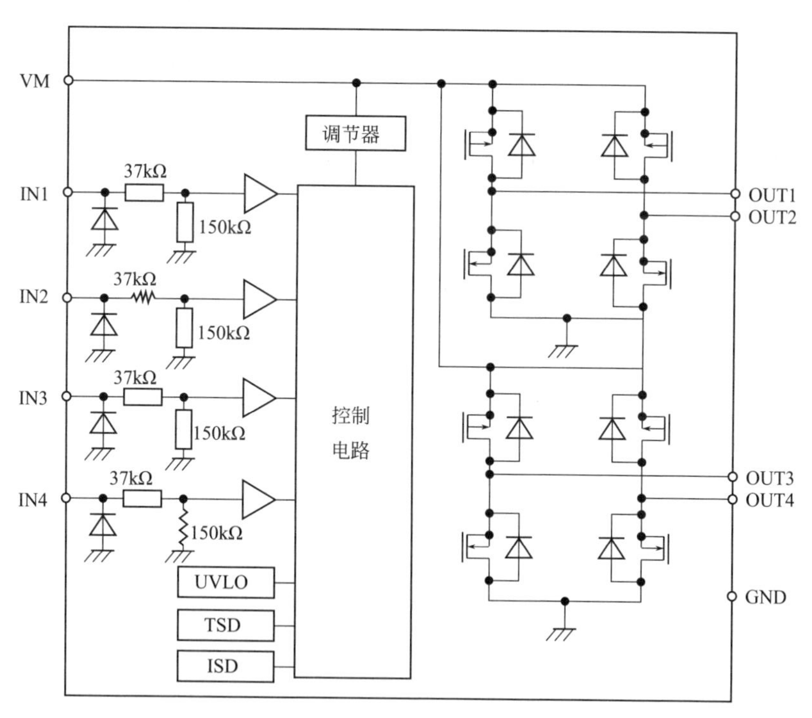

图 6-19 TC78H651FNG 双桥驱动器集成电路方框图

TC78H651FNG 输入 / 输出功能见表 6-14。

表 6-14　TC78H651FNG 输入 / 输出功能

IN1	IN2	IN3	IN4	OUT1	OUT2	OUT3	OUT4	模式
L	L	—	—	关闭	关闭	—	—	停止
H	L	—	—	H	L	—	—	正转
L	H	—	—	L	H	—	—	反转
H	H	—	—	（注 1）	（注 1）	—	—	—
—	—	L	L	—	—	关闭	关闭	停止
—	—	H	L	—	—	H	L	正转
—	—	L	H	—	—	L	H	反转
—	—	H	H	—	—	（注 1）	（注 1）	—
L	L	L	L	关闭	关闭	关闭	关闭	待机

注：①“注 1”表示之前输入的“H”变为有效。
② 一：表示无关。
③ 从“IN1=L/IN2=L”切换到“IN1=H/IN2=H”：无关。
④ 从“IN3=L/IN4=L”切换到“IN3=H/IN4=H”：无关。

6.2.8　TC78H660FTG 双 H 桥驱动 IC

TC78H660FTG 双 H 桥驱动集成电路可以驱动两台直流有刷电机或一台步进电机。TC78H660FTG 引脚分配、方框图如图 6-20 所示。

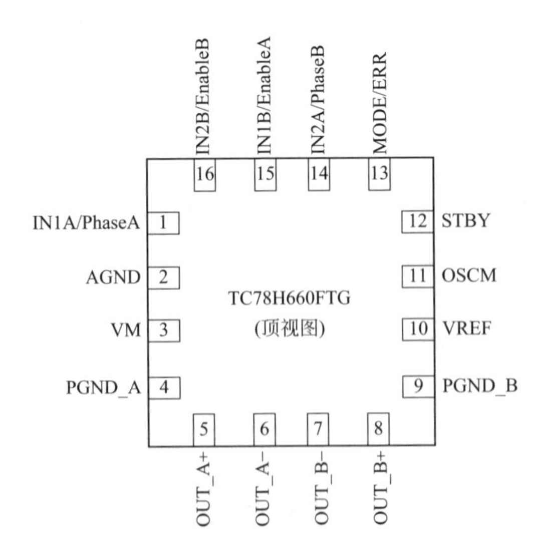

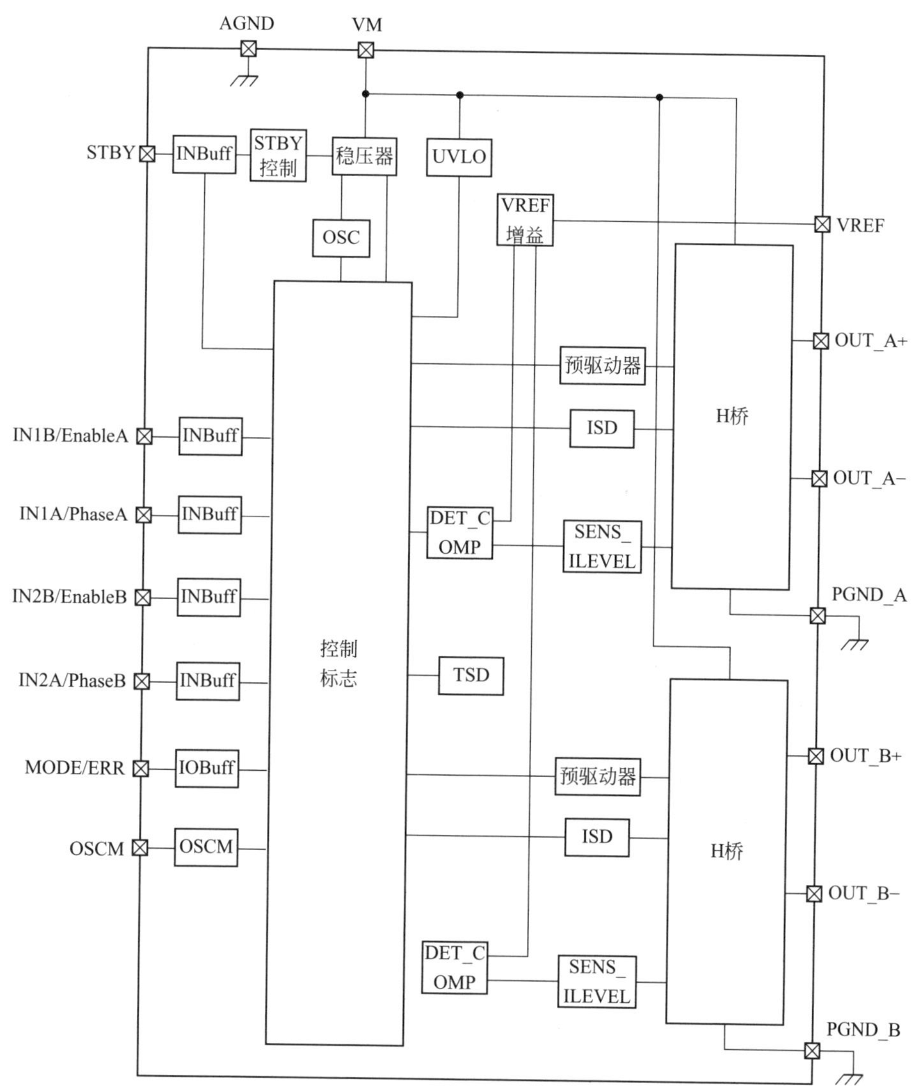

图 6-20　TC78H660FTG 引脚分配、方框图

TC78H660FTG 引脚功能见表 6-15。

表 6-15　TC78H660FTG 引脚功能

引脚	模式 = 低	模式 = 高	解说
1	IN1A	PhaseA	IN1A：A 通道 IN1 输入引脚。 PhaseA：A 通道相位输入引脚
2	AGND	—	地引脚
3	VM	—	电机电源输入引脚

续表

引脚	模式 = 低	模式 = 高	解说
4	PGND_A	—	A 通道功率地引脚
5	OUT_A+	—	A 通道电机输出（+）引脚
6	OUT_A−	—	A 通道电机输出（−）引脚
7	OUT_B−	—	B 通道电机输出（−）引脚
8	OUT_B+	—	B 通道电机输出（+）引脚
9	PGND_B	—	B 通道功率地引脚
10	VREF	—	电流阈值参考电压输入引脚
11	OSCM	—	内部振荡器频率设置引脚
12	STBY	—	待机引脚
13	MODE/ERR	—	控制模式选择引脚 / 错误检测标识输出引脚
14	IN2A	PhaseB	IN2A：A 通道 IN2 输入引脚。 PhaseB：B 通道相位输入引脚
15	IN1B	EnableA	IN1B：B 通道 IN1 输入引脚。 Enable A：A 通道使能输入引脚
16	IN2B	EnableB	IN2B：B 通道 IN2 输入引脚。 Enable B：B 通道使能输入引脚

TC78H660FTG 应用电路如图 6-21 所示。

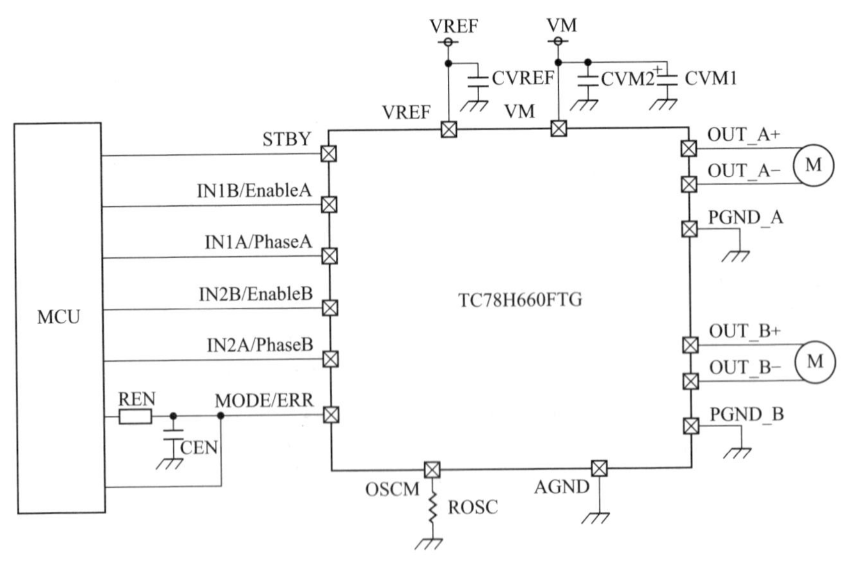

图 6-21 TC78H660FTG 应用电路

6.2.9 TC78S121 PWM 斩波式双通道步进电机驱动 IC

TC78S121FNG 可以驱动两台直流电机或一台步进电机。TC78S121 PWM 斩波式双通道步进电机驱动集成电路方框图如图 6-22 所示。

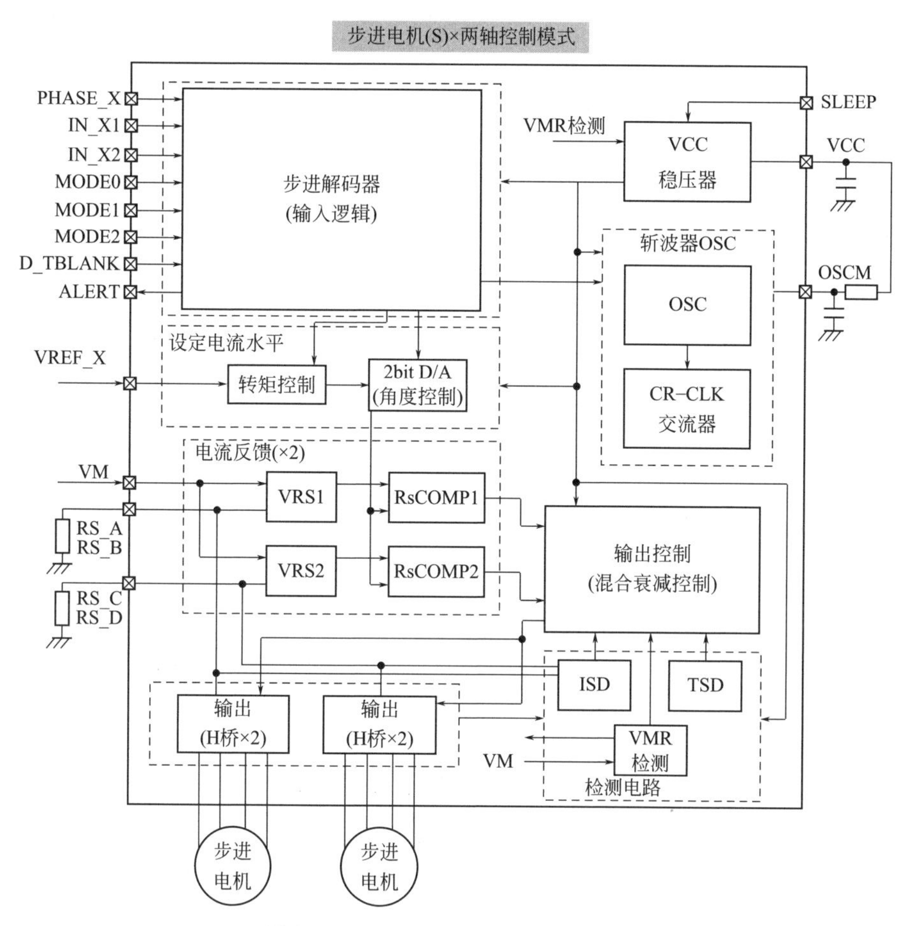

图 6-22 TC78S121PWM 方框图

第 7 章
步进系统的维修

7.1 步进电机的维修

7.1.1 步进电机不转的维修

本小节单独介绍步进电机处于“裸机”状态下的故障。对于步进电机不转，主要可能是电源接线、电源接口、绕组断路等引起的，如图 7-1 所示。

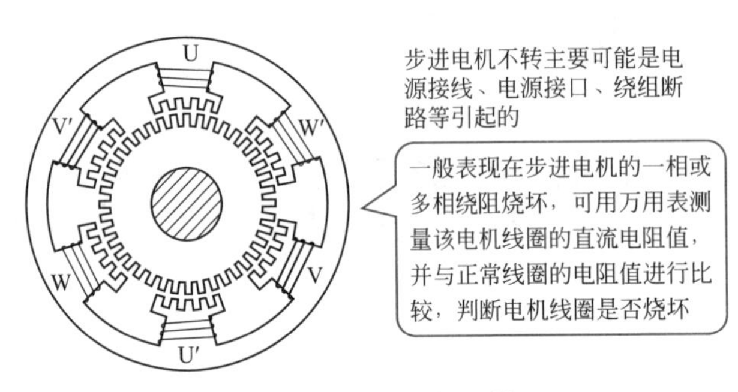

图 7-1　步进电机不转

检测步进电机的绕组阻值，如果检测阻值不对称或与标注电阻值存在较大差异，则说明该电机可能已经损坏。

检测步进电机的绕组阻值时，应注意是否有中心抽头端。具体可以根据实际电机的绕组连接特点来考虑判断，如图 7-2 所示。

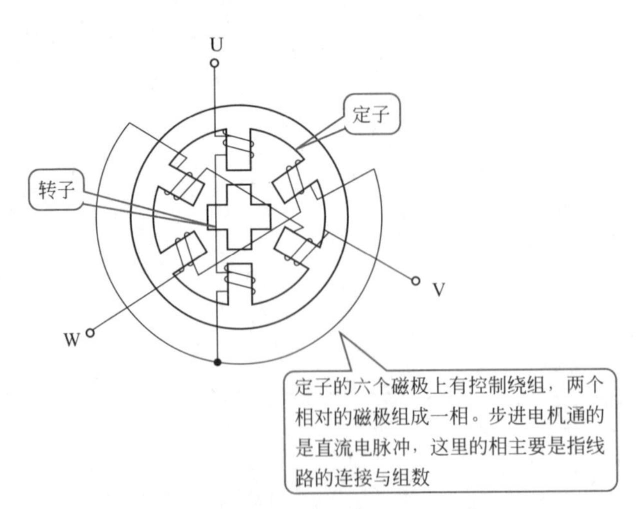

图 7-2　某步进电机的绕组连接特点

小技巧

检测步进电机的绕组是否损坏时，还可以采用电源来试验，看电机是否一步步转动。如果步进电机上没有标注电源电压，则应该首先用较低电压，然后逐渐升高电压来试验。试验时，有的情况可以采用电源的一端接某一绕组的中心端，电源的另一端交替碰触该绕组的其他两端。此时，电机应一步步转动，并且每步应同样有力。否则，说明该电机已经损坏。检测时，如果电机绕组有严重短路，则不要试验，以免发生烧坏电源等事故。

7.1.2 步进电机其他故障与排除

步进电机其他故障与排除见表 7-1。

表 7-1　步进电机其他故障与排除

故障	原因	解决措施
电机不转，且无保持转矩	电机连线不对	改正电机连线
	脱机使能 RESET 信号有效	使 RESET 无效
电机不转，但有保持转矩	无脉冲信号输入	调整脉冲宽度及信号的电平
电机转动方向错误	动力线相序接错	互换任意两相连线
	方向信号输入不对	改变方向设定
电机力矩太小	相电流设置过小	正确设置相电流
	加速度太快	减小加速度值
	电机堵转	排除机械故障
	驱动器与电机不匹配	换合适的驱动器

7.2 步进控制系统的维修

7.2.1 电机不动作、不转的维修

步进控制系统中的步进电机不动作、不转，可能是由驱动器故障、系统参数设置不合理、电机有卡滞故障、过载堵转、电机处于脱机状态、控制系统无

脉冲信号给步进电机驱动器、接线错误等引起的，具体维修解决如图 7-3 所示。

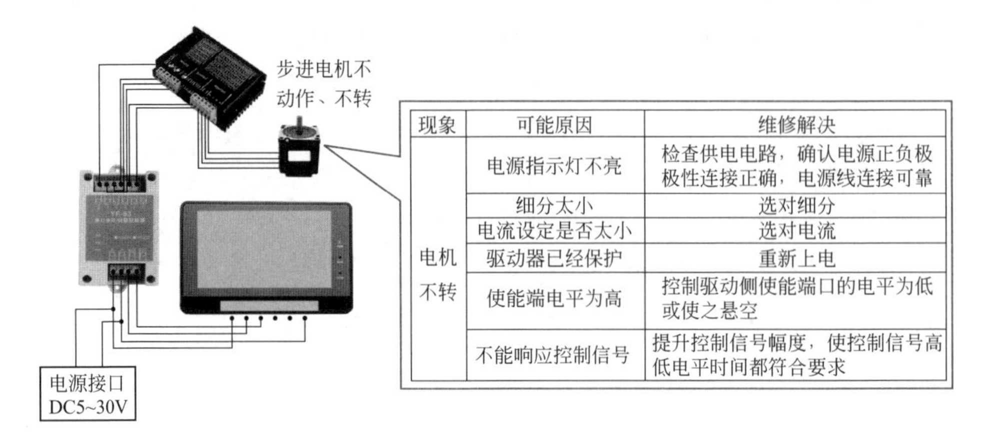

图 7-3　步进电机不动作、不转的维修

7.2.2　电机启动堵转的维修

如果电机启动堵转，则可能是由电机所带负荷过重、电源电压降低、电机加速时间过短等原因引起的，如图 7-4 所示。电机加速时堵转的维修见表 7-2。

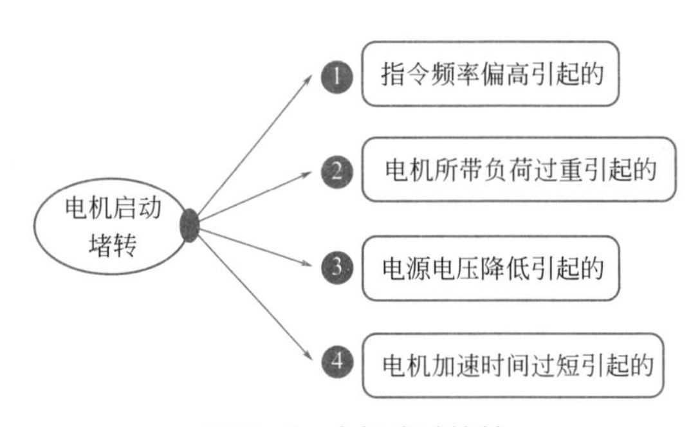

图 7-4　电机启动堵转

表 7-2　电机加速时堵转的维修

现象	可能原因	维修解决
电机加速时堵转	加速时间太短	加速时间加长
	电机力矩太小	选大力矩电机
	电压偏低或电流太小	适当提高电压或电流
	电机轴与负载不同心	改变电机轴与负载相对位置使其同心

7.2.3 电机运转不稳定的维修

电机运转不稳定，可能是由指令脉冲故障、脉冲频率与机械产生共振等原因引起的，如图 7-5 所示。

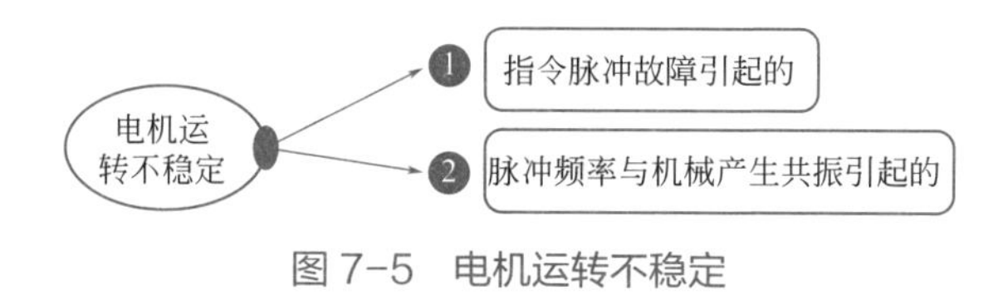

图 7-5 电机运转不稳定

7.2.4 电机运转抖动的维修

电机运转抖动，可能是由电机的绕组与驱动器连接错误、输入脉冲信号频率太高、绕组不对称、升降频不合理、驱动器或电机故障、转速处于共振点等原因引起的，见表 7-3。

表 7-3 电机运转抖动的原因与维修解决

现象	可能原因	维修解决
电机抖动	绕组不对称	检查电机接线
	驱动器或电机故障	更换驱动器，或更换电机，或者换成交流伺服电机，或者在电机轴上加磁性阻尼器
	转速处于共振点	避开共振点使用。可通过改变减速比等避开共振区
	折算到电机轴的负载惯量与转子惯量比超过 5	选择大惯量电机或合理的减速比来控制惯量比尽量小
	没有细分	采用带有细分功能的驱动器

7.2.5 电机过热的维修

电机过热可能是由电机工作环境温度过高、电压偏高等原因引起的，如图 7-6 所示。

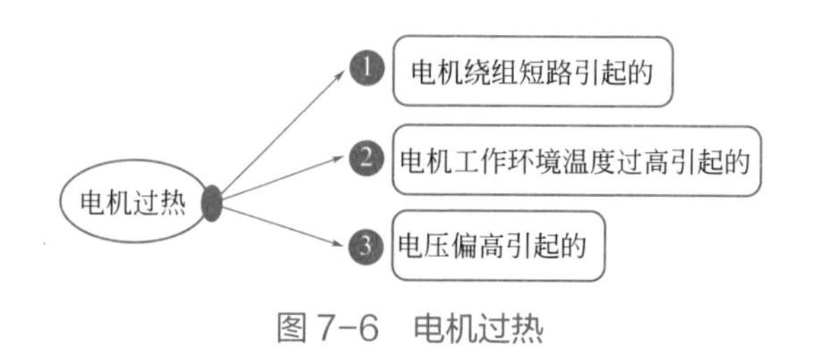

图 7-6 电机过热

7.2.6 电机没劲的维修

电机没劲，可能是由驱动线路异常、电机绕组异常、电源电压偏低等原因引起的，如图 7-7 所示。

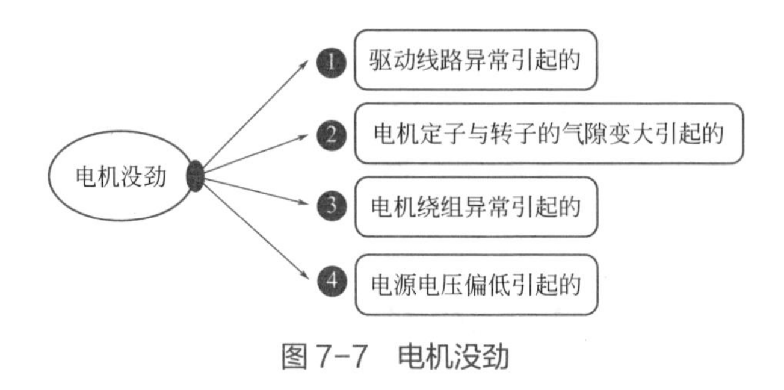

图 7-7　电机没劲

7.2.7 电机多步或者失步的维修

电机多步或者失步，可能是由传动间隙不均匀、负荷变动大、定子转子有摩擦等原因引起的，如图 7-8 所示。

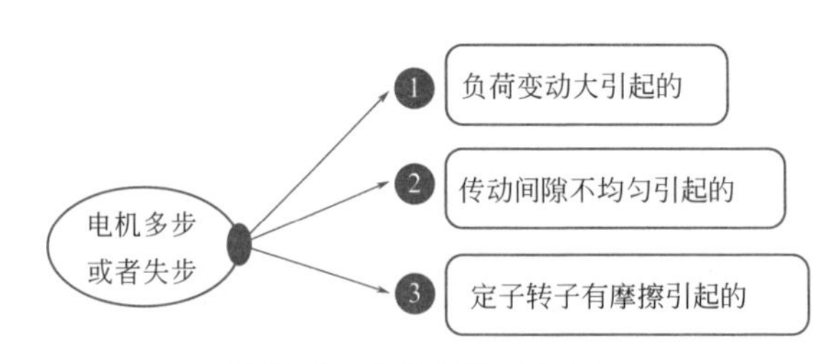

图 7-8　电机多步或者失步

步进电机与驱动电路组成应用，出现电机失步的解决方法如下。

（1）步进电机及所带负载存在惯性引起的

解决方法：通过一个加速和减速过程，以较低的速度启动，再逐渐加速到某一速度运行，然后逐渐减速直至停止。

（2）转子的平均转速高于定子磁场的平均旋转速度引起的

解决方法：减小步进电机的驱动电流，以降低步进电机的输出力矩。

（3）步进电机产生共振引起的

解决方法：适当减小步进电机的驱动电流，采用细分驱动方法，采用阻尼方法等。

（4）转子的加速度小于步进电机旋转磁场的加速度引起的

解决方法：

① 使步进电机本身产生的电磁力矩增大。

② 使步进电机需要克服的转矩减小，可适当降低电机运行频率，以便提高电机的输出力矩。

7.2.8 电机位置不准的维修

电机位置不准，可能是由信号受干扰、电机线有断路、电流偏小等原因引起的，见表 7-4。

表 7-4 电机位置不准的维修

现象	可能原因	维修解决
位置不准	信号受到干扰	排除干扰
	屏蔽地没有接或没有接好	可靠接地
	电机线有断路现象	检查并接对电机线
	细分错误	设对细分
	电流偏小现象	加大电流
	脉冲方向时序不对	更改脉冲有效沿
	电机与负载连接位置松动	考虑连接固定方式是否合理

7.2.9 电机噪声大的维修

电机噪声大，可能是电机运行在共振区域、负载过大或过小等原因引起的，如图 7-9 所示。解决的方法：改变输入信号频率来避开振荡区，或者采用细分驱动器，使步距角减少，使运行平滑些。

图 7-9 电机噪声大的维修

7.2.10 报警指示灯亮的维修

报警指示灯亮，可能是电机线短路、电机线接错、电压过高或过低等原因引起的，见表 7-5。

表 7-5 报警指示灯亮的维修

现象	可能原因	维修解决
报警指示灯亮	电机线短路	检查并接对电机线
	电机线接错	检查接线并接对电机线
	电压过高或电压过低	检查电源
	电机或驱动器损坏	更换电机或维修、更换驱动器

7.2.11 电机工作中突然停机的维修

电机工作中突然停机，可能是由电机绕组损坏、电机传动装置卡死、电机驱动电路有故障等原因引起的，如图 7-10 所示。

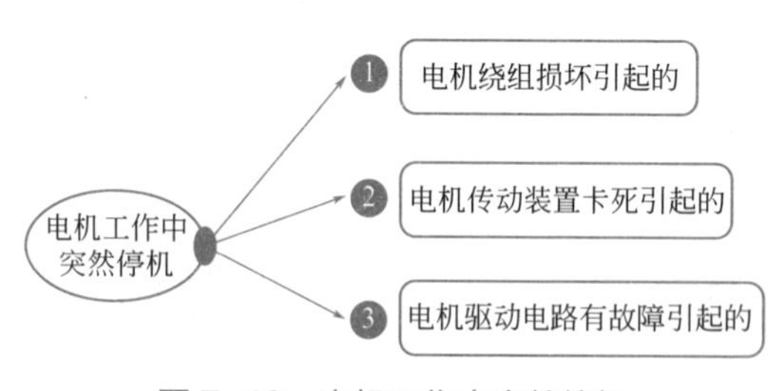

图 7-10 电机工作中突然停机

7.2.12 步进系统其他故障的维修

步进系统其他故障的维修见表 7-6。

表 7-6 步进系统其他故障的维修

现象	可能原因与维修解决
电机转向错误	可能由电机线接错引起，则需要二相任意交换电机同一相的两根线，三相 A、B、C 中任意调换两相
机壳漏电	可能由驱动器、电机没有可靠接地引起的，则驱动器、电机需要可靠接地

续表

现象	可能原因与维修解决
步进电机的力矩随转速的升高而下降	步进电机转动时，电机各相绕组的电感会形成一个反向电动势，频率越高，则反向电动势越大。在反向电动势的作用下，电机随频率（或速度）的增大而相电流减小，从而导致力矩下降
步进电机低速时可正常运转，但是如果高于一定速度，就无法启动，以及伴有啸叫声	步进电机如果脉冲频率高于空载启动频率，则电机不能正常启动，可能发生丢步或堵转。有负载的情况下，启动频率更低
步进电机电源干扰	步进电机电源干扰的解决方法： ①“一点接地”原则，将电源滤波器的地、步进驱动器 PE（地）、控制脉冲 PULSE 与方向脉冲 DIR 短接后的引出线、电机接地线、驱动器与电机间电缆防护套、驱动器屏蔽线均接到机箱壁上的接地柱上，并且接触良好。 ② 加装电机电源滤波器，减少对交流电源的污染。 ③ 尽量加大控制线与电源线（L、N）、电机驱动线（U、V、W）间的距离，避免交叉。 ④ 使用屏蔽线减轻外界对电机系统的干扰，或者系统对外界的干扰
步进电机启动时，有时动一下就不动了，或者原地来回动。运行时，有时还会失步	需要检查的方面： ① 对五相电机而言，可能是相位接错引起的。 ② 检查电机力矩是否足够大，能否带动负载。一般推荐选型时要选用力矩比实际需要大 50% ～ 100% 的电机。 ③ 电机未固定好时，有时会出现该状况。 ④ 检查启动频率是否太高，在启动程序上是否设置了加速过程。 ⑤ 上位控制器来的输入步进脉冲的电流是否够大，一般要大于 10mA。如果上位控制器为 CMOS 输出电路，则需要选择 CMOS 输入型的驱动器
步进电机只振动不转动	需要检查的方面： ① 驱动器电流是否合适。 ② 步进电机与驱动器接线是否松动。 ③ 驱动器供电是否合适

小技巧

要控制步进电机的方向，则改变控制系统的方向电平信号即可。调整电机的接线来改变方向的做法如下：

① 对于二相电机而言，只需将其中一相的电机线交换接入驱动器即可。例如，A+ 与 A- 交换。

② 对于三相电机而言，将相邻两相的电机线交换。例如，U、V、W 三相，交换 U、V 两相即可。

7.3 维修 IC 速查

7.3.1 A3977 步进电机驱动 IC

A3977 步进电机驱动芯片引脚分配、方框图如图 7-11 所示。

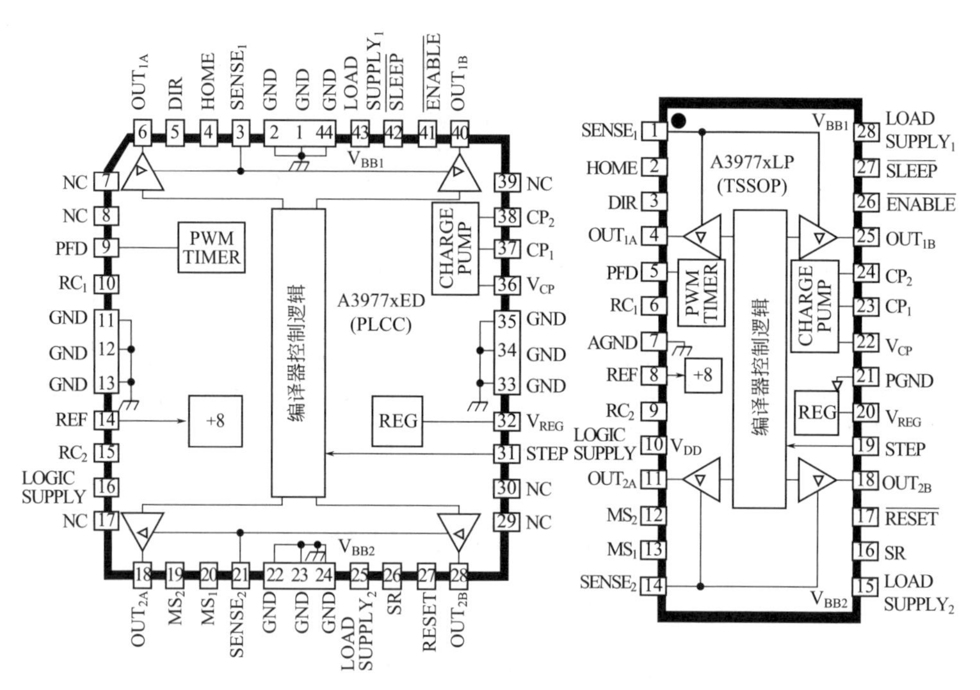

图 7-11　A3977 步进电机驱动芯片引脚分配、方框图

7.3.2 DRV8833 为双路刷式直流或单路双极步进电机驱动 IC

DRV8833 为双路刷式直流或单路双极步进电机驱动 IC，其引脚分配与内部框图、应用电路如图 7-12 所示。

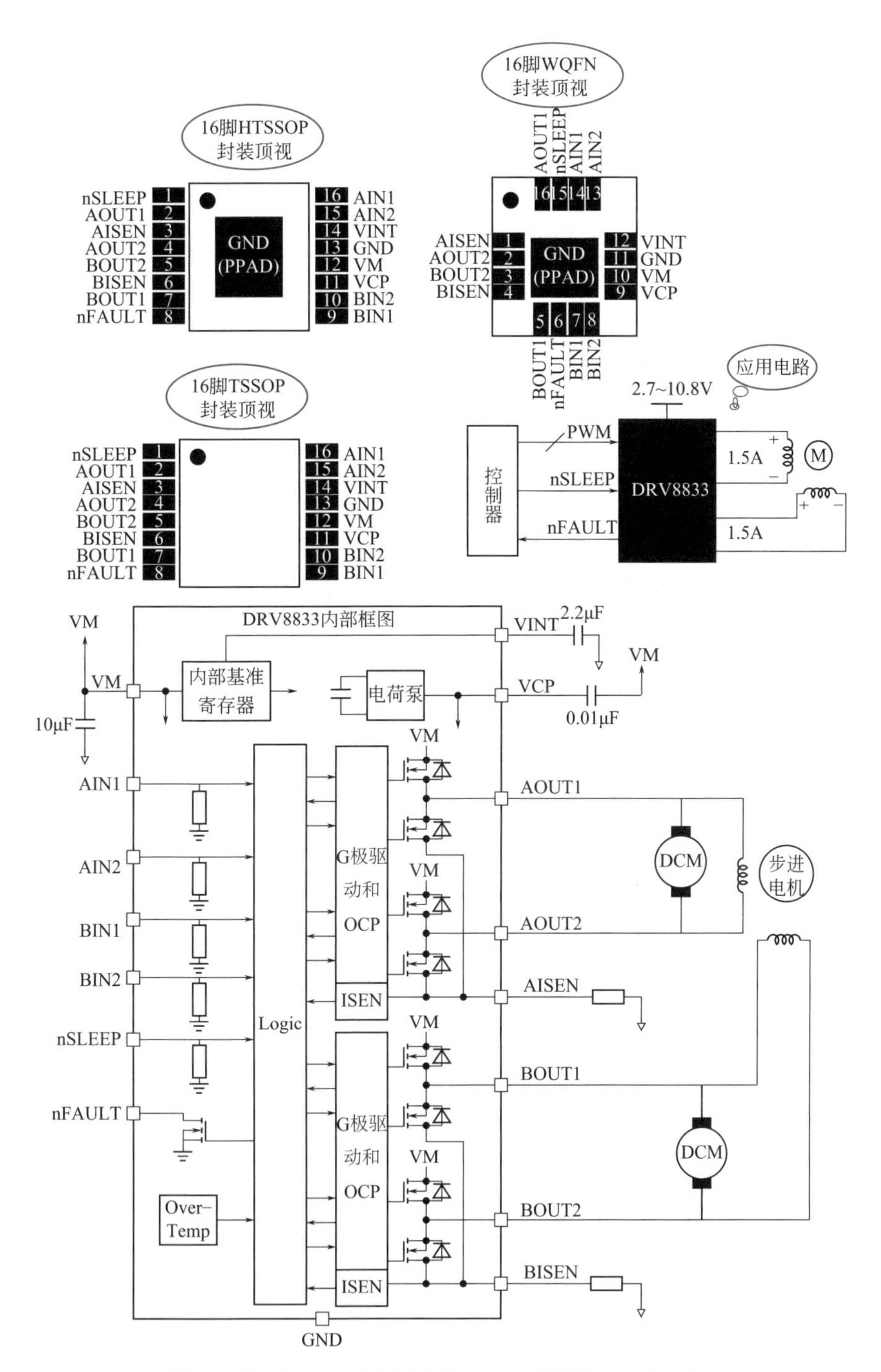

图 7-12　DRV8833 引脚分配与内部框图、应用电路

7.3.3 L297 步进电机专用控制 IC

L297 是步进电机专用控制 IC，其能够产生四相控制信号，可用于计算机控制的二相双极、四相单拍步进电机，以及用单四拍、双四拍、四相八拍方式控制步进电机。

L297 内置的 PWM 斩波器电路，可在开关模式下调节步进电机绕组中的电流。

L297 各引脚功能说明见表 7-7。

表 7-7 L297 各引脚功能说明

脚序	符号	功能	说明
1	SYNC	斩波器输出端	如果多个集成电路 L297 同步控制，则所有的 SYNC 端都要连在一起，共用一套振荡元件。如果使用外部时钟源，则时钟信号接到该引脚上
2	GND	接地端	
3	HOME	集电极开路输出端	当集成电路 L297 在初始状态时，该端有指示。当该引脚有效时，则晶体管开路
4	A	A 相驱动信号端	
5	$\overline{\text{INH1}}$	控制 A 相和 B 相的驱动极	① 当该脚为低电平时，A 相、B 相驱动控制被禁止。 ② 当线圈断电时，双极性桥用该信号使负载电源快速衰减。 ③ 如果 CONTROL 端输入是低电平，则用斩波器调节负载电流
6	B	B 相驱动信号端	
7	C	C 相驱动信号端	
8	$\overline{\text{INH2}}$	控制 C 相与 D 相的驱动极	功能特点与$\overline{\text{INH1}}$基本一样
9	D	D 相驱动信号端	
10	ENABLE	使能输入端	① 当该端为低电平时，引脚$\overline{\text{INH1}}$、$\overline{\text{INH2}}$、A、B、C、D 均为低电平。 ② 当系统被复位时，可以用来阻止电机驱动
11	CONTROL	斩波器功能控制端	① 该端低电平时，使引脚$\overline{\text{INH1}}$、$\overline{\text{INH2}}$起作用。 ② 该端高电平时，使 A、B、C、D 引脚起作用
12	VCC	+5V 电源输入端	
13	SENS2	C 相、D 相绕组电流检测电压反馈输入端	
14	SENS1	A 相、B 相绕组电流检测电压反馈输入端	
15	VREF	斩波器基准电压输入端	加到该引脚的电压决定绕组电流的峰值
16	OSC	斩波器频率输入端	RC 网络接到该引脚以决定斩波器频率
17	CW/$\overline{\text{CCW}}$	方向控制端	步进电机实际旋转方向由绕组的连接方法决定。当改变该引脚的电平状态时，步进电机反向旋转

续表

脚序	符号	功能	说明
18	$\overline{\text{CLOCK}}$	步进时钟输入端	该引脚输入负脉冲时步进电机向前步进一个增量，该步进是在信号的上升沿产生
19	HALF/$\overline{\text{FULL}}$	半步、全步方式选择端	① 该引脚输入高电平时，为半步方式（四相八拍）。 ② 该引脚输入低电平时，为全步方式。 ③ 选择全步方式时，变换器在奇数状态，会得到单相工作方式
20	$\overline{\text{RESET}}$	复位输入端	该引脚输入负脉冲时，变换器恢复初始状态

L297 内部电路如图 7-13 所示。L297 引脚功能如图 7-14 所示。

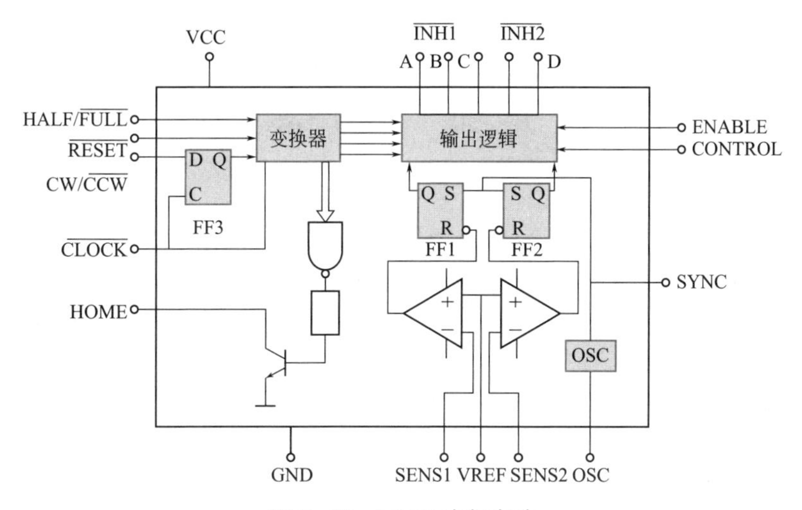

图 7-13 L297 内部电路

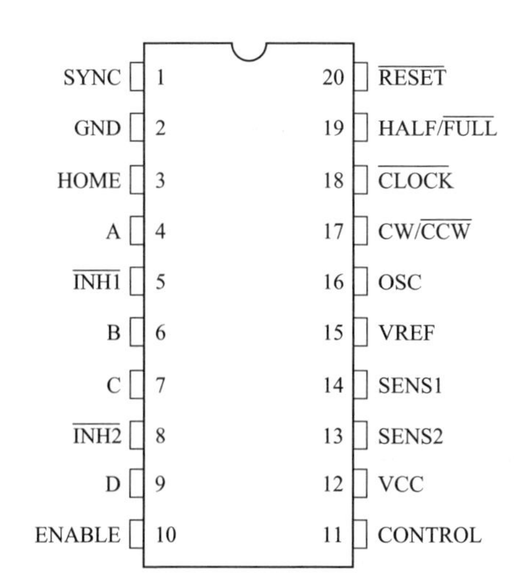

图 7-14 L297 引脚功能

7.3.4 L298 双全桥驱动 IC

L298 引脚分布如图 7-15 所示。

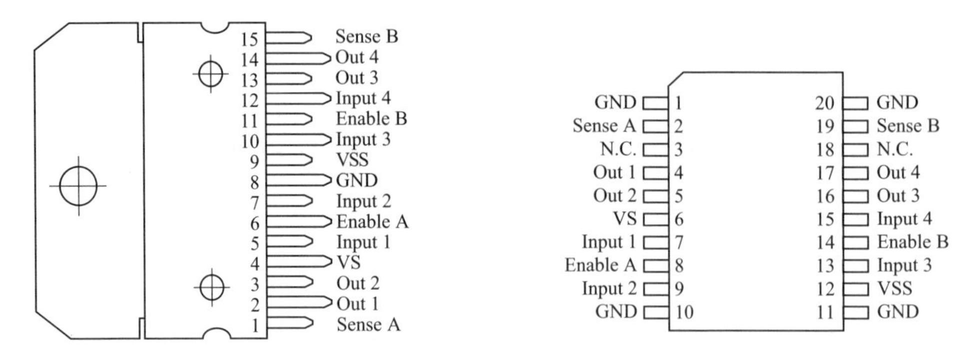

图 7-15 L298 引脚分布

L298 引脚功能见表 7-8。

表 7-8 L298 引脚功能

MW.15 封装	PowerSO 封装	引脚符号	说明
1;15	2; 19	Sense A; Sense B	连接一采样电阻到地，以控制负载电流
2;3	4;5	Out 1; Out 2	A 桥输出端，通过此两脚到负载的电流由 pin1（2）监控
4	6	VSS	负载驱动供电引脚端，该引脚和地之间必须连接一个 100nF 无感电容
5;7	7;9	Input 1; Input 2	A 桥信号输入端，兼容 TTL 逻辑电平
6;11	8;14	Enable A; Enable B	使能输入端，兼容 TTL，低电平（L）失效 A 桥或 B 桥，高电平（H）使能 A 桥或 B 桥
8	1; 10; 11; 20	GND	接地端
9	12	VSS	逻辑供电端，该引脚到地必须连接一个 100nF 电容
10; 12	13; 15	Input 3; Input 4	B 桥信号输入端，兼容 TTL 逻辑电平
13; 14	16; 17	Out 3; Out 4	B 桥输出端，通过此两脚到负载的电流由 pin15（19）监控
—	3; 18	N.C.	空脚端

7.3.5 MP6500 步进电机驱动 IC

MP6500 是步进电机驱动 IC，内置转换控制器、电流调节器。MP6500 应用电路与内部框图如图 7-16 所示。MP6500 引脚分配如图 7-17 所示。

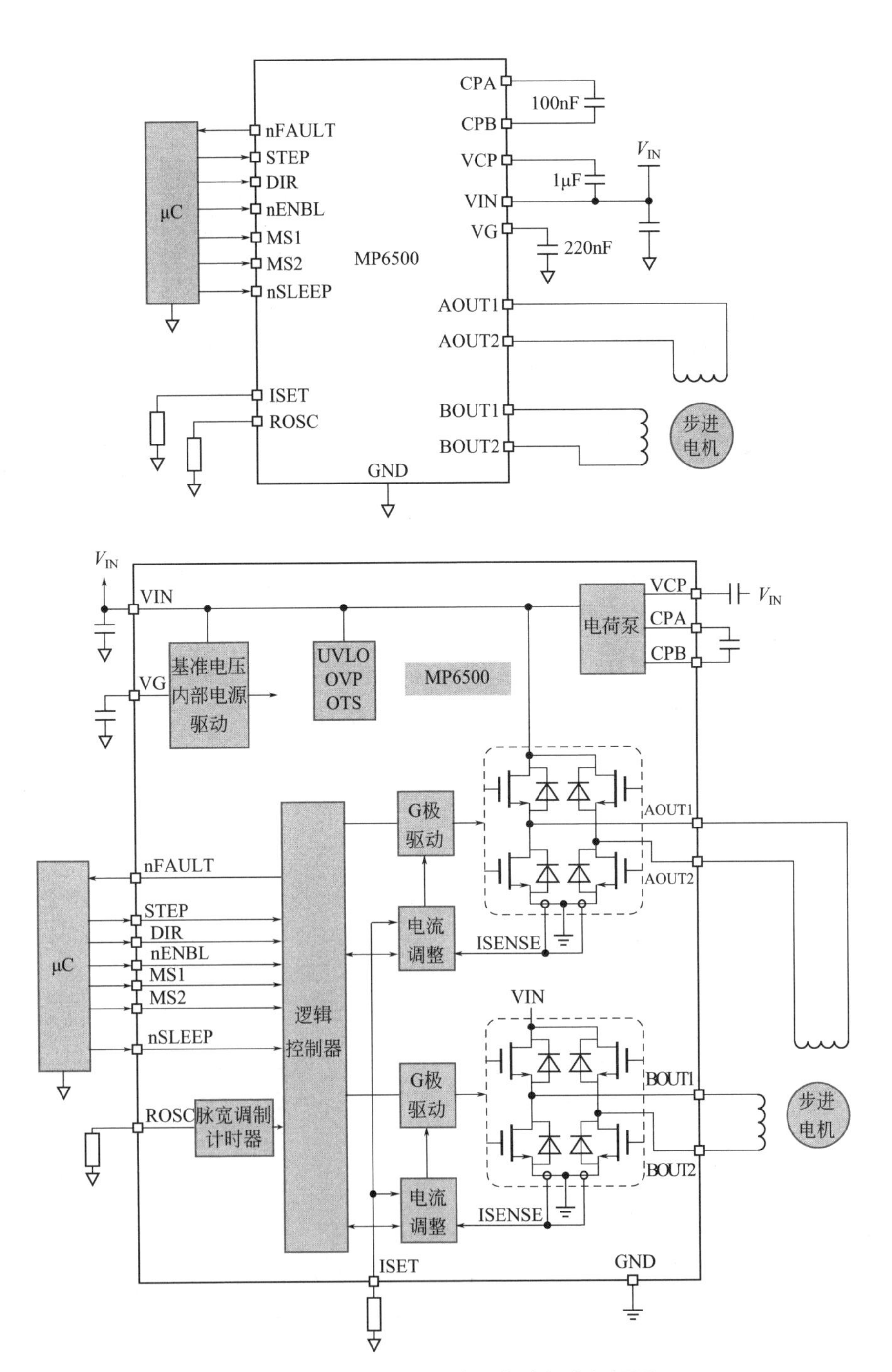

图 7-16　MP6500 应用电路与内部框图

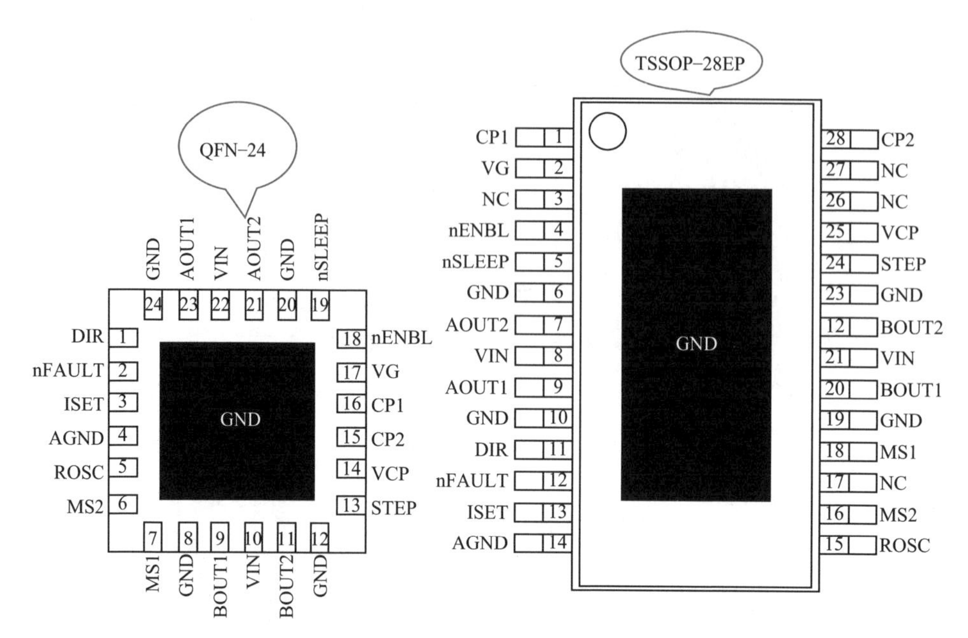

图 7−17　MP6500 引脚分配

7.3.6　SLA7026M 步进电机驱动 IC

SLA7026M 为步进电机驱动集成电路，其内部框图与引脚分配如图 7-18 所示。SLA7026M 应用电路如图 7-19 所示。

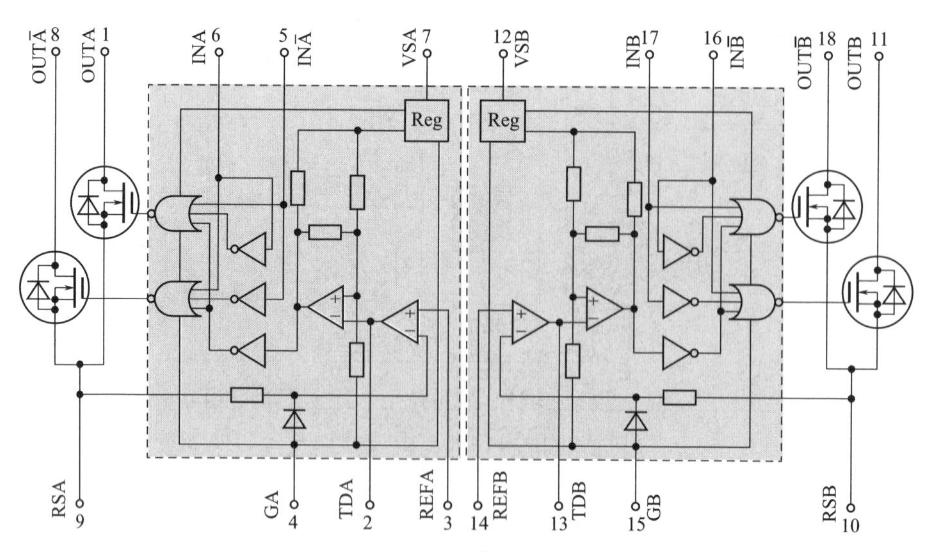

图 7−18　SLA7026M 内部框图与引脚分配

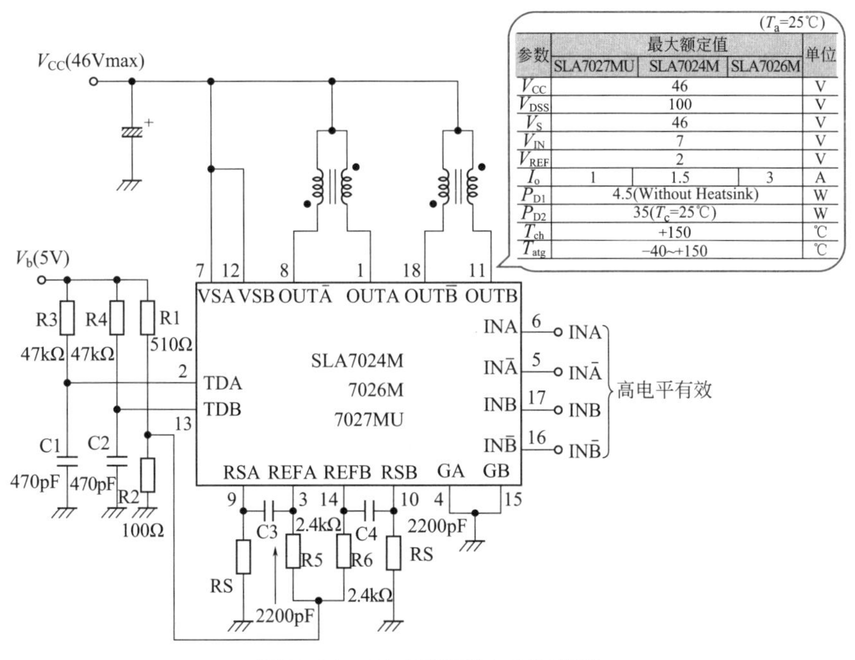

参数	最大额定值 SLA7027MU	最大额定值 SLA7024M	最大额定值 SLA7026M	单位
V_{CC}	46			V
V_{DSS}	100			V
V_S	46			V
V_{IN}	7			V
V_{REF}	2			V
I_o	1	1.5	3	A
P_{D1}	4.5(Without Heatsink)			W
P_{D2}	35(T_c=25℃)			W
T_{ch}	+150			℃
T_{atg}	−40~+150			℃

图 7-19　SLA7026M 应用电路

7.3.7　TC1002 细分步进电机控制 IC

TC1002 细分步进电机控制 IC 引脚分配如图 7-20 所示。TC1002 引脚功能见表 7-9。

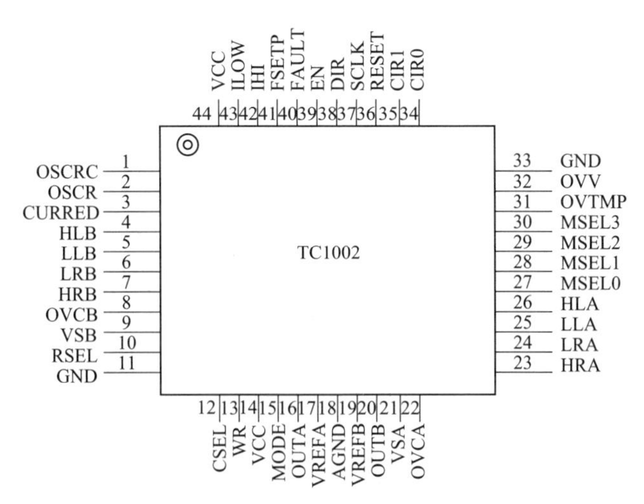

图 7-20　TC1002 细分步进电机控制 IC 引脚分配

表 7-9　TC1002 引脚功能

引脚号	符号	功能
1、2	OSCRC、OSCR	PWM 振荡器的电阻 / 电容端
3	CURRED	自动衰减输出电流信号端。高电平有效，输出信号用来自动衰减驱动器的输出电流
4、5、6、7	HLB、LLB、LRB、HRB	状态 B 高面与低面全桥控制信号端。这些输出被用来控制离散 P-N 或者 N-N 全桥电源区
10	RSEL	ROM 选择脚端。为低电平，选择 SIN/COS 发生器；为高电平，选择外部查找表
11、33	GND	数字地端
12	CSEL	时钟选择输入端。为低电平时，内部的 SIN/COS 发生器作为 SCLK 输入，并且不依赖于 EN 输入电平。为高电平时，当 EN 输入为低时，COUT 输出将作为 SCLK 输入；EN 输入为高时，内部的 SIN/COS 发生器将作为 SCLK 输入
13	WR	写输入端。当芯片被设置成接入状态时，被用来锁存微步选择、使能和方向输入
14、44	VCC	电源端
15	MODE	模式选择输入端。用来设置芯片处于单机状态或者接入状态
16	OUTA	状态 A 的正弦 DAC 波形输出信号端
17	VREFA	参考电压端
18	AGND	模拟地端
19	VREFB	参考电压端
20	OUTB	状态 B 的余弦 DAC 波形输出信号端
21、9	VSA、VSB	状态 A 和状态 B 的电流输入端
22、8	OVCA、OVCB	状态 A 和状态 B 电流 / 短路电路保护输入端
23、24、25、26	HRA、LRA、LLA、HLA	状态 A 高面和低面全桥控制信号端。输出被用来控制离散 P-N 或者 N-N 全桥电源区
32、31	OVV、OVTMP	过压保护输入端、过热保护输入端
34、35	CIR0、CIR1	PWM 循环选择输入端。用来选择 PWM 是否处于循环或者非循环模式，或者自动循环和非循环模式
36	RESET	RESET 脚为低电平时，会复位芯片。重新释放时，控制器会为其初始状态
37	SCLK	阶跃时钟输入端。一个正边沿能够使电机前进一个增量
38	DIR	方向输入端。用来改变电机的方向
39	EN	使能输入端。为低电平时，会使能 / 失效 PWM 和全桥输出信号
40	FAULT	错误输出信号。高电平有效的输出信号显示了什么时候错误发生
41	FSETP	全步输出信号端。低电平有效的输出信号显示了什么时候芯片正弦余弦输出处于全步位置
42	IHI	高电平有效或者低电平有效的高面全桥控制信号的极性选择
43	ILOW	高电平有效或者低电平有效的低面全桥控制信号的极性选择
27 ～ 30	MSEL0 ～ MSEL3	微步选择输入端。用来选择每全步的微步数

7.3.8 其他 IC

其他 IC 的速查见表 7-10。

表 7-10 其他 IC 的速查

型号	应用电路
EIC4142	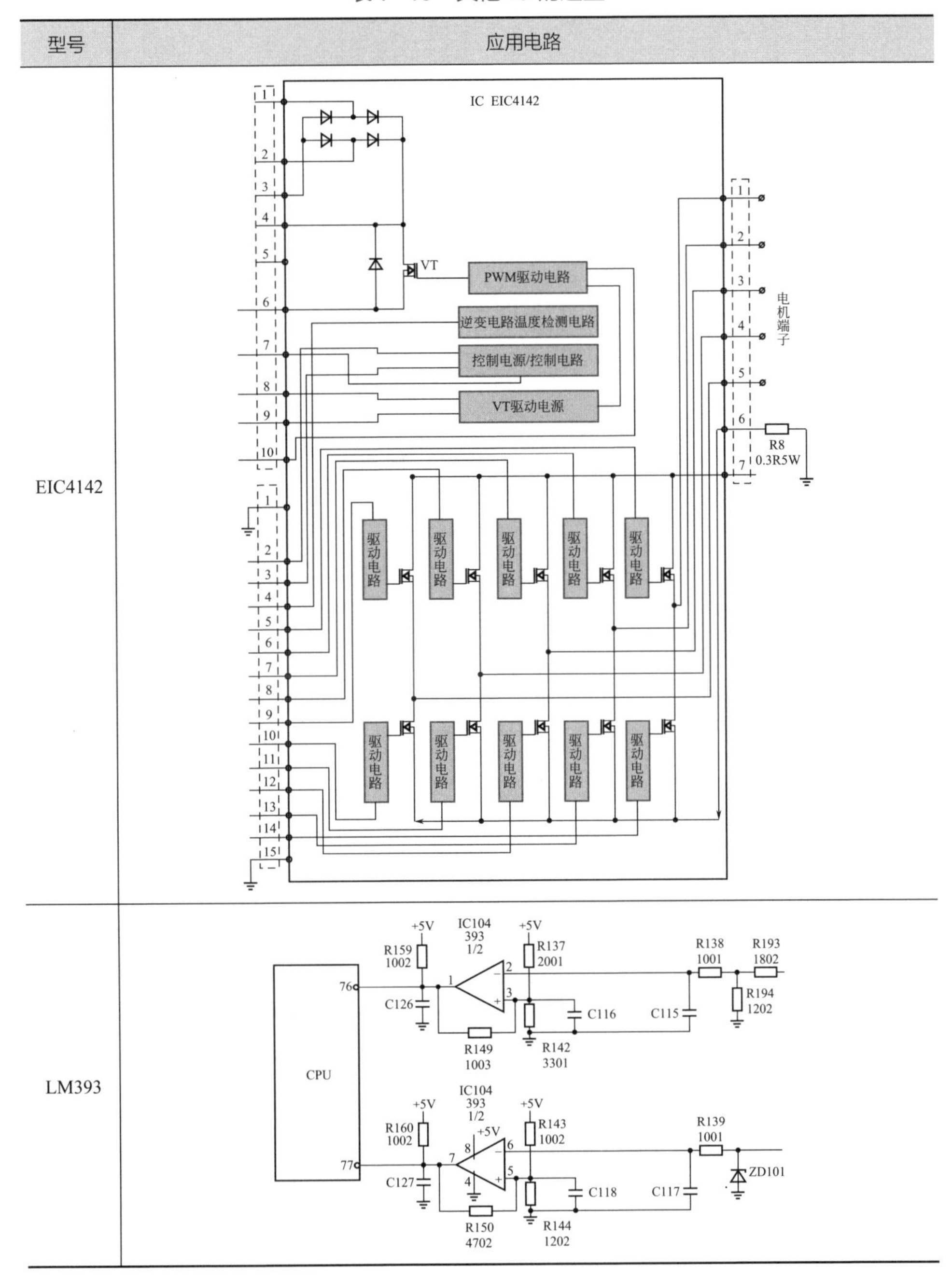
LM393	

续表

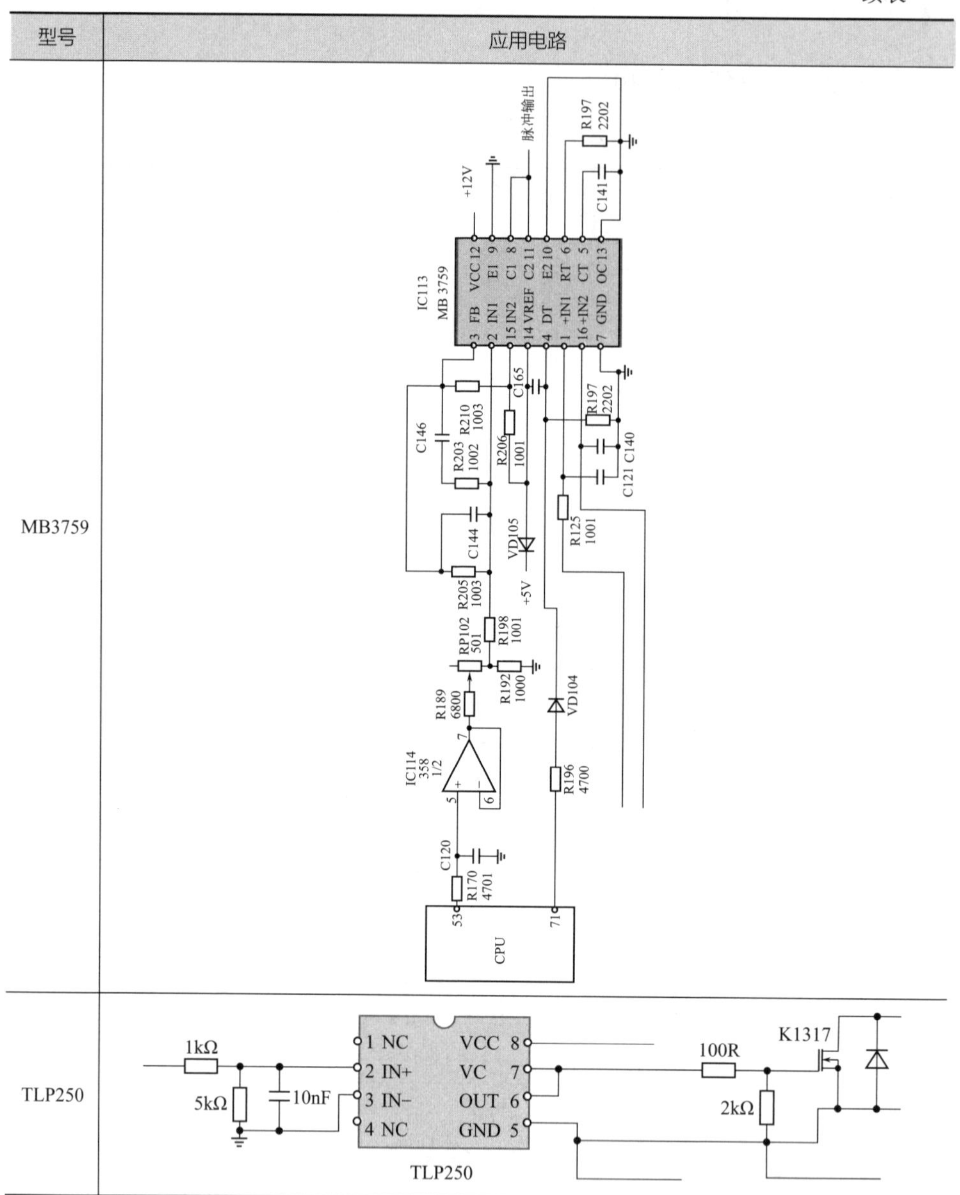

型号	应用电路
MB3759	
TLP250	

第 8 章
伺服电机

8.1 基础

8.1.1 伺服电机的特点、类型

控制电机就是在普通电机基础上产生特殊功能的小型旋转电机。控制电机在控制系统中是执行元件、检测元件、运算元件。

控制电机分为信号检测和传递类控制电机、动作执行类控制电机等。动作执行类电机包括伺服电机、步进电机、直线电机。信号检测和传递类电机包括测速发电机、旋转变压器、自整角机等。

伺服电机可以分为交流伺服电机、直流伺服电机两大类。交流伺服电机就是以交流电源工作的伺服电机。直流伺服电机就是以直流电源工作的伺服电机。

直流伺服电机功率较大，一般为几百瓦，也可以达数千瓦。交流伺服电机为二相伺服电机，功率较小，一般为数十瓦。

伺服电机的特点如图 8-1 所示。伺服电机的结构如图 8-2 所示。

图 8-1 伺服电机的特点

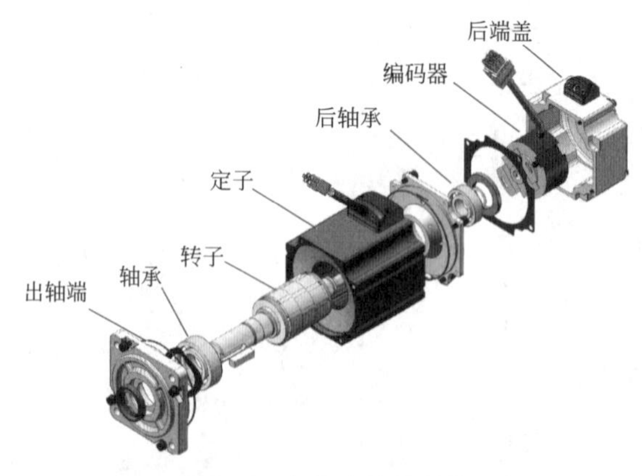

图 8-2 伺服电机的结构

伺服电机的其他类型如图 8-3 所示。

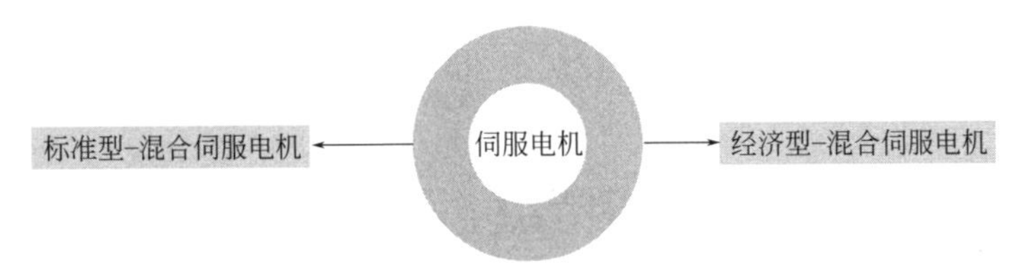

图 8-3 伺服电机的类型

8.1.2 常见的伺服电机

市面上常见的伺服电机有 60 法兰伺服电机、80 法兰伺服电机、86 法兰伺服电机、110 法兰伺服电机、130 法兰伺服电机、180 法兰伺服电机等。法兰伺服电机编码器线缆插座一般在尾端，动力线缆插座一般在电机外壳上，有的还有制动器线缆插座，如图 8-4 所示。

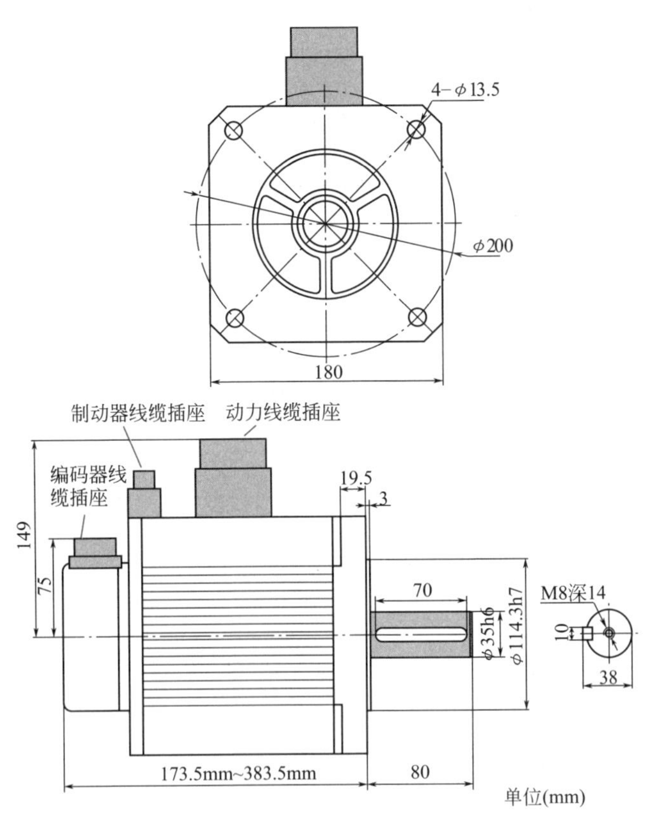

图 8-4 180 法兰伺服电机安装尺寸

8.2 直流伺服电机

8.2.1 直流伺服电机的特点

直流伺服电机的特点如图 8-5 所示。直流伺服电机的结构、工作原理与他励式直流电机相同。

根据励磁方式，直流伺服电机可以分为他励式直流伺服电机、永磁式直流伺服电机等类型。

图 8-5　直流伺服电机的特点

根据控制方式，直流伺服电机可以分为电枢控制直流伺服电机、磁场控制直流伺服电机等类型，如图 8-6 所示。

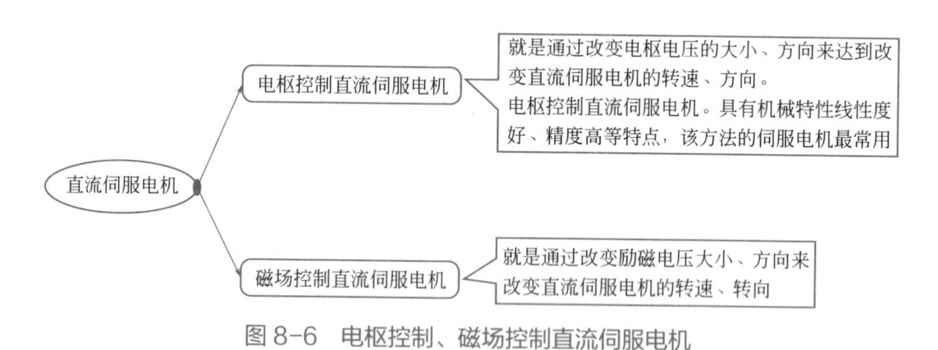

图 8-6　电枢控制、磁场控制直流伺服电机

小技巧

使用直流伺服电机的注意事项：工作工程中要防止直流伺服电机励磁绕组断电，以防因超速而损坏。

8.2.2 盘式电枢直流伺服电机

盘式电枢直流伺服电机主要的特点就是采用了圆盘结构，如图 8-7 所示。

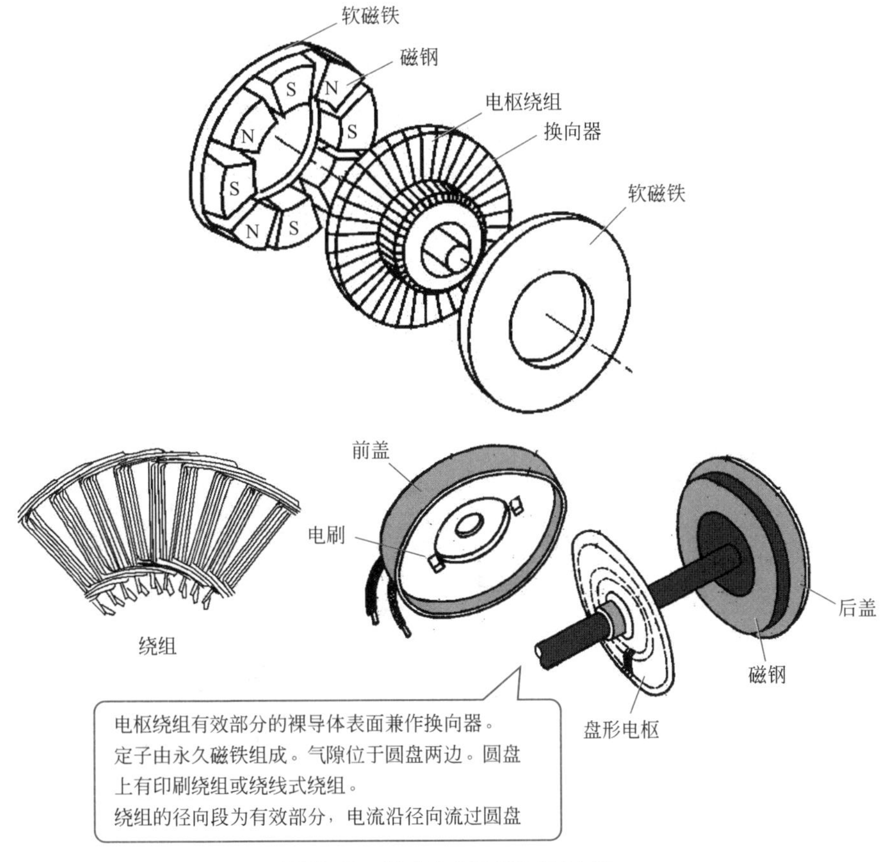

图 8-7 盘式电枢直流伺服电机

8.2.3 空心杯形转子直流伺服电机

空心杯形转子直流伺服电机主要的特点是转子采用了空心杯形的转子，也就是采用了无铁芯转子。空心杯电机属于直流永磁式伺服电机、控制电机，也可以归类为微特电机。

空心杯电机结构如图 8-8 所示。空心杯电机可以分为有刷空心杯电机、无刷空心杯电机等种类。有刷空心杯电机的转子无铁芯，无刷空心杯电机的定子无铁芯。

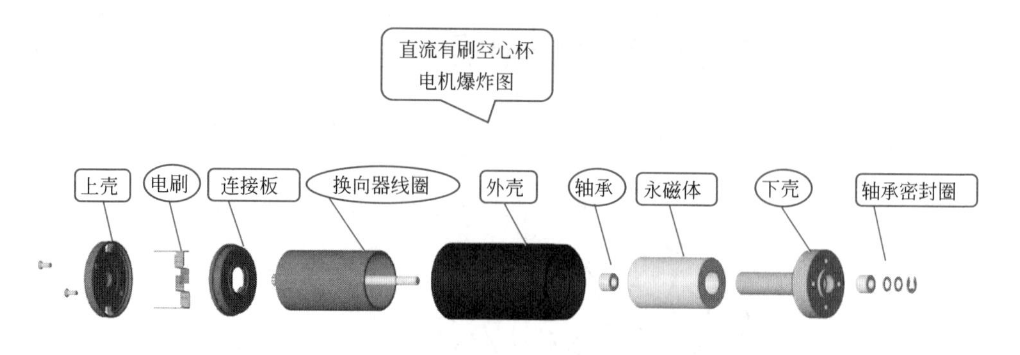

（a）空心杯电机结构1

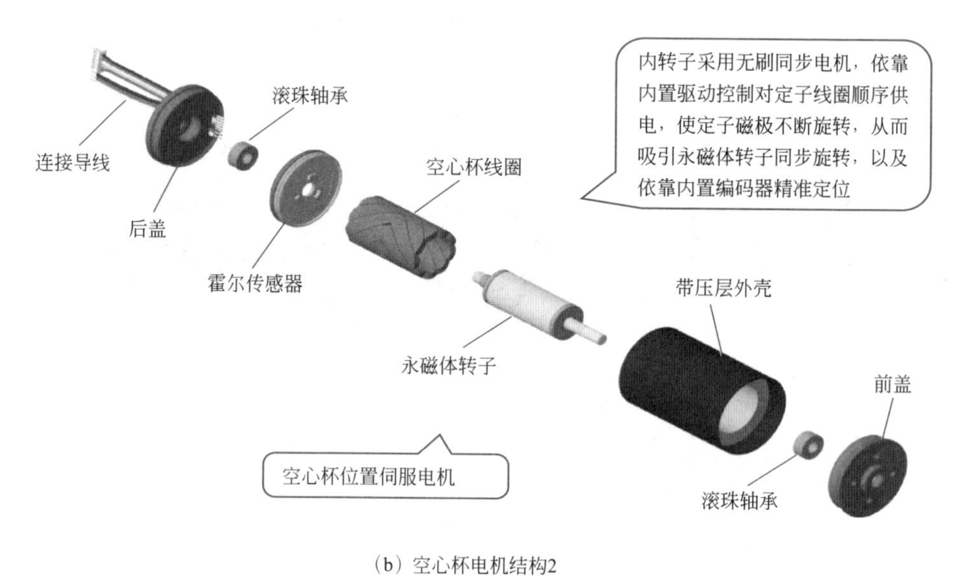

（b）空心杯电机结构2

图 8-8　空心杯电机结构

8.2.4　无槽电枢直流伺服电机

无槽电枢直流伺服电机的转子铁芯不开槽，电枢绕组是用固定胶粘贴在电枢表面的，如图 8-9 所示。

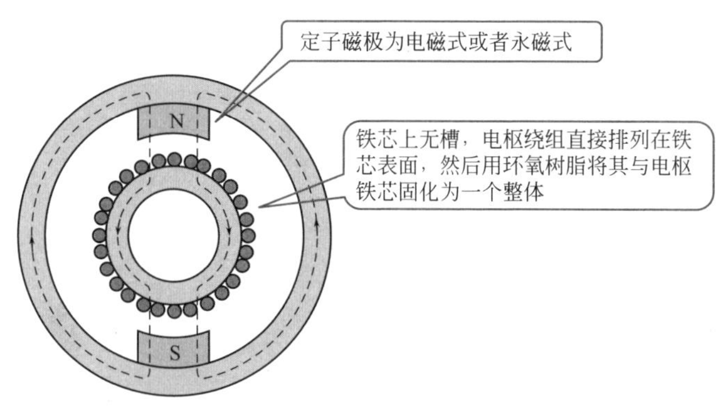

图 8-9　无槽电枢直流伺服电机

8.3 交流伺服电机

8.3.1 交流伺服电机的特点

交流伺服电机就是一台二相交流异步电机。交流伺服电机主要由定子、转子构成，定子铁芯一般是用硅钢片叠压而成的，如图 8-10 所示。

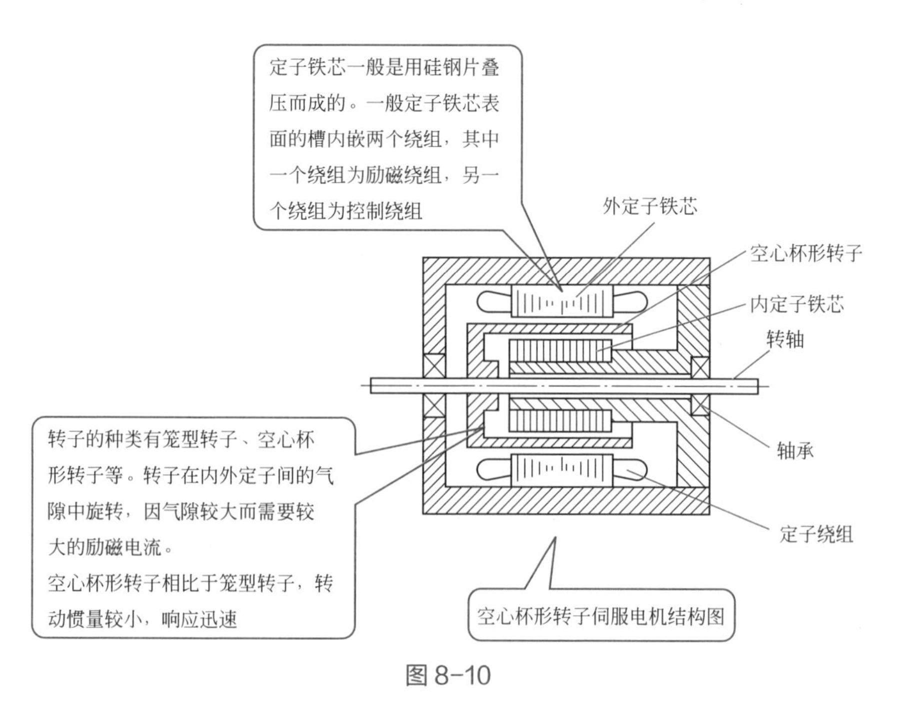

图 8-10

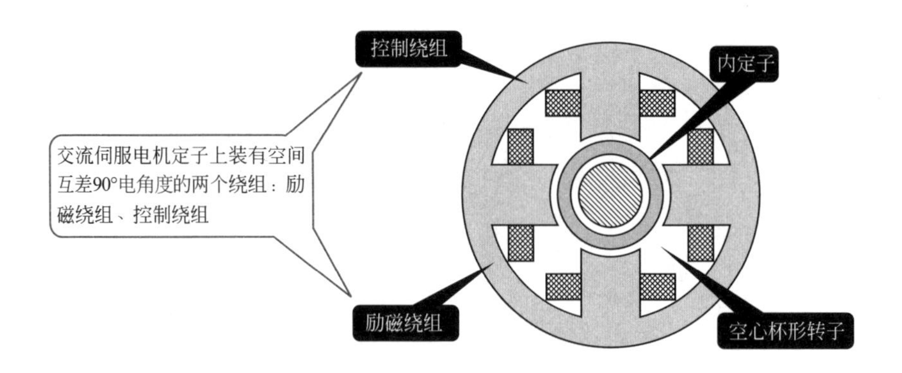

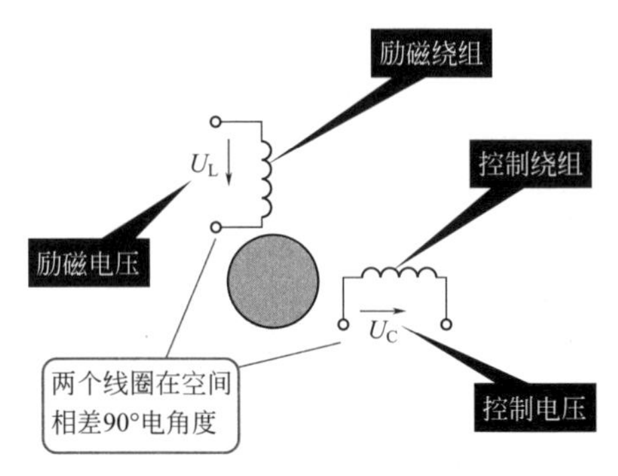

图 8-10　交流伺服电机

交流伺服电机可以分为同步型、异步型两大类。异步型交流电机，就是交流感应电机。根据转子结构不同，同步型交流电机可以分为电磁式、非电磁式两大类。非电磁式同步型交流电机又可以分为磁滞式、永磁式、反应式等多种。其中，永磁式同步电机在数控机床中应用较多。

交流伺服电机具有启动转矩大、运行范围较宽、无自转现象等特点。

小技巧

交流伺服电机的励磁绕组、控制绕组一般都设计成对称的，也就是说串联匝数、绕组系数、导线线径都相同，空间位置（相位）相差 90° 电角度。这样，以便在电机的气隙中产生圆形旋转磁场。

如果两个电压幅值不等或相位差不是 90° 电角度，则产生的磁场将是一个椭圆形旋转磁场，并且加在控制绕组上的信号不同，产生的磁场椭圆度也不相同。

8.3.2 交流伺服电机的转子

交流伺服电机转子的种类有：笼型转子、空心杯形转子等类型，如图 8-11 所示。

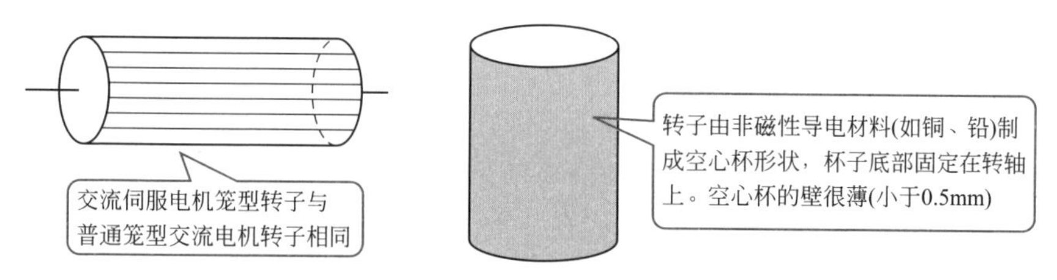

图 8-11 交流伺服电机的转子

8.3.3 交流伺服电机的编码器

电机编码器是一种用于电机上，将信号或数据进行编制，转换为可用于通信、传输、存储的形式的设备。

交流伺服电机的编码器安装在电机后端，其转盘（光栅）与电机同轴，是一种可以用来测量磁极位置、伺服电机转角和转速的传感器，如图 8-12 所示。

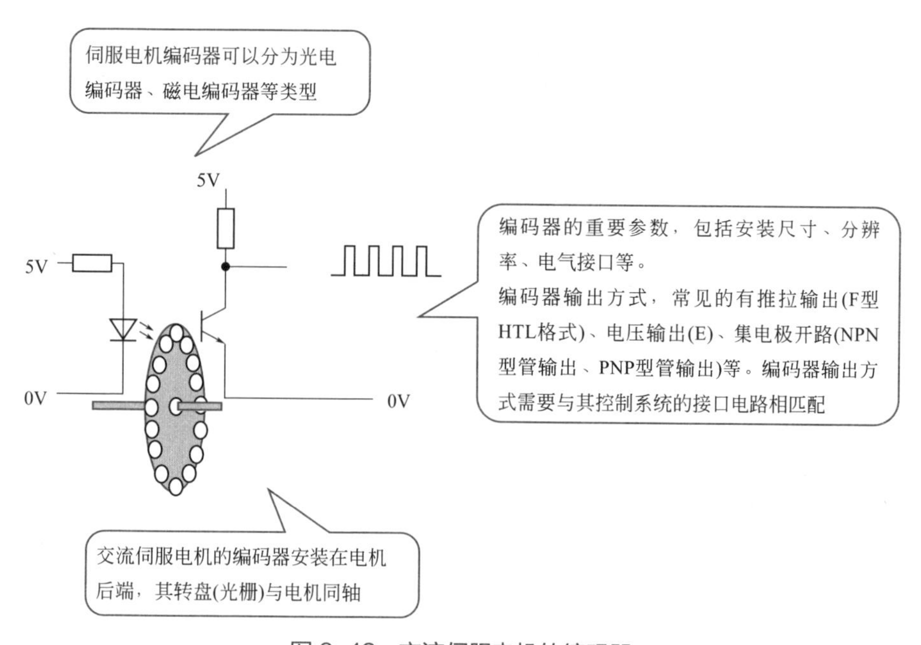

图 8-12 交流伺服电机的编码器

8.3.4　交流伺服电机的原理

交流伺服电机的原理，分为没有控制电压时的情况、有控制电压时的情况、控制电压的相位相反时的情况，如图 8-13 所示。

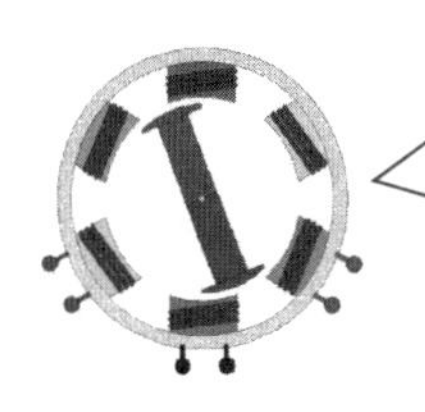

❶ 没有控制电压时的情况——交流伺服电机在没有控制电压时，定子内只有励磁绕组产生的脉动磁场，转子静止不动。

❷ 有控制电压时的情况——当有控制电压时，定子内产生一个旋转磁场，转子沿旋转磁场的方向旋转。负载恒定的情况下，电机的转速随控制电压的大小而变化。

❸ 控制电压的相位相反时的情况——伺服电机将反转

图 8-13　交流伺服电机的原理

小技巧

实际中的交流伺服电机，其转子一般是永磁体，驱动器控制的 U、V、W 三相电形成电磁场。转子在该磁场的作用下转动，同时伺服电机自带的编码器将信号反馈给驱动器，然后驱动器将反馈值与目标值进行比较，从而调整转子转动的角度。

8.3.5　交流伺服电机的控制方式

交流伺服电机的控制方式有幅值控制、相位控制、幅值相位控制，如图 8-14 所示。

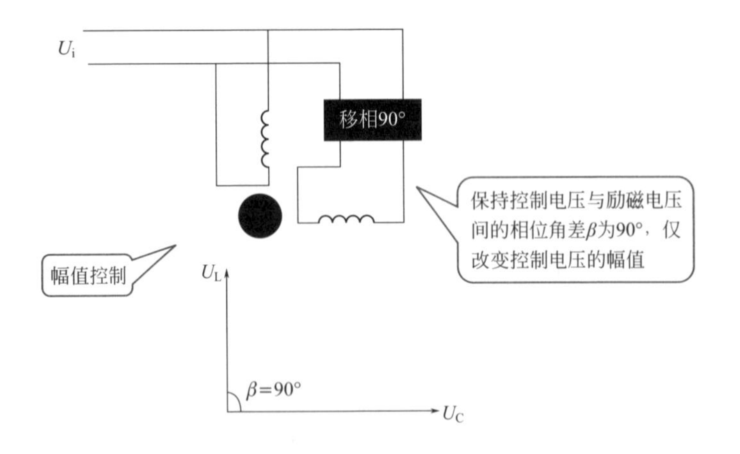

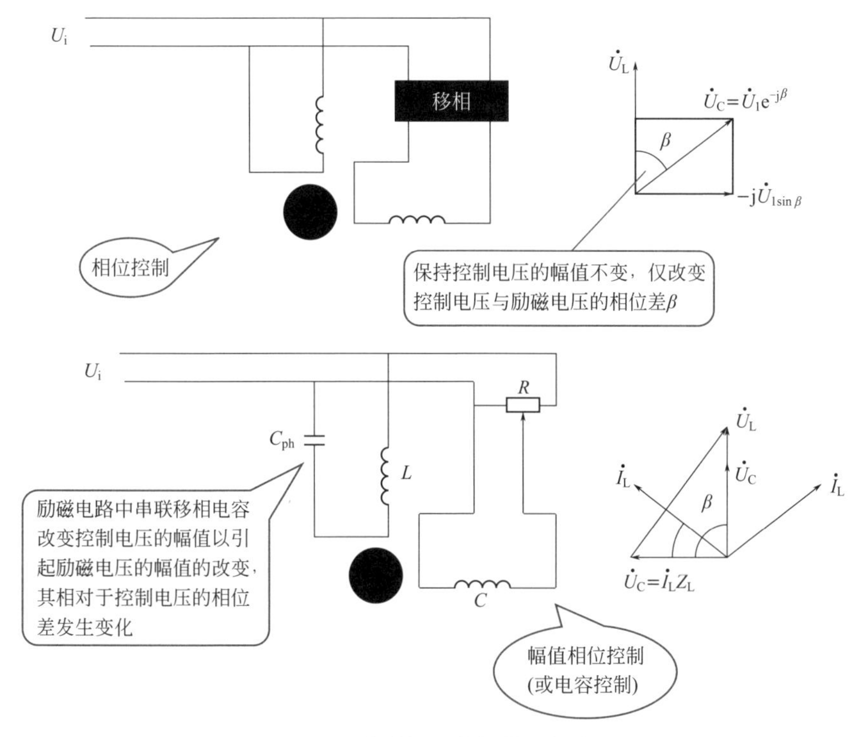

图 8-14　交流伺服电机的控制方式

8.4 允许载荷与比较

8.4.1 伺服电机轴端允许载荷

伺服电机轴端允许载荷包括径向载荷、轴向载荷，如图 8-15 所示。

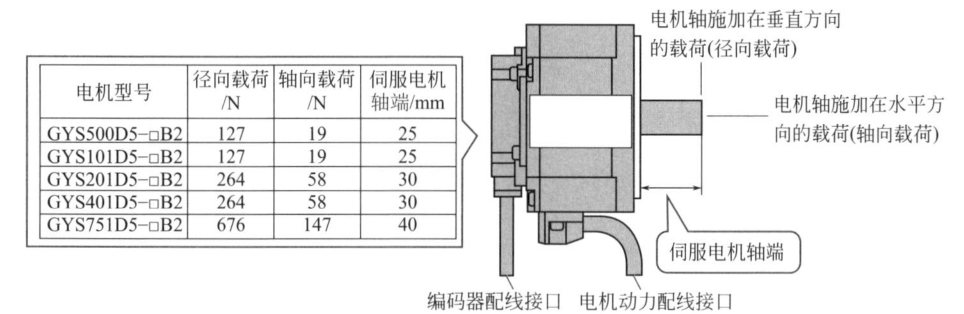

电机型号	径向载荷/N	轴向载荷/N	伺服电机轴端/mm
GYS500D5-□B2	127	19	25
GYS101D5-□B2	127	19	25
GYS201D5-□B2	264	58	30
GYS401D5-□B2	264	58	30
GYS751D5-□B2	676	147	40

图 8-15　伺服电机轴端允许载荷

8.4.2 直流与交流异步伺服电机的比较

直流与交流异步伺服电机的比较见表 8-1。

表 8-1 直流与交流异步伺服电机的比较

项目	交流异步伺服电机	直流异步伺服电机
“自转”现象	可能会出现“自转”	无“自转”现象
电刷、换向器	无电刷、无换向器，结构简单、运行可靠	有电刷、有换向器
放大器	简单	直流放大器有零点漂移，并且体积、重量较大
静态特性	非线性，并且理想线性机械特性不平行	线性且平行
效率、体积、重量	转子电阻大，并且工作在椭圆磁场下，电磁转矩小、损耗大、效率低	体积小、重量轻、效率高，功率较大的系统均采用直流电机

第 9 章 伺服驱动器

9.1 基础

9.1.1 伺服驱动器的特点

伺服驱动器又称为伺服控制器、伺服放大器，是用来控制伺服电机的一种控制器。伺服驱动器属于伺服系统的一部分，主要应用于高精度的传动系统。

伺服驱动器一般是通过位置、速度、力矩等方式对伺服电机进行控制，实现高精度的传动系统定位，如图 9-1 所示。

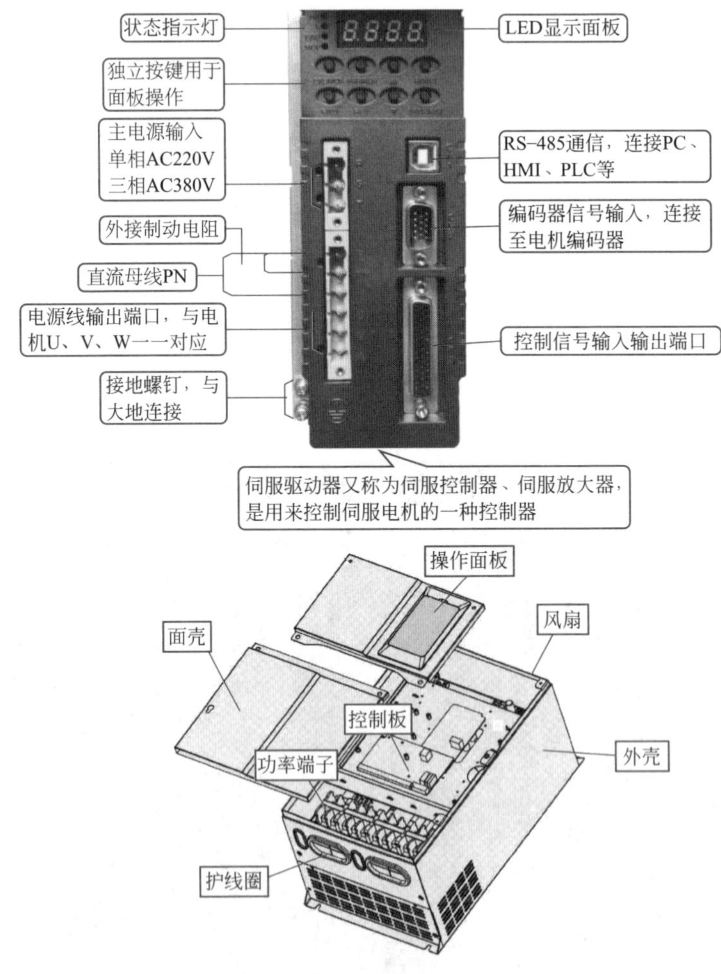

图 9-1 伺服驱动器

9.1.2 伺服驱动器结构

伺服驱动系统结构如图 9-2 所示。在伺服驱动系统中，伺服驱动器属于核心元件。伺服驱动器与其外围器件共同组成伺服驱动系统。

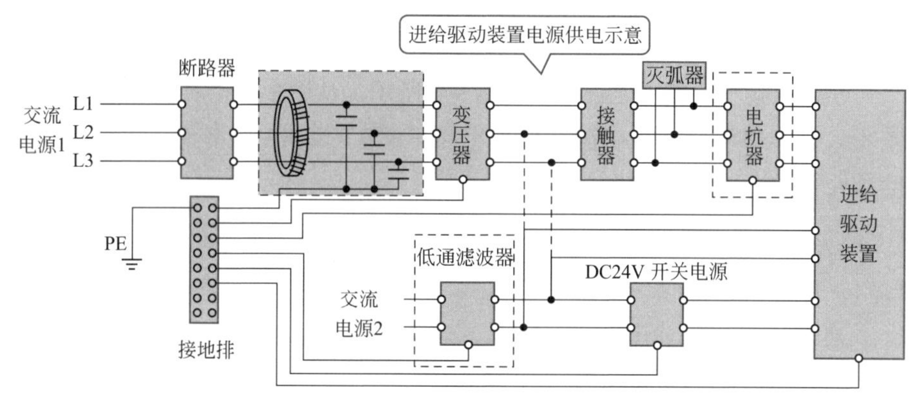

图 9-2 伺服驱动系统结构

交流伺服驱动器结构如图 9-3 所示。DSP 是伺服驱动器系统的核心，主要完成矢量控制、速度环控制、电流环控制、PWM 信号发生、位置环控制、各种故障保护处理等实时性要求比较高的任务。

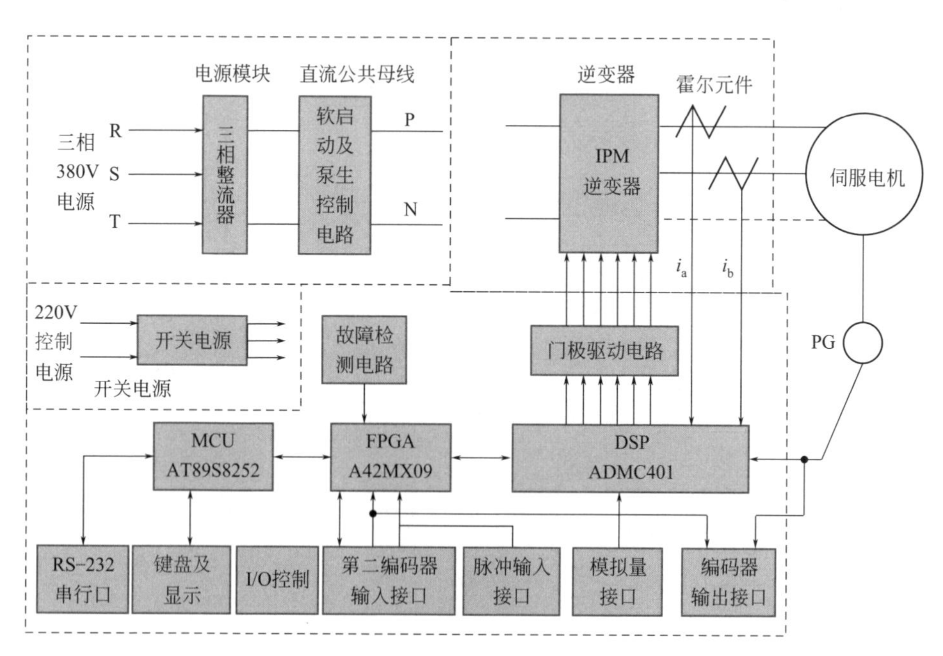

图 9-3 交流伺服驱动器结构图

MCU 主要完成按键处理、状态显示、参数设定、串行通信等实时性要求比较低的管理任务。

FPGA 可以实现 DSP 与 MCU 间的数据交换、第二编码器计数、内部 I/O 信号处理、外部 I/O 信号处理、位置脉冲指令处理等功能。

伺服驱动器功率电路一般是由整流部分、交－直－交电压源型逆变器等通过公共直流母线连接的。

某几款伺服驱动器主电路框图如图 9-4 所示。从图中可以看出它们主要模块相差不大，如整流回路、电源、保护电路、IGBT 模块（功率模块电路）、编码器信号处理模块、接口电路等。

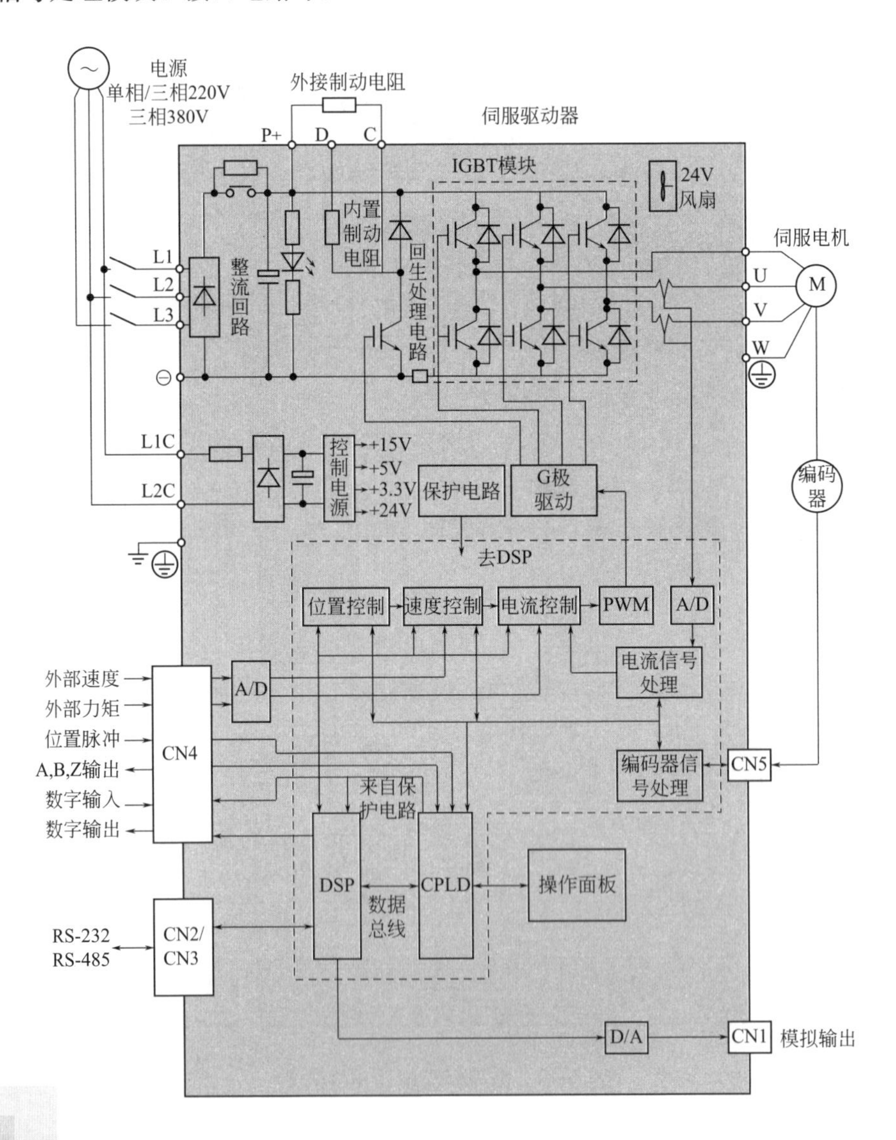

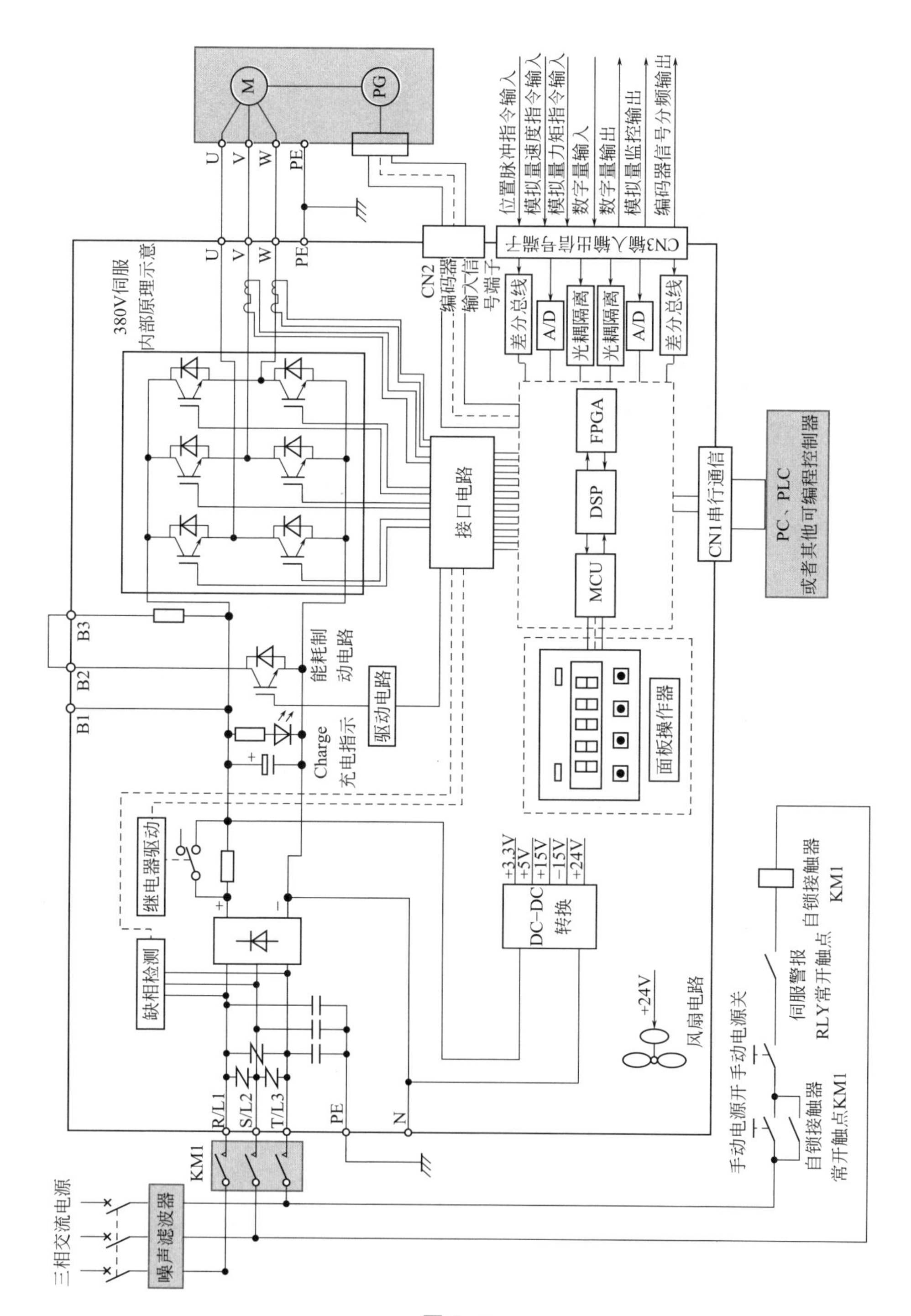

三相交流电源
噪声滤波器
KM1
R/L1
S/L2
T/L3
PE
N
缺相检测
继电器驱动
DC-DC
转换
+3.3V
+5V
+15V
-15V
+24V
Charge
充电指示
驱动电路
能耗制
动电路
B1
B2
B3
接口电路
380V伺服
内部原理示意
U
V
W
M
PG
CN2
编码器
输入信
号端子
差分总线
A/D
光耦隔离
FPGA
DSP
MCU
面板操作器
CN1串行通信
PC、PLC
或者其他可编程控制器
CN3输入输出信号端子
位置脉冲指令输入
模拟量速度指令输入
模拟量力矩指令输入
数字量输入
数字量输出
模拟量监控输出
编码器信号分频输出
+24V
风扇电路
手动电源开
手动电源关
自锁接触器
常开触点KM1
伺服警报
RLY常开触点
自锁接触器
KM1

图 9-4

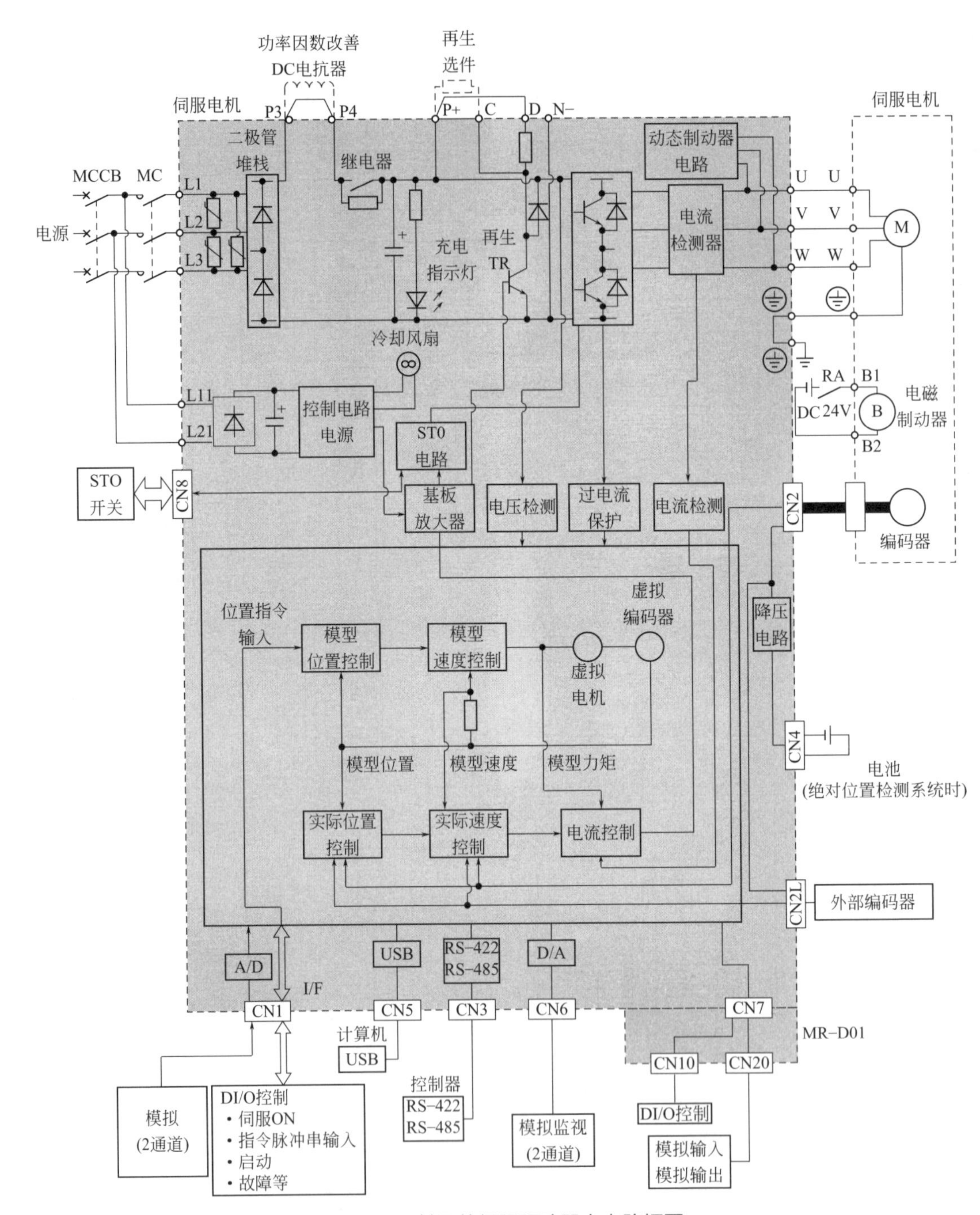

图 9-4　某几款伺服驱动器主电路框图

保护电路中的短路保护包括硬件保护、软件保护。使用带短路保护的隔离门级驱动电路可以防止相线过载，通过直流母线电流保护方式可以实现异常电流过载保护。

伺服驱动电路包括功率模块、光耦隔离驱动电路。逆变电路一般是以智能功率模块 IPM、IGBT 为逆变器开关元件的电路。IGBT、IPM 一般由三相 6 个桥臂组成，把直流电变换成三相变压变频交流电输送到电机。

实际电路需要经电流反馈控制后，智能功率模块 IGBT、IPM 输出的三相电流为近似对称的正弦交流电流，这样可使电机获得圆形旋转磁场。

功率主电路具体包括整流电路、智能功率模块、滤波电容、能耗制动回路等。有的为了有效保护伺服驱动器，在主回路中设置了过压、欠压、电机过热、制动异常、编码器反馈异常、电机超速与通信故障等保护功能。

9.1.3 交流伺服驱动器电源模块结构

驱动器的功能是根据给定信号输出与其成正比的控制电压，接收编码器的速度与位置信号，I/O 信号接口等。

交流伺服驱动器电源模块结构如图 9-5 所示。交流伺服驱动器电源主要包括电源输入、整流滤波、输出电压以及其他辅助电路等。

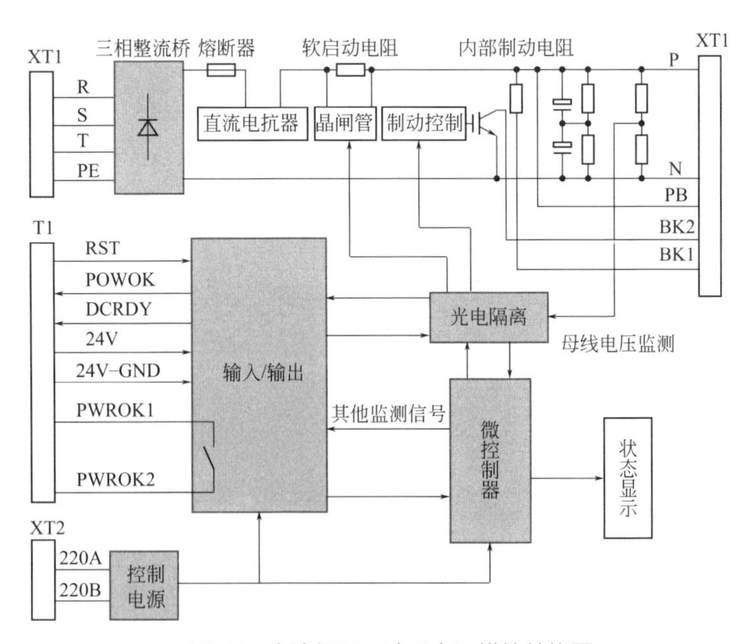

图 9-5 交流伺服驱动器电源模块结构图

有的伺服驱动器AC/DC电源电路由UC3844等控制器为核心器件组成。例如从直流母线输入AC380V整流电压进入AC/DC转换电路，然后输出几路相互隔离的直流电源，常见的电源有+5V、+24V、+15V、−15V、IGBT门极驱动电源等。

① 5V主要供单片机、逻辑芯片、放大电路、显示等用。

② 3.3V主要供伺服运算芯片、DSP等用。

③ 12V主要供伺服风扇、运放、AD转换的正电压等用。

④ 14V主要供驱动光耦等用。

有的伺服驱动器电源电路采用开关电源供电，外接电源为单相AC220V。例如采用开关电源集成块TOP227Y为核心器件组成的电路。

9.1.4 交流伺服驱动器控制电路结构

交流伺服驱动器控制电路结构如图9-6所示。伺服驱动器在位置模式标准控制电路接线、速度模式标准控制电路接线、转矩模式标准控制电路接线上有所差异。交流伺服驱动器控制电路采用的CPU不同，则其架构有差异。

伺服驱动器的控制电路往往在控制板上。控制板有基于硬件实现的数字交流伺服驱动器的设计、基于DSP的全数字交流伺服驱动器的设计。基于DSP的全数字交流伺服驱动器的电路一般具有DSP系统电源电路、时钟电路、ADC模块电路、参考电路、接口电路。伺服驱动器常见的电机控制功能电路有PWM输出缓冲电路、码盘信号处理电路（包括电机转速与方向检测电路、转子磁极位置检测电路、信号隔离形成电路、码盘反馈有无检测电路）、外设扩展电路、DAC测试电路。

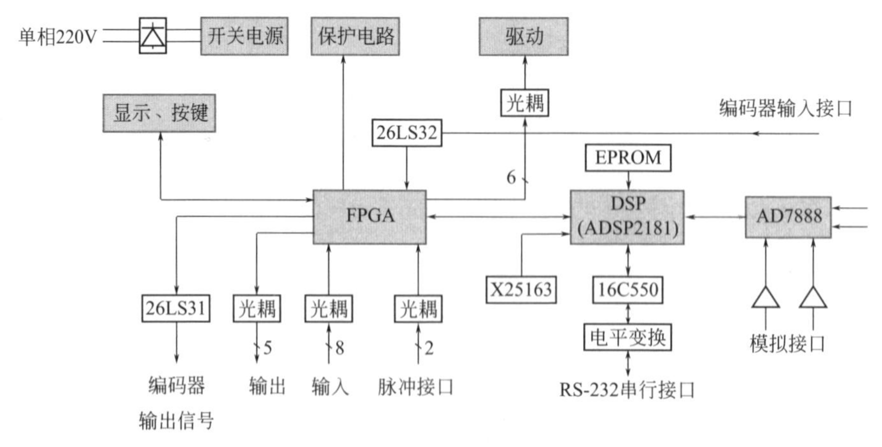

（a）控制电路结构1

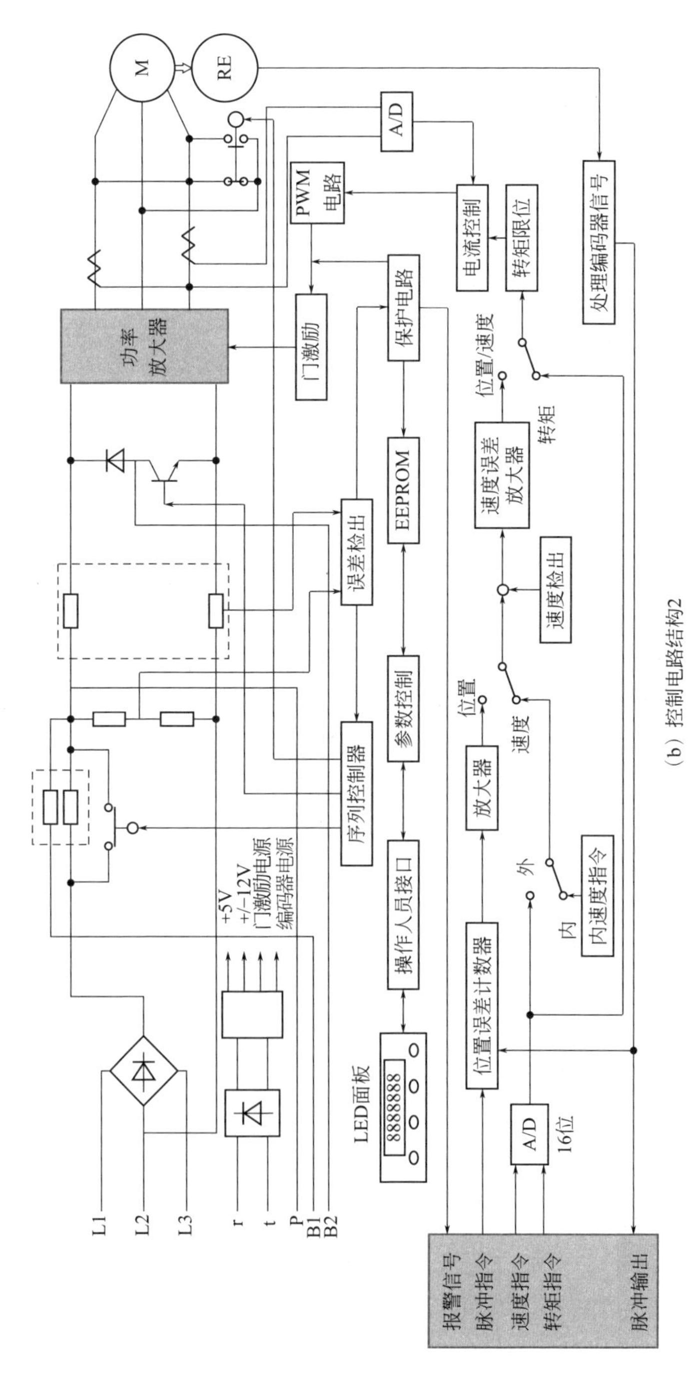

（b）控制电路结构2

图 9-6　交流伺服驱动器控制电路结构

可见，控制板主要由DSP、驱动电路、放大电路、接口电路等组成。常见接口有CNC接口、上位机接口、键盘接口、码盘反馈接口、功率板接口等。

小技巧

有的控制板上安装了CMOS IC集成电路，维修时，不要用手指直接触摸主控制板，以免静电感应造成主控制板损坏。

9.2 连接端口

9.2.1 编码器连接端口引脚分配与定义

某伺服驱动器编码器连接端口引脚分配与定义如图9-7所示。编码器接线需要使用双绞屏蔽电缆，并且接线长度在20m内。如果超过20m，则需要加粗信号线的线径。

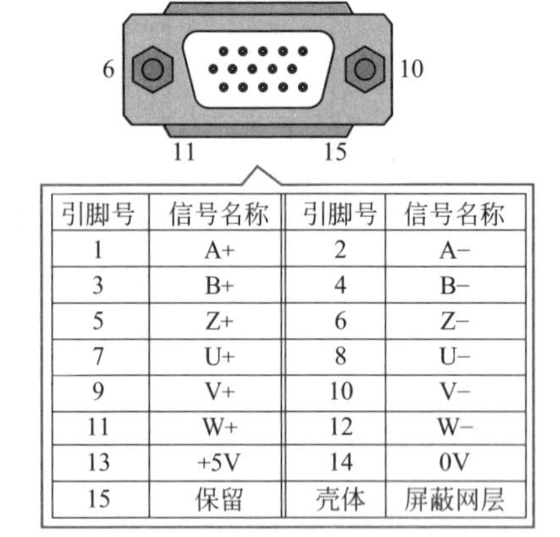

引脚号	信号名称	引脚号	信号名称
1	A+	2	A−
3	B+	4	B−
5	Z+	6	Z−
7	U+	8	U−
9	V+	10	V−
11	W+	12	W−
13	+5V	14	0V
15	保留	壳体	屏蔽网层

图9-7　编码器连接端口引脚分配与定义

小技巧

光电编码器的一些特点如下：

① 可以实现捕捉电机的转子位置、转速，以及实时检测的功能。

② 编码器常见参数有分辨率等。

③ 编码器输出信号包括 A、B、Z 脉冲信号。其中，A、B 信号互差 90°（电角度）。DSP 可以通过判断 A、B 的相位与个数，从而得到电机的转向、速度。Z 信号每转 1 圈出现 1 次，其主要用于位置信号的复位。

④ 光电编码盘脉冲信号送入 DSP 后，经内部电路实现倍频，因此，电机转 1 圈的脉冲数增多。输出信号送入处理器后，即可通过位置的微分运算得到转速信号。

⑤ 采用磁平衡式霍尔电流传感器采样 A、B 两相电流反馈 i_a、i_b，可以获得实时的电流检测信号。

9.2.2 输入 / 输出信号端口引脚分配与定义

某交流伺服驱动器输入 / 输出信号端口引脚分配与定义如图 9-8 所示。交流伺服驱动器输入 / 输出信号端口可以方便地与上位控制器相互通信，以及提供编码器反馈的差分输出信号。

引脚号	定义	功能
4	+24V	外接电源，供DI、DO工作使用
3	COM	
6	DO1	可编程数字输出
5	DO2	
8	DO3	
13	DI1	可编程数字输入
12	DI2	
11	DI3	
10	DI4	
9	DI5	
1	X+	位置指令输入
2	X−	
14	Y+	
15	Y−	
16	XPH	X脉冲输入内置上拉电阻
17	YPH	Y脉冲输入内置上拉电阻
20	OA+	编码器信号放大再输出
21	OA−	
22	OB+	
23	OB−	
24	OZ+	
25	OZ−	
7	RST	复位
18	+5V	内置+5V电源
19	AGND	
外壳	屏蔽网层	与驱动器地线连接

图 9-8 交流伺服驱动器输入 / 输出信号端口引脚分配与定义

9.2.3　通信端口引脚分配与定义

某交流伺服驱动器通信端口引脚分配与定义如图 9-9 所示。多台驱动器并联使用时，最远端驱动器 SG+ 与 SG− 引脚间可能需要增设终端电阻。

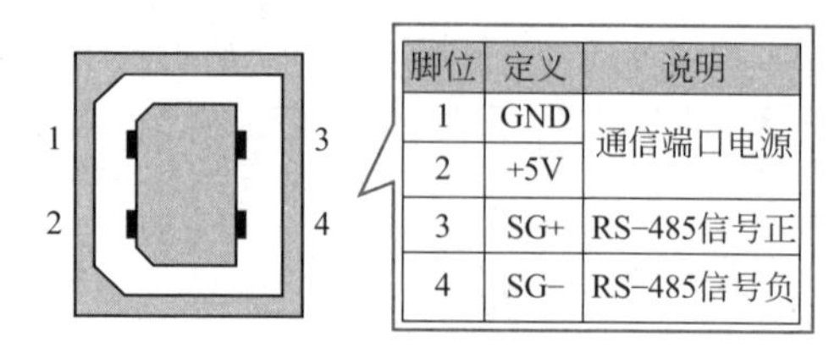

脚位	定义	说明
1	GND	通信端口电源
2	+5V	
3	SG+	RS-485信号正
4	SG−	RS-485信号负

图 9-9　交流伺服驱动器通信端口引脚分配与定义

9.2.4　电机端子盒与电机侧航空插头

某伺服驱动器电机端子盒与电机侧航空插头的引脚分配与定义如图 9-10 所示。

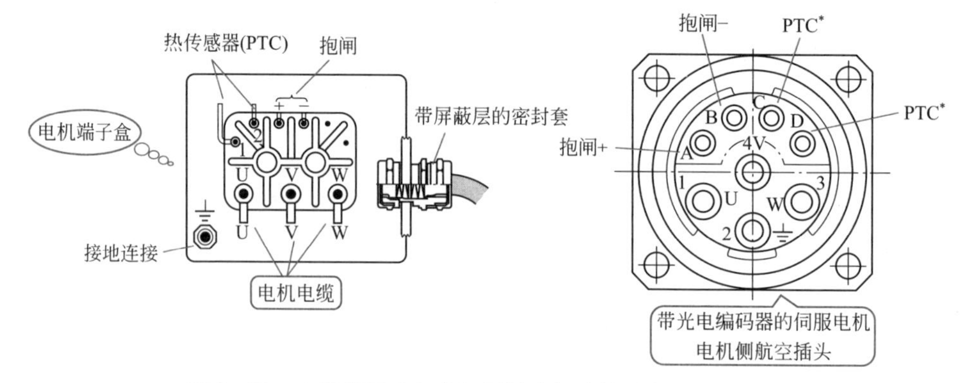

图 9-10　电机端子盒与电机侧航空插头的引脚分配与定义

第 10 章
伺服系统的应用

10.1 伺服系统的特点

10.1.1 伺服系统的作用与分类

伺服系统是一种反馈控制系统，其是以指令脉冲为输入给定值与输出被调量进行比较，然后利用比较后产生的偏差值对系统进行自动调节，消除偏差，从而使被调量跟踪给定值。

在数控机床中，伺服系统是数控装置与机床的联系环节。伺服系统的作用，就是把来自数控装置中插补器的指令脉冲或计算机插补软件生成的指令脉冲，经过变换、放大后，转换为机床移动部件的机械运动，从而保证动作的快速、准确。

数控机床伺服系统的分类如图 10-1 所示。

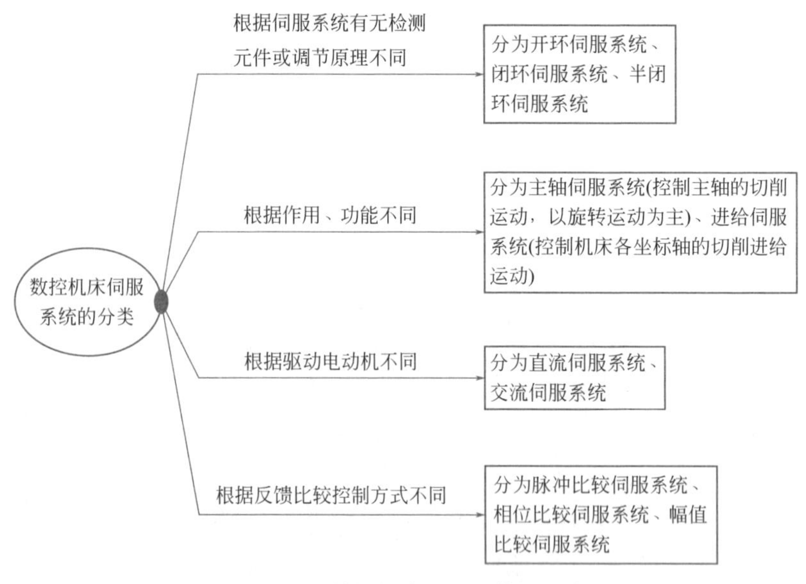

图 10-1　数控机床伺服系统的分类

10.1.2 进给伺服系统简图

进给伺服系统简图如图 10-2 所示。

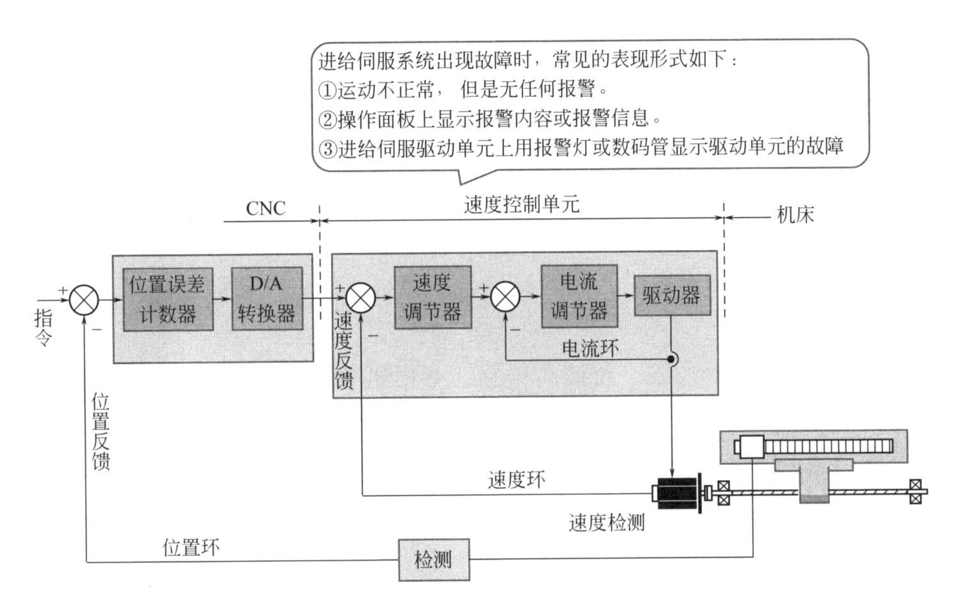

图 10-2　进给伺服系统简图

10.1.3　步进电机系统与伺服电机系统的比较

步进电机系统与伺服电机系统的比较见表 10-1。

表 10-1　步进电机系统与伺服电机系统的比较

参数	伺服电机系统	步进电机系统
编码器类型	增量型、绝对值型、旋转变压器型	光电型旋转编码器
反馈方式	为防止失步，采用闭环方式	大多数为开环方式，也可以接编码器
过载特性	可 3 ～ 10 倍过载（短时）	过载时会失步
精度	高	一般较低
矩频特性	力矩特性好，特性较硬	高速时力矩下降快
控制方式	多样化、智能化的控制方式，位置、转速、转矩方式	主要为位置方式
力矩范围	小中大，全范围	中小力矩，一般为 20N・m 以下
耐振动	一般	好
平滑性	运行平滑	低速时有振动
速度范围	大（可达到 5000r/min），直流伺服电机可达 10000 ～ 20000r/min	小（一般在 2000r/min 以下，大力矩电机小于 1000r/min）
维护性	较好	基本可以免维护
温升	一般	运行温度高
响应速度	快	一般

10.1.4 直流空心杯伺服电机的连接

某款直流空心杯伺服电机的连接，有五根控制线、两根电源线，如图 10-3 所示。

反馈脉冲线：其每圈给出一定个数的反馈脉冲，可用来监控电机的运行状况。

电机方向控制线：输入电压为高电平时，电机正转；输入电压为低电平时，电机反转。控制线不连接时，则为高电平，电机正转。控制线接地时，为低电平，则电机反转。

电机脉冲信号输入线：有最高频率，有电机每多少个脉冲信号旋转一圈。脉冲低电平一般为 0V，高电平一般为 3.3V。有的电机每一个脉冲，电机旋转 1/256 圈。额定或低于额定负载时，电机会根据相关脉冲频率稳定运转。负载高于额定值时，速度会有波动但是仍会保持基本平稳。

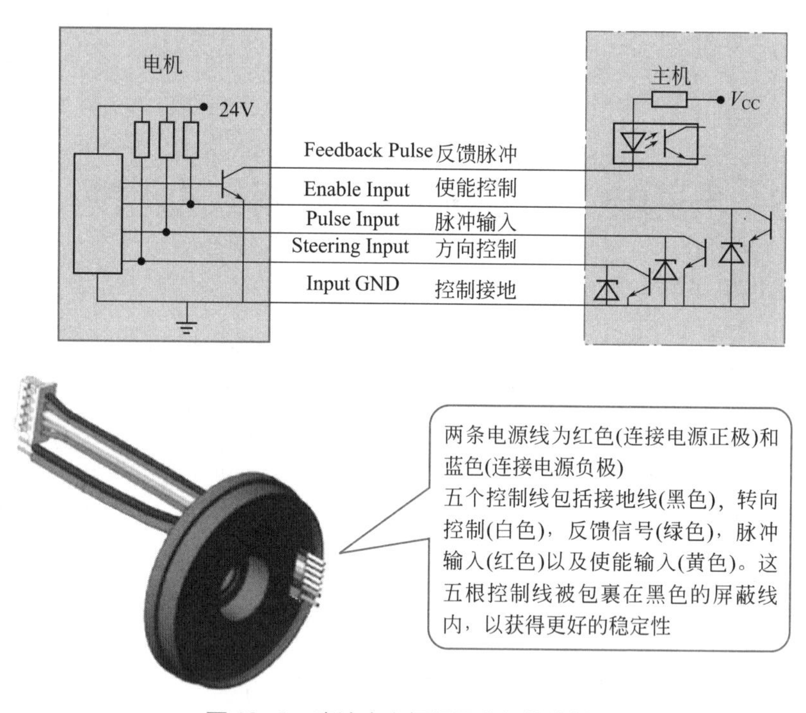

图 10-3 直流空心杯伺服电机的连接

10.1.5 伺服系统的特点

伺服系统是自动控制系统的一类，其输出变量通常是机械运动或位置变动。伺服系统的根本任务，是实现执行机构对给定指令的准确跟踪。

伺服系统一般由伺服电机、伺服电机驱动器等组成，如图 10-4 所示。

图 10-4　伺服系统

伺服系统的构成要素包括目标值发生装置、伺服驱动、伺服电机、反馈回路、位置环等，如图 10-5 所示。

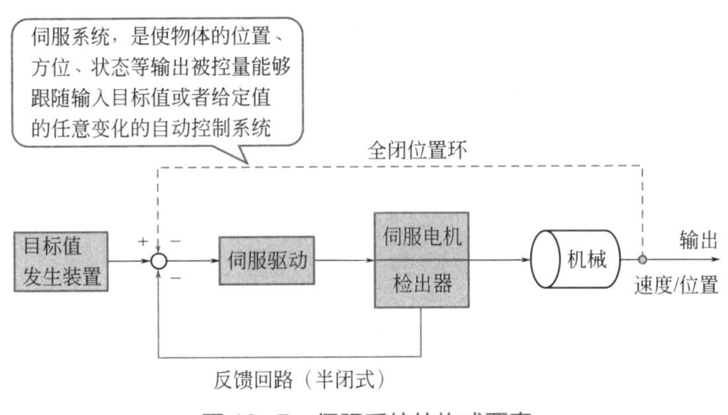

图 10-5　伺服系统的构成要素

10.1.6　伺服系统的环路

伺服系统的环路，是由位置控制部、速度控制部、电流控制部发出指令→控制部→输出→指令反馈所形成的闭合回路。

伺服系统的电流回路是在伺服驱动器内闭合。伺服系统的位置回路、速度回路是在伺服驱动器外输出。

伺服系统的环路如图 10-6 所示。

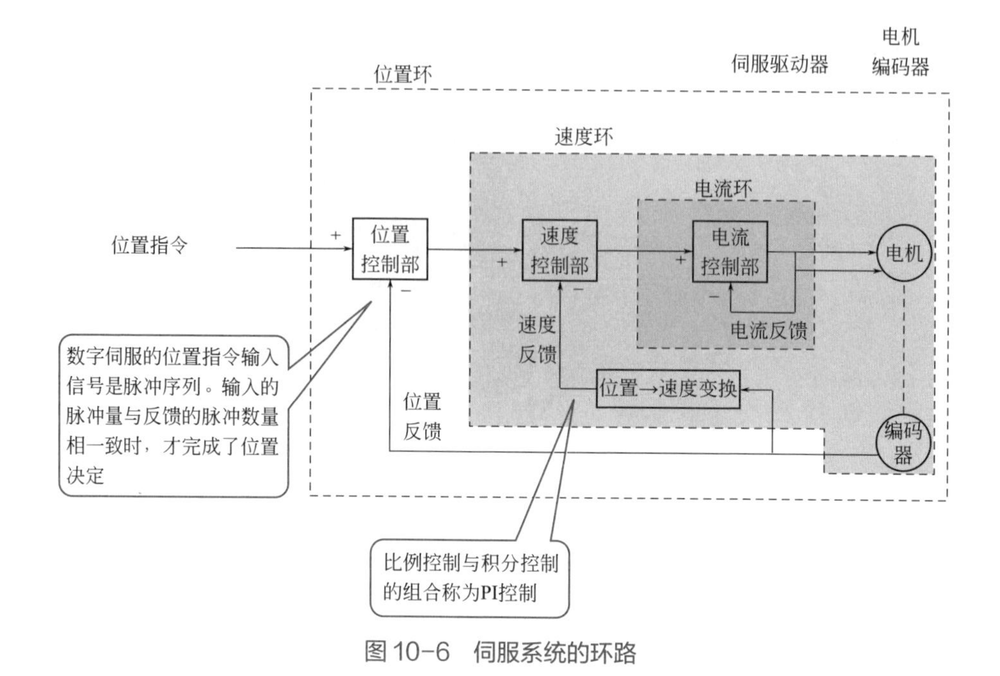

图 10-6　伺服系统的环路

10.1.7　进给伺服系统的位置控制形式

进给伺服系统的位置控制形式分为半闭环控制形式、全闭环控制形式，如图 10-7 所示。

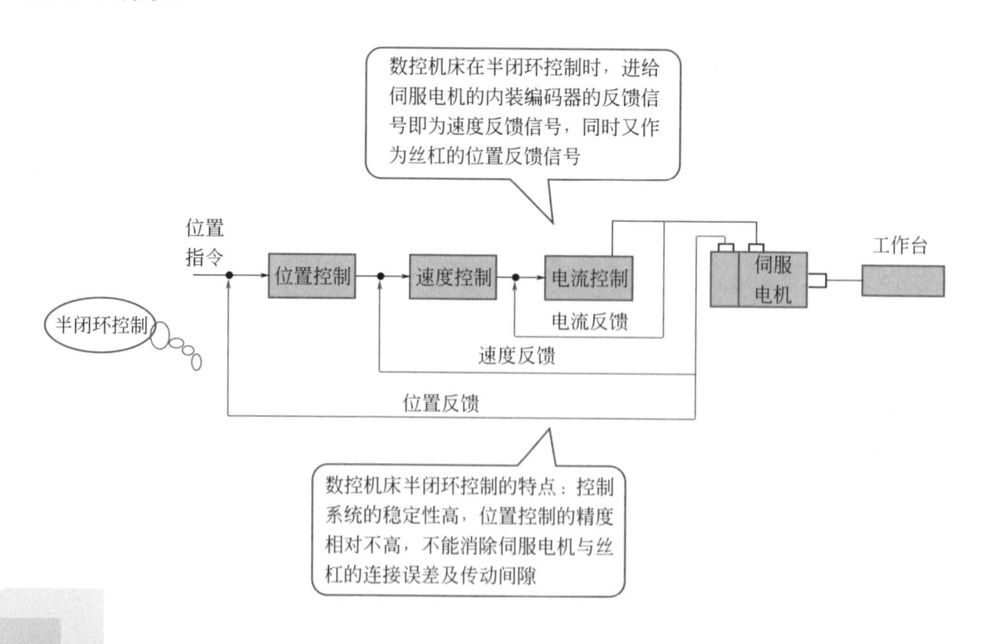

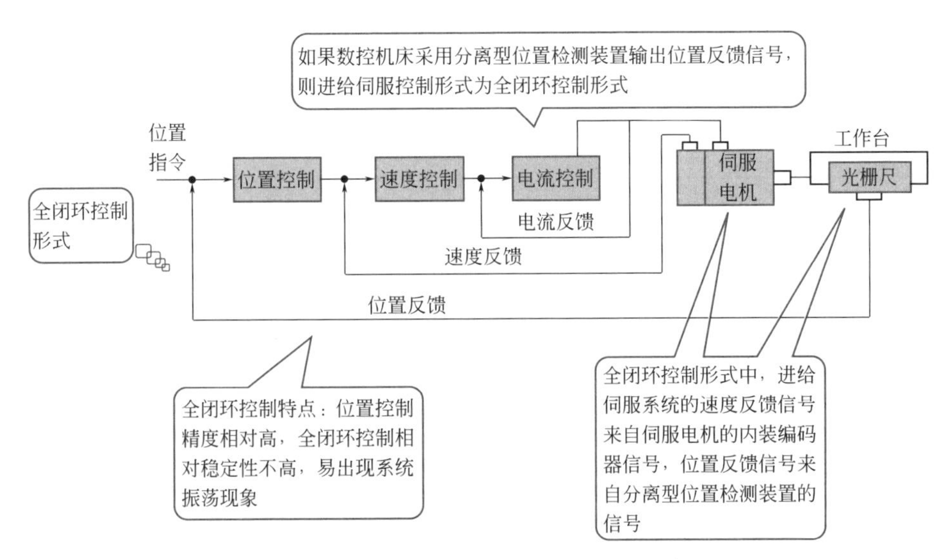

图 10-7　进给伺服系统的位置控制形式

10.1.8　伺服选型原则

伺服选型原则包括力矩、转速、控制方法、制动器等要求，如图 10-8 所示。

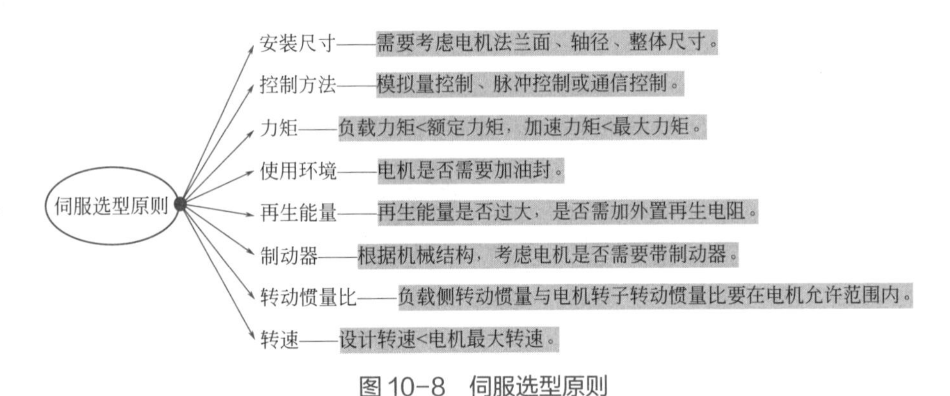

图 10-8　伺服选型原则

10.1.9　伺服系统配线

伺服系统首先引入电源，经断路器、EMI 滤波器、接触器，再连到伺服驱动器上，伺服驱动器接伺服电机、编码器，并连接有关接口等，如图 10-9 所示。

某几款伺服系统配线如图 10-10 所示。

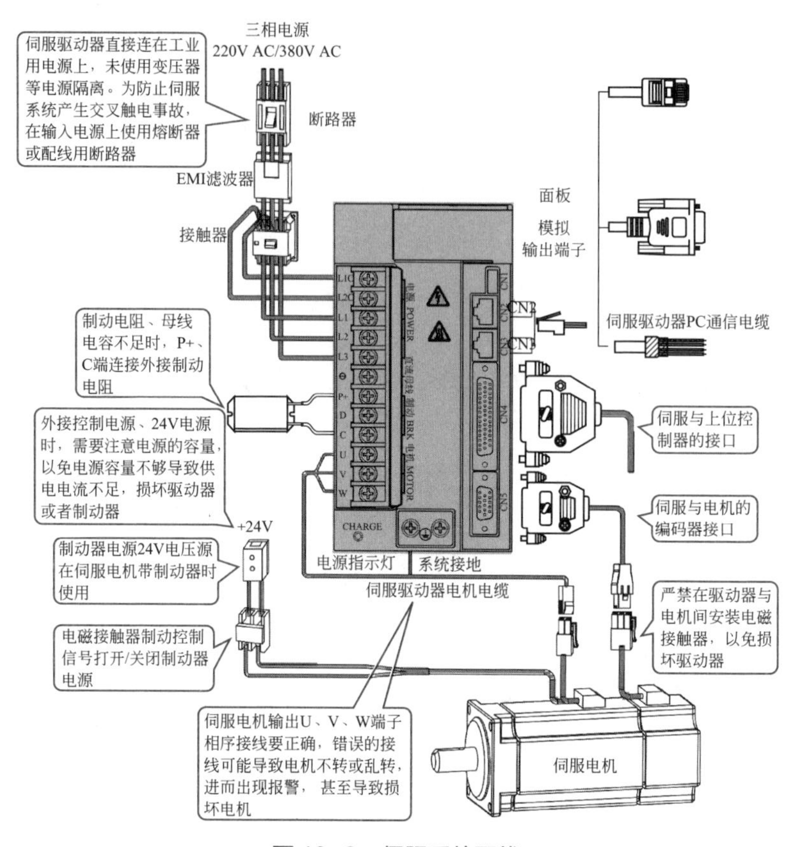
三相电源
220V AC/380V AC
伺服驱动器直接连在工业用电源上，未使用变压器等电源隔离。为防止伺服系统产生交叉触电事故，在输入电源上使用熔断器或配线用断路器
断路器
EMI滤波器
接触器
面板
模拟
输出端子
伺服驱动器PC通信电缆
制动电阻、母线电容不足时，P+、C端连接外接制动电阻
外接控制电源、24V电源时，需要注意电源的容量，以免电源容量不够导致供电电流不足，损坏驱动器或者制动器
伺服与上位控制器的接口
伺服与电机的编码器接口
+24V
CHARGE
电源指示灯
系统接地
制动器电源24V电压源在伺服电机带制动器时使用
伺服驱动器电机电缆
严禁在驱动器与电机间安装电磁接触器，以免损坏驱动器
电磁接触器制动控制信号打开/关闭制动器电源
伺服电机输出U、V、W端子相序接线要正确，错误的接线可能导致电机不转或乱转，进而出现报警，甚至导致损坏电机
伺服电机

图 10-9 伺服系统配线

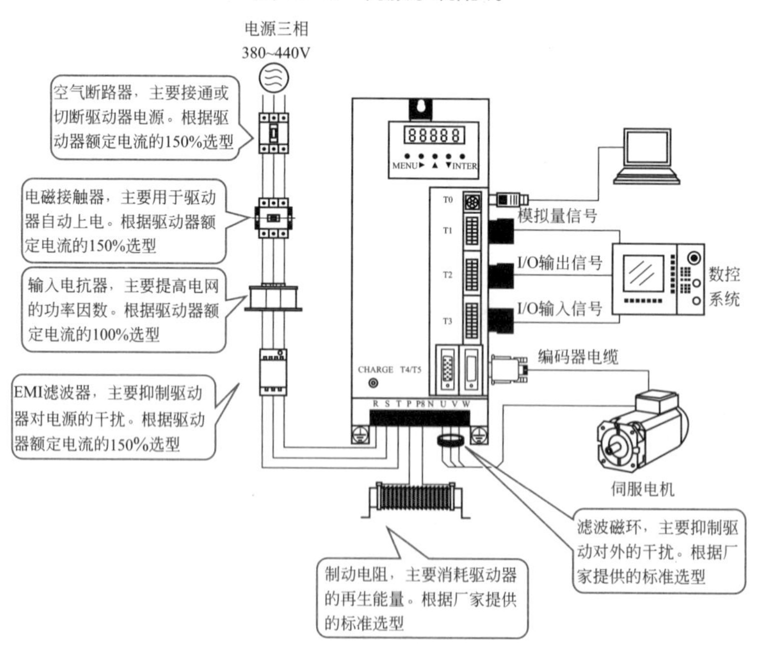
电源三相
380~440V
空气断路器，主要接通或切断驱动器电源。根据驱动器额定电流的150%选型
电磁接触器，主要用于驱动器自动上电。根据驱动器额定电流的150%选型
输入电抗器，主要提高电网的功率因数。根据驱动器额定电流的100%选型
EMI滤波器，主要抑制驱动器对电源的干扰。根据驱动器额定电流的150%选型
88888
MENU
INTER
T0
T1
T2
T3
CHARGE T4/T5
R S T P P8 N U V W
模拟量信号
I/O输出信号
I/O输入信号
数控系统
编码器电缆
伺服电机
滤波磁环，主要抑制驱动对外的干扰。根据厂家提供的标准选型
制动电阻，主要消耗驱动器的再生能量。根据厂家提供的标准选型

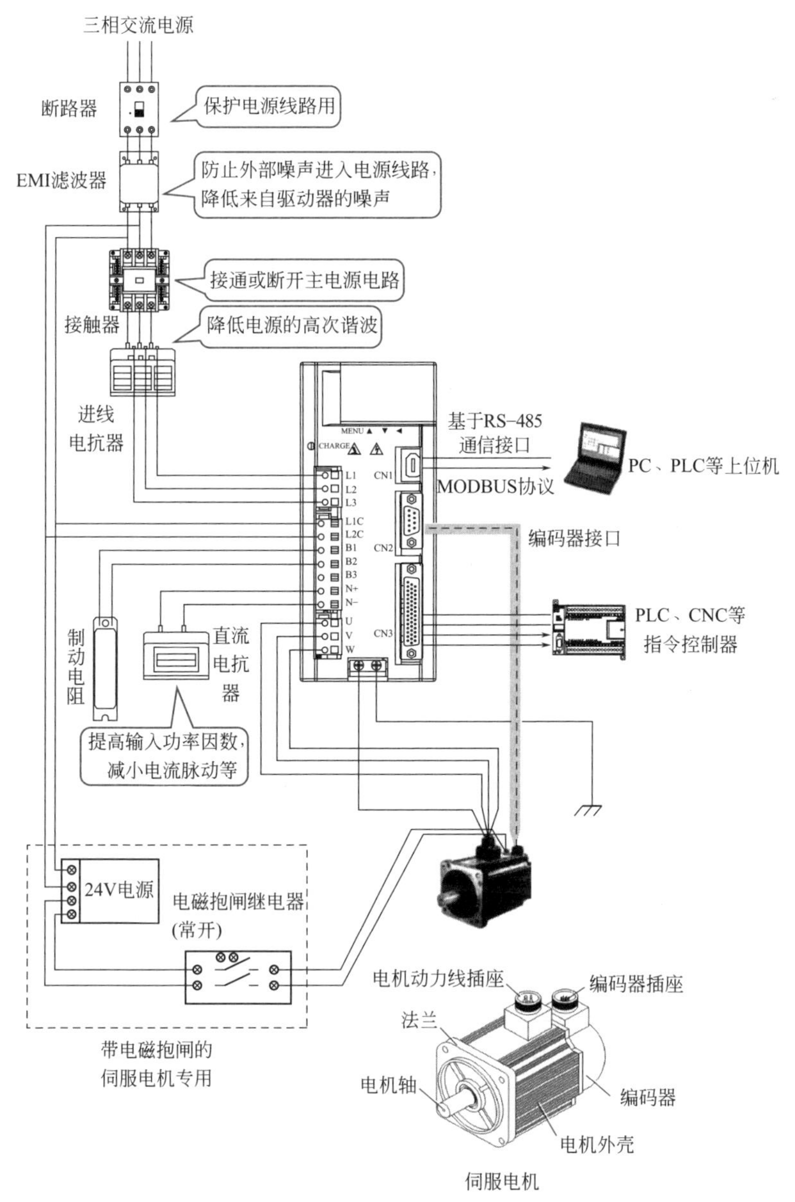

图 10-10　某几款伺服系统配线

10.1.10　滤波磁环的安装要求

滤波磁环应靠近驱动器的输出侧安装，以便有效抑制输出侧的共模干扰。另外，禁止地线穿入滤波磁环中，如图 10-11 所示。

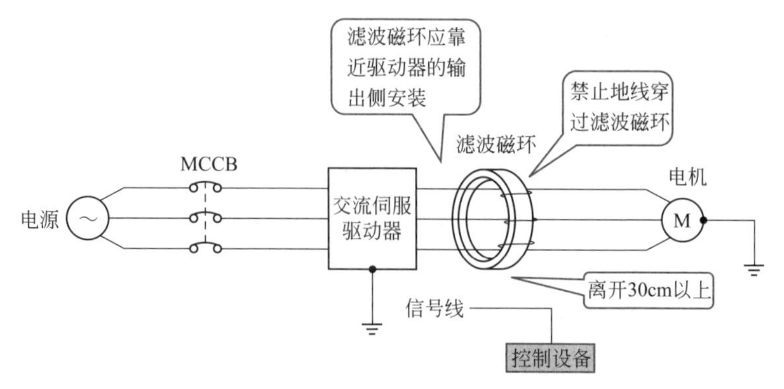

图 10-11　滤波磁环的安装要求

10.1.11　输出屏蔽电缆与滤波器的安装要求

交流伺服驱动器的输出线需要采用屏蔽电缆，以便有效抑制无线干扰、感应干扰。输出线使用的屏蔽电缆，需要将屏蔽层两端分别接地。

对于无线干扰比较大的场合，则可以采用输入噪声滤波器、输出噪声滤波器，这样滤波效果更佳，如图 10-12 所示。

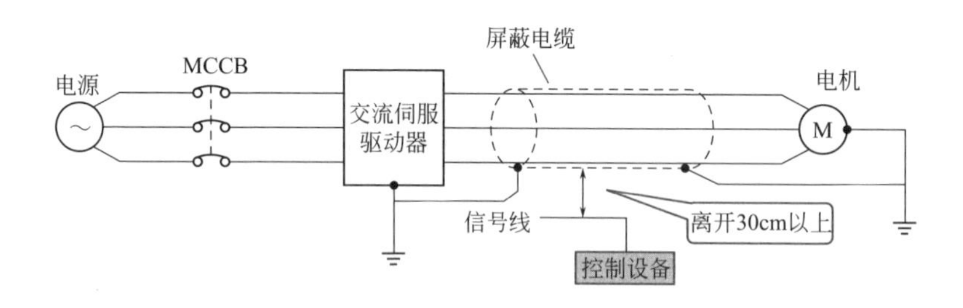

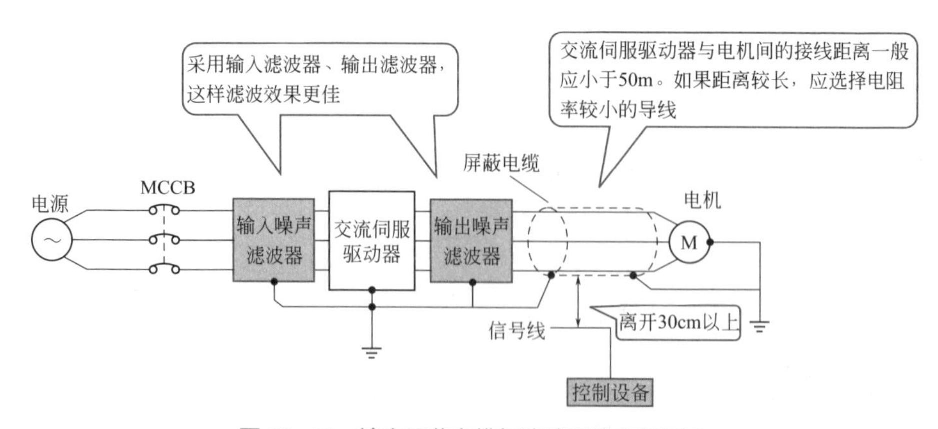

图 10-12　输出屏蔽电缆与滤波器的安装要求

10.1.12 控制接线图

不同伺服驱动器的控制接线图有所差异。某款伺服驱动器控制接线如图 10-13 所示。

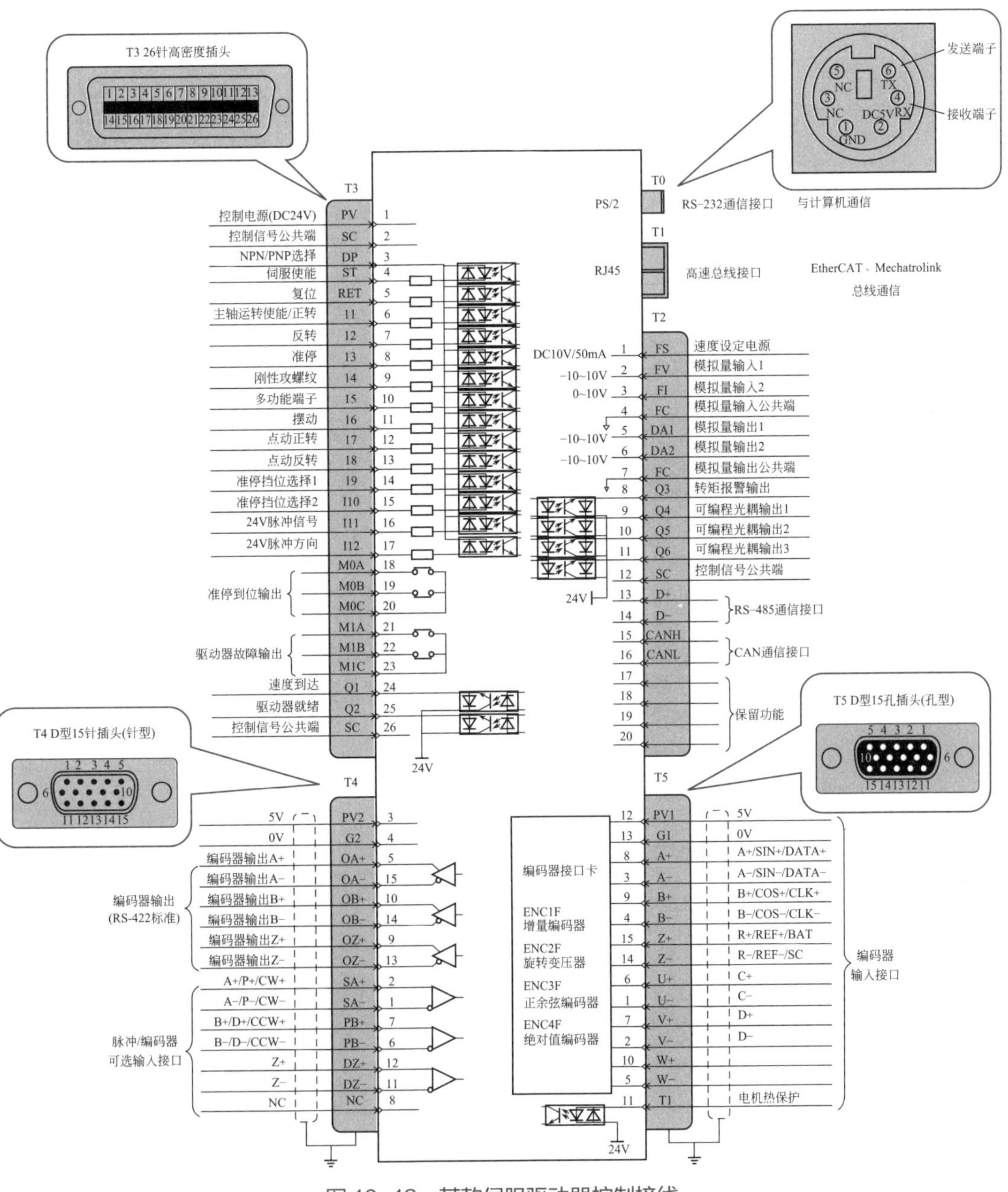

图 10-13 某款伺服驱动器控制接线

10.1.13 电子变压器与伺服驱动器的接线

如果电源是 380V 输入，而采用的是 220V 伺服驱动器，则需要采用电子变压器来实现转接。电子变压器的连接线序要正确，以免发生危险。电子变压器与伺服驱动器的接线如图 10-14 所示。

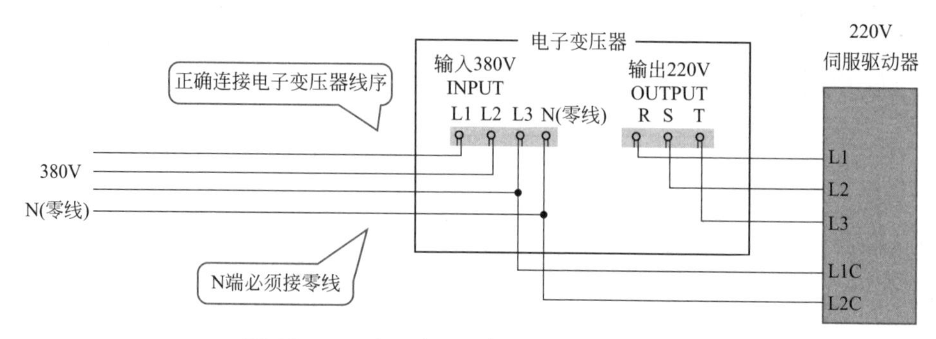

图 10-14 电子变压器与伺服驱动器的接线

10.1.14 编码器线缆的选择

编码器线缆应根据绝对值线缆的选型、增量型线缆的选择、旋变型线缆的选择、功率、接口形式、长度等要求来选择，如图 10-15 所示。

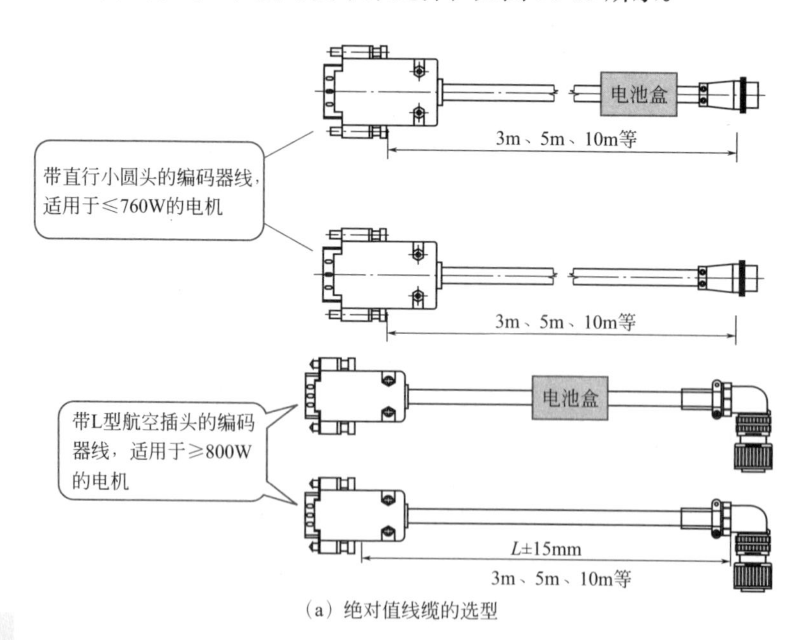

（a）绝对值线缆的选型

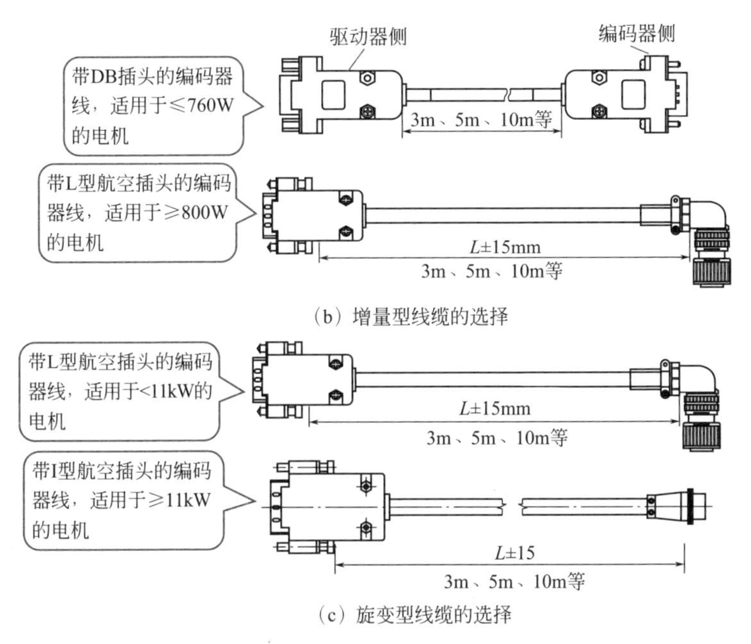

（b）增量型线缆的选择

（c）旋变型线缆的选择

图 10-15 编码器线缆的选择

10.1.15 功率线缆的选择

功率线缆应根据功率、接口形式、长度、线径等要求来选择，如图 10-16 所示。

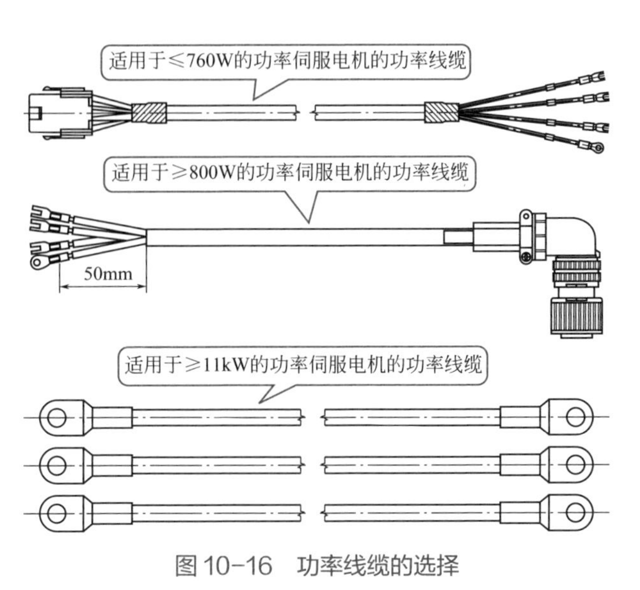

图 10-16 功率线缆的选择

10.2 应用

10.2.1 脉冲序列定位控制

采用 PLC 与伺服驱动器可以实现正反转定位、回零操作等功能，如图 10-17 所示。

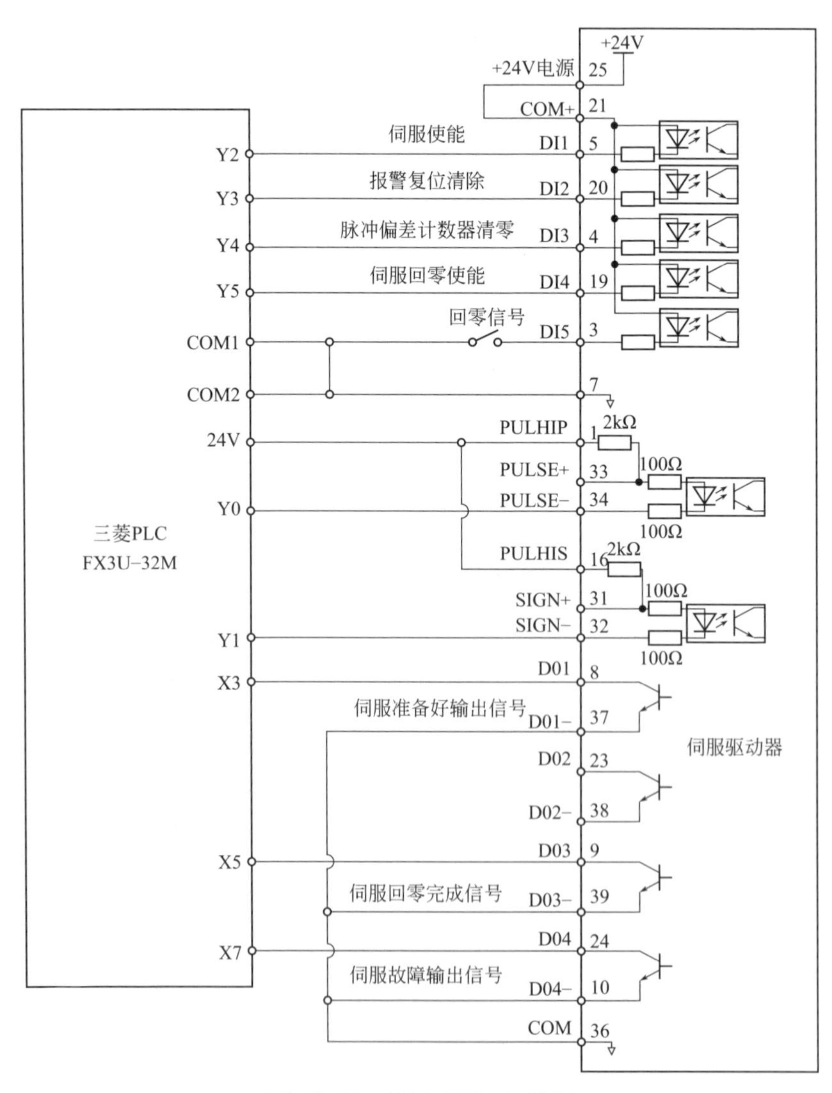

图 10-17　脉冲序列定位控制

10.2.2 三相 220V 供电的接线

某款伺服驱动器三相 220V 供电的接线如图 10-18 所示。

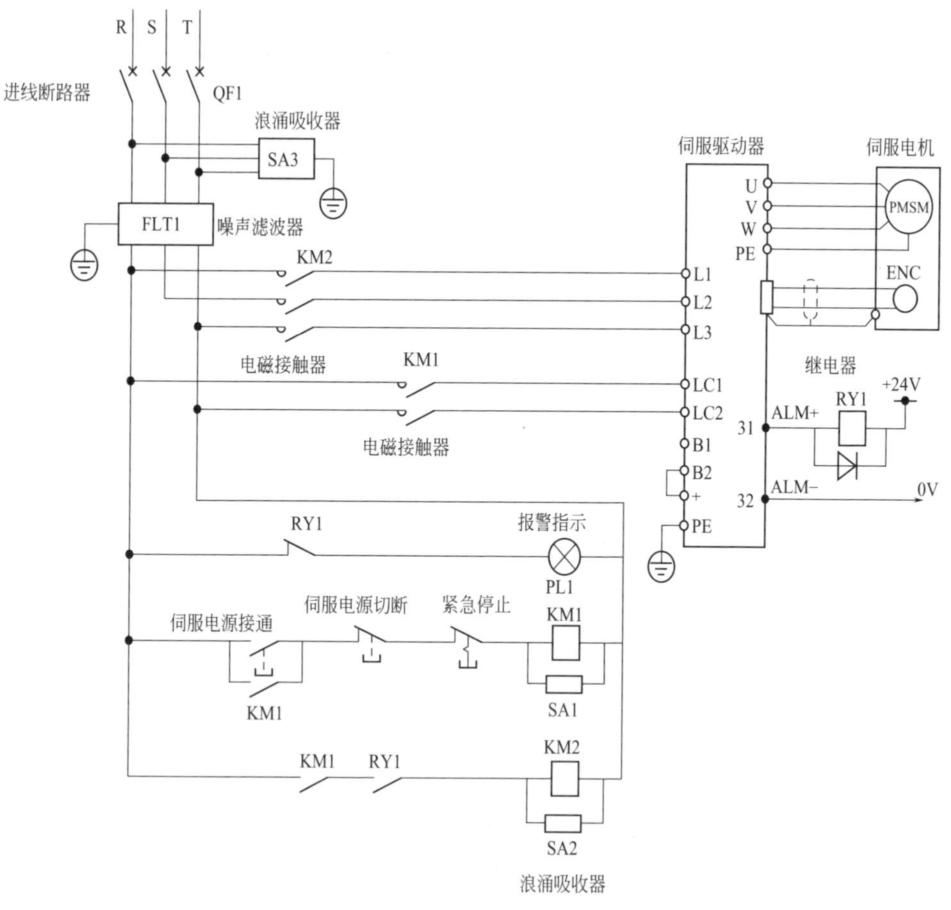

图 10-18　某款伺服驱动器三相 220V 供电的接线

10.2.3 单相 220V 供电的接线

某款伺服驱动器单相 220V 供电的接线如图 10-19 所示。

10.2.4 三相 380V 供电的接线

某款伺服驱动器三相 380V 供电的接线如图 10-20 所示。

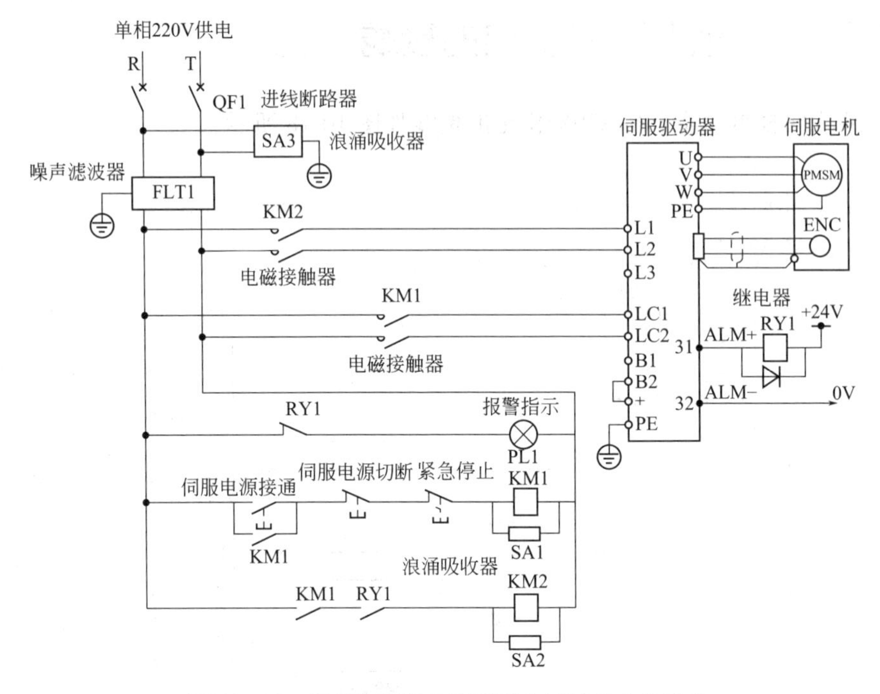

图 10-19　某款伺服驱动器单相 220V 供电的接线

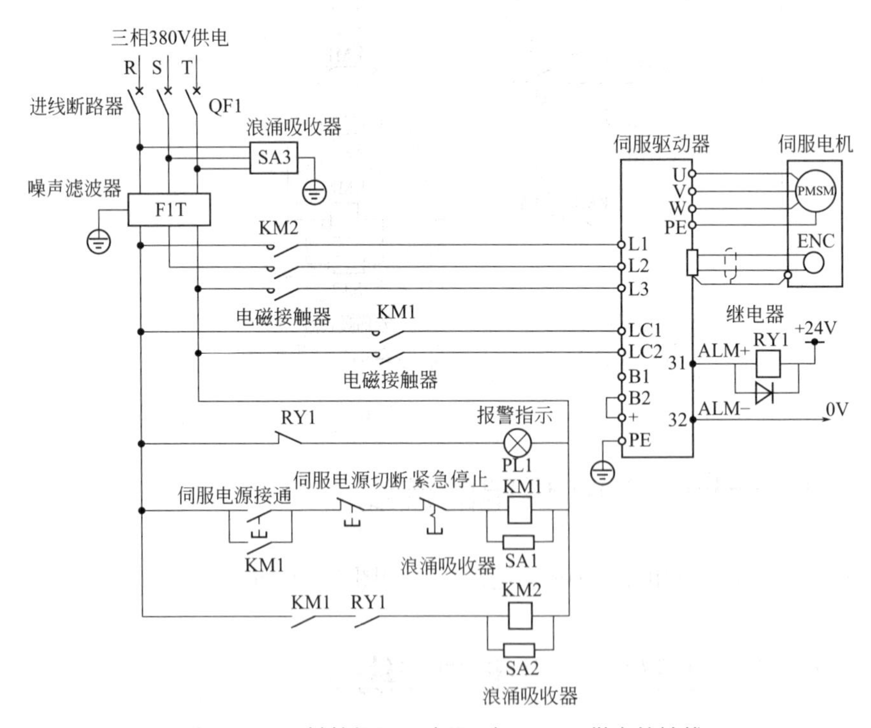

图 10-20　某款伺服驱动器三相 380V 供电的接线

第 11 章
伺服系统的维修

11.1 伺服电机、驱动器的维修

11.1.1 伺服电机故障的维修

伺服电机故障的原因有轴承损坏、编码器损坏、线圈烧坏等。伺服电机故障的检修见表 11-1。

表 11-1 伺服电机故障的检修

现象	说明
电机运行中外壳温度高	电机转子严重失磁引起的，则需要更换转子
更换电机轴承后，开机就快速运行，并且出现驱动器报警	编码器相位角故障引起的，则需要校准编码器相位角
伺服电机过热，甚至冒烟	① 电机过载或频繁启动引起的，则需要减载。 ② 电机缺相、两相运行引起的，则恢复三相运行。 ③ 电源电压过低，电机又带额定负载运行，电流过大使电机绕组发热引起的，则提高电源电压，或者更换粗供电导线。 ④ 电源电压过高引起的，则降低电源电压。 ⑤ 环境温度高、电机表面污垢多、通风道堵塞引起的，则清洗电机，改善环境温度，或者采用降温措施。 ⑥ 检修重绕后绕组浸漆不充分引起的，则采用二次浸漆工艺。 ⑦ 修理拆除绕组时，采用热拆法不当烧伤了铁芯引起的，则检修铁芯，排除故障
伺服电机空载电流不平衡，三相相差比较大	① 电源电压不平衡引起的，则设法消除电源电压的不平衡。 ② 绕组存在匝间短路、线圈反接等引起的，则消除绕组故障等。 ③ 绕组首尾端接错引起的，则检查并且纠正
伺服电机启动困难，额定负载时，电机转速低于额定转速比较多	① 电机过载引起的，则减载。 ② 电机绕组增加匝数过多引起的，则恢复正确的匝数。 ③ 电机误接引起的，则纠正接法。 ④ 电源电压过低引起的，则改善电源电压。 ⑤ 转子局部线圈接错引起的，则检查改正。 ⑥ 转子开焊或者断裂引起的，则检查开焊、断点，并且纠正
伺服电机上电后驱动器即报警	编码器故障引起的，则需要更换编码器
伺服电机运行时有不正常的异响	① 电源电压过高或不平衡引起的，则检查、调整电源电压。 ② 轴承磨损或油内有砂粒等异物引起的，则更换轴承、清洗轴承。 ③ 轴承缺油引起的，则加油。 ④ 转子铁芯松动引起的，则检修转子铁芯

续表

现象	说明
伺服电机不旋转	异物进入电机、电机负载过大、轴承磨损等引起的
伺服电机三相电流不平衡	① 电机内部某相支路焊接不良，或接触不好引起的。 ② 电机绕组匝间短路，或对地相间短路引起的。 ③ 接线错误引起的。 ④ 三相电压不平衡引起的
伺服电机通电后不能转动，但是也无异响、异味、冒烟现象	① 电源没有接通（至少两相没有接通）引起的，则检查电源回路的开关、熔丝、接线盒等。 ② 过流继电器调得过小引起的，则检查、调节继电器整定值。 ③ 接线错误引起的，则改正接线
伺服电机通电后不转，但是有“嗡嗡”声	① 电机负载过大或转子卡住引起的，则减载、消除机械故障。 ② 电源回路接点松动、接触电阻大引起的，则紧固松动的接线螺钉。 ③ 绕组引出线始末端接错，或者绕组内部接反引起的，则检查绕组极性、绕组末端连接情况。 ④ 轴承卡住引起的，则修复轴承。 ⑤ 转子绕组有一相断线，或者电源一相失电引起的，则检查出断点，并且予以修复。 ⑥ 装配太紧，或者轴承内油脂过硬引起的，则重新装配使之灵活，更换合格的油脂
伺服电机异常噪声	贯通螺栓松动、轴承磨损、增益设置太高等引起的
伺服电机在有脉冲输出时不运转	① 检查 Run 指令是否正常。 ② 检查带制动器的伺服电机的制动器是否已经打开。 ③ 检查电机偏差计数器的情况。 ④ 检查机械系统是否正常。 ⑤ 检查控制模式选择是否正常。 ⑥ 控制电缆、动力电缆、编码器电缆等电缆异常引起的，则更换电缆。 ⑦ 指令脉冲异常引起的，则检修与指令脉冲有关部分
伺服电机轴承过热	① 电机端盖或轴承盖没有装平引起的，则需要重新装配。 ② 电机与负载间联轴器没有校正，或皮带过紧引起的，则重新校正，调整皮带张力。 ③ 电机轴弯曲引起的，则需要校正电机轴或更换转子。 ④ 润滑脂过多或过少引起的，则根据规定减或加润滑脂。 ⑤ 脂质不好、含有杂质引起的，则需要更换清洁的润滑脂。 ⑥ 轴承间隙过大或过小引起的，则需要更换新轴承。 ⑦ 轴承内孔偏心，与轴相擦引起的，则需要修理轴承盖，消除相擦点。 ⑧ 轴承与轴颈或端盖配合不当引起的，如果是过松，可以采用黏结剂修复，如果是过紧，则需要磨轴颈或端盖内孔，使之适合。 ⑨ 轴承选用不当引起的。 ⑩ 轴电流引起的
运行中机床抖动严重	电机额定输出力矩下降引起的，则更换转子后故障排除

续表

现象	说明
运行中伺服电机振动较大	① 联轴器（皮带轮）同轴度过低引起的，则重新校正使之符合要求。 ② 轴承磨损间隙过大引起的，则检修轴承，必要时更换轴承。 ③ 气隙不均匀引起的，则调整气隙，使之均匀。 ④ 转轴弯曲引起的，则校直转轴。 ⑤ 转子不平衡引起的，则校正转子动平衡

小技巧

从功能上看，许多伺服电机分为两部分，一部分是电机，另一部分是编码器。编码器往往采用塑料后盖等放置在电机后面。

实际维修时，可以采用拉马器顶住输出端轴心，用力将转子顶出来。更换编码器后，需要调零等。

11.1.2 用万用表判断增量编码器的好坏

首先给增量编码器通电，然后测量A、B、Z的输出电压。如果都没有电压，则说明电源部分损坏或主芯片损坏。如果某相有电压，则缓慢转动编码器的轴，正常时A、B端应是轮流电压，并且由高电平到低电平。Z是一圈有一次高电平，高电平的电压值一般比输入低。如果某端始终不出现高电平，或输出的电平很低，则说明该端已经损坏。

11.1.3 伺服驱动器数码管的检修

有的伺服驱动器采用了数码管，如果是单个数码管不显示，则说明故障是局部性的，可以检查是否虚焊、相应信号连接是否断开等；如果是数码管均不显示，则说明故障是整体性的，可以检查电源、显示数据译码芯片等。

【实例】富士某型号伺服电机不转、驱动器数码管也无显示。

【检修】开盖检查电路板、风扇等，发现没有显著异常情况。检查反馈电路、整流管、开关管均正常。检查开关变压器，发现初级绕组存在短路现象，更换开关变压器后试机，伺服电机能够转动，但是数码管还是无显示。更换数码管后试机，一切正常。

11.1.4 伺服驱动器其他故障的检修

伺服驱动器其他故障的检修见表 11-2。

表 11-2 伺服驱动器其他故障的检修

现象	说明
闭环矢量控制时，电机速度起不来	① 编码器损坏或连线接错。更换编码器、重新确认接线。 ② 伺服驱动器内部器件损坏。维修伺服驱动器
凯恩帝 SD100 伺服驱动器上电显示 E9 报警	E9 为编码器故障。经检查发现系码盘信号差动放大芯片异常引起的。更换后，故障排除
某型号伺服驱动器操作面板液晶显示屏"黑屏"	经检查发现系显示屏接口异常引起的。更换后，故障排除
某型号伺服驱动器驱动不了电机	经检查发现系逆变模块损坏引起的。更换后，故障排除
某型号伺服驱动器通信错误报警	检查伺服驱动器间的信号电缆连接、驱动器通信板等是否异常
某型号伺服驱动器外部冷却散热片冷却风扇报警	① 检查电源单元散热片上的风扇是否异常。如果异常，则更换风扇。 ② 检查控制侧板是否插牢，检查电源单元是否异常
某型号伺服驱动器无显示	经检查发现系整流模块损坏引起的。更换后，故障排除
某型号伺服驱动器显示器不亮，电机也不转动	经检查发现系 IPM 下桥电源供应整流管短路引起的。更换后，故障排除
频繁报模块过热故障	① 载频设置太高。降低载频。 ② 风扇损坏、风道堵塞。更换风扇、清理风道。 ③ 伺服驱动器内部器件损坏。维修伺服驱动器
上电伺服驱动器显示正常，运行后显示"HC"并马上停机	风扇损坏或堵转。更换风扇
上电无显示	① 伺服驱动器输入电源异常。检查输入电源 ② 驱动板与控制板连接的排线接触不良。重新拔插排线。 ③ 伺服驱动器内部器件损坏。维修伺服驱动器
上电显示 HC	① 驱动板与控制板连接的排线接触不良。重新拔插排线。 ② 伺服驱动器损坏。维修伺服驱动器
伺服驱动器 SV0607 主电源缺相报警	经检查发现系 PSM 单元异常引起的。更换后，故障排除

11.1.5 伺服驱动器的定期检查

伺服驱动器定期检查的一些项目见表 11-3。

表 11-3　伺服驱动器定期检查的一些项目

检查项目	检查内容	检查方法	判定标准
操作面板	① 显示是否看不清楚。 ② 是否缺少字符	目测	① 能显示。 ② 没有异常
电压	主电路、控制电路电压是否正常	需用万用表等测量	满足技术数据
控制电路——控制电路板连接器	① 螺钉、连接器是否松动。 ② 是否有怪味、变色。 ③ 是否有裂纹、破损、变形、生锈。 ④ 电容是否有漏液、变形痕迹	① 项需拧紧。 ② 项根据嗅觉、视觉来判断。 ③、④项根据视觉来判断	没有异常
框架、前面板等	① 是否有异常声音、异常振动。 ② 螺钉（紧固部位）是否松动。 ③ 是否有变形损坏。 ④ 是否有过热引起的变色。 ⑤ 是否有灰尘、污损	① 项依据视觉、听觉来判断。 ② 项需拧紧。 ③、④、⑤项需视觉来判断	没有异常
冷却系统——冷却风扇	① 是否有异常声音，异常振动。 ② 螺钉是否松动。 ③ 是否因过热变色	① 项需根据听觉、视觉来判断。 ② 项需拧紧。 ③ 项根据视觉来判断	① 项平稳旋转。 ②、③ 项没有异常
冷却系统——通风道	散热片、给排气口的间隙是否堵塞，是否有附着异物	需视觉来判断	没有异常
周围环境	① 确认环境温度、湿度、振动等。 ② 周围有无放置工具、螺钉等异物、危险品	需根据视觉来判断，并用仪器测量	① 满足参数。 ② 没放置异物
主电路——变压器、电抗器	是否有异常的声音、怪味	需用听觉、视觉、嗅觉来判断	没有异常
主电路——导体、导线	① 导体过热是否有变化、变形现象。 ② 电线外皮是否有破裂、变色等异常现象	需目视来判断	没有异常
主电路——电磁接触继电器	① 工作时是否有振动声。 ② 接点是否有虚焊	① 项根据听觉来判断。 ② 项根据视觉来判断	没有异常
主电路——电阻	① 是否有由过热引起的怪味、绝缘体裂纹。 ② 是否有断线	① 项根据嗅觉、视觉来判断。 ② 项根据视觉或卸开连接的一端再用万用表测量来判断	① 项没有异常。 ② 项电阻值偏差在 ±10% 内
主电路——端子台	没有损伤	需视觉来判断	没有异常
主电路——公用电路	① 螺钉是否有松动、脱落。 ② 机器、绝缘体是否有变形、裂纹、破损或由过热老化引起的变色。 ③ 是否有灰尘、污损	① 项需拧紧。 ②、③项需视觉来判断	没有异常
主电路——滤波电容	是否有漏液、变色、裂纹、外壳膨胀	需视觉来判断	没有异常

伺服驱动器的有关检修时期见表 11-4。

表 11-4 伺服驱动器的有关检修时期

项目	检修时期	检修要领	异常的处理
机身、电路板的清洁	至少每年一次	没有垃圾、灰尘、油迹等	可以用布擦拭、用气枪清洁
螺钉松动	至少每年一次	接线板、连接器安装螺钉等不得有松动	进一步紧固
机身、电路板上的零件是否有异常	至少每年一次	不得有因发热引起的变色、破损、断线等	

11.2 故障代码

11.2.1 KT270-E\F\G\H 伺服驱动器故障代码

KT270-E\F\G\H 伺服驱动器故障代码见表 11-5。

表 11-5 KT270-E\F\G\H 伺服驱动器故障代码

故障代码	报警名称	内容
—	正常	
1	超速	伺服电机速度超过设定值
2	主电路过压	主电路电源电压过高
3	主电路欠压	主电路电源电压过低
4	位置超差	位置偏差计数器的数值超过设定值
6	速度放大器饱和故障	速度放大器长时间饱和
7	驱动禁止异常	正转、反转行程末端输入都断开
8	位置偏差计数器溢出	位置偏差计数器的数值的绝对值超过 2^{30}
9	光电编码器 A、B、Z 信号故障	编码器 A、B、Z 信号故障
11	IPM 模块故障	IPM 模块故障
12	过电流	电机电流过大
13	过载	伺服驱动器及电机过载（瞬时过热）
14	制动故障	制动电路故障
15	编码器计数错误	编码器计数异常
16	电机热过载	电机电热值超过设定值（I^2t 检测）
17	速度响应故障	速度误差长期过大

续表

报警代码	报警名称	内容
18	光电编码器 U、V、W 信号故障	编码器 U、V、W 信号故障
19	热复位	系统被热复位
20	EEPROM 错误	EEPROM 错误
21	FPGA 芯片错误	FPGA 芯片错误
22	PLD 芯片错误	PLD 芯片错误
23	A/D 芯片错误	A/D 芯片或电流传感器错误
24	RAM 芯片错误	RAM 芯片错误
26	输出电子齿轮比设置错误	倍率分子大于分母
27	缺相报警	三相输入电源缺相
30	编码器 Z 脉冲丢失	编码器 Z 脉冲错误
31	编码器 U、V、W 信号错误	编码器 U、V、W 信号错误或与编码器不匹配
32	编码器 U、V、W 信号非法编码	U、V、W 信号存在全高电平或全低电平
35	在非降速阶段，制动管也工作	主回路电源电压过高
36	操作错误	执行了不允许的操作
37	输入位置指令倍率设置错误	参数设置错误
38	平滑滤波器溢出报警	参数设置错误
39	通信错误	通信错误

11.2.2 TH-100HA 伺服驱动器故障代码

TH-100HA 伺服驱动器故障代码，见表 11-6。

表 11-6 TH-100HA 伺服驱动器故障代码

故障代码	故障内容
0	正常（无报警）
1	位置偏差过大故障
2	正 / 反转驱动禁止
3	过载故障
4	动态制动故障
5	速度调节器过饱和
6	过压故障
9	单轴数控编程故障
10	编码器相位故障

续表

故障代码	故障内容
11	编码器信号故障
12	IPM 故障
13	超最高转速故障
14	主回路继电器控制故障
16	U、V、W 信号故障
17	编码器计数故障
18	超额定转速故障

11.2.3 丹佛 DSD 系列伺服驱动器故障代码

丹佛 DSD 系列伺服驱动器故障信息见表 11-7。

表 11-7 丹佛 DSD 系列伺服驱动器故障信息

故障代码	故障名称	故障原因
ER0-00	正常	
ER0-01	电机转速过高	① 编码器接线故障。 ② 编码器损坏。 ③ 编码器电缆过长，造成编码器供电电压偏低。 ④ 运行速度过高。 ⑤ 输入脉冲频率过高。 ⑥ 电子齿轮比太大。 ⑦ 伺服系统不稳定引起超调。 ⑧ 电路板故障
ER0-02	直流母线电压过高	① 电源电压过高（高于 20%）故障。 ② 制动电阻接线断开。 ③ 内部再生制动晶体管损坏。 ④ 内部再生制动回路容量太小。 ⑤ 电路板故障
ER0-03	输入 AC 电源电压过低或 DC 母线电压低	① 电源电压过低（低于 20%）。 ② 临时停电 200ms 以上。 ③ 电源启动回路故障。 ④ 电路板故障。 ⑤ 驱动器温度过高
ER0-04	超差报警	① 机械卡死。 ② 输入脉冲频率太高。 ③ 编码器零点变动。 ④ 编码器接线错误或编码器连接线断。 ⑤ 位置环增益 P14 太小。 ⑥ 负载过大。

续表

故障代码	故障名称	故障原因
ER0-04	超差报警	⑦ P43 参数设置太小故障。 ⑧ P42=1 屏蔽此功能，将不报警
ER0-05	驱动器温度过高	① 环境温度过高。 ② 散热风机故障。 ③ 温度传感器故障。 ④ 电机电流太大。 ⑤ 内部再生制动电路故障。 ⑥ 内部再生制动晶体管损坏。 ⑦ 电路板故障
ER0-06	驱动器写 EEPROM 错误	EEPROM 芯片损坏，需要更换 EEPROM 芯片
ER0-07	CWL 电机反向限位	撞到反向限位开关，可以设置参数 P48=0 屏蔽该功能，或者正向转动电机或增大 P41 参数，P48=2 时不报警
ER0-08	CCWL 电机正向限位	撞到正向限位开关，可以设置参数 P48=0 屏蔽该功能，或者反向转动电机或增大 P41 参数，P48=2 时不报警
ER0-09	编码器 U、V、W 故障	① 编码器损坏。 ② 编码器接线损坏或断裂。 ③ P38=1 屏蔽该功能，将不报警。 ④ 编码器电缆过长，造成编码器供电电压偏低。 ⑤ 电路板故障
ER0-10	电流过大	① 电机线 U、V、W 之间短路。 ② 接地不良。 ③ 电机绝缘损坏。 ④ 负载过大。 ⑤ 超过 300% 额定电流 100ms 以上。 ⑥ 连续超过 30% 额定电流 15s 以上。 ⑦ 电路板故障，1.5V 电源芯片故障。 ⑧ P27 参数设置小，可适当增大。注意：如果太大容易损坏驱动器
ER0-11	模块故障	① 电流过大。 ② 电压过低。 ③ 电机绝缘损坏。 ④ 增益参数设置不当。 ⑤ 负载过大。 ⑥ 温度过高。 ⑦ 模块损坏。 ⑧ 受到干扰。 ⑨ 电机电源线 U、V、W 短路。 ⑩ 电机电源线 U、V、W 接错位。 ⑪ 编码器接线错误或编码器连接线断。 ⑫ P10 参数设置过大，可以适当减小
ER0-12	电机过载报警	① P27 和 P40 参数设置过小，可适当增大。注意：如果太大容易损坏驱动器。 ② 负载超过参数 P40 设定的电机额定转矩的百分比时驱动报警。 ③ 编码器接线错误或编码器连接线断。 ④ 电机电源线 U、V、W 接触不好。

故障代码	故障名称	故障原因
ER0-12	电机过载报警	⑤ 机械卡死。 ⑥ 负载过大
ER0-13	IPM 软保护	电流大于 IPM 模块的最大值时报警
ER0-14	编码器 A、B、Z 故障	① 编码器损坏。 ② 编码器接线损坏或断裂。 ③ P38=1 屏蔽此功能，将不报警。 ④ 编码器电缆过长，造成编码器供电电压偏低。 ⑤ 电路板故障

11.2.4 富士 alpha-5-smart 伺服系统故障代码

富士 alpha-5-smart 伺服系统故障信息、代码见表 11-8。

表 11-8 富士 alpha-5-smart 伺服系统故障代码

故障代码	故障名称	故障代码	故障名称
oc1	过电流故障 1	dE	存储器故障
oc2	过电流故障 2	cE	电机组合故障
oS	超速故障	tH	再生晶体管过热故障
Hu	过电压故障	Ec	编码器通信故障
Et1	编码器故障 1	ctE	CONT 重复故障
Et2	编码器故障 2	oL1	过载故障 1
ct	控制电路故障	oL2	过载故障 2
LuP	主电路电压不足故障	rH1	内部再生电阻过热故障
rH2	外部再生电阻过热故障	rH3	再生晶体管故障
oF	偏差超出故障	AH	放大器过热故障
EH	编码器过热故障	dL1	ABS 数据丢失故障 1
dL2	ABS 数据丢失故障 2	dL3	ABS 数据丢失故障 3
AF	多旋转溢出故障	E	初始化错误故障

11.2.5 台达 ASDA-A 系列伺服驱动器故障代码

台达 ASDA-A 系列伺服驱动器故障代码见表 11-9。

表 11-9　台达 ASDA-A 系列伺服驱动器故障代码

故障代码	故障现象/类型	故障内容	故障原因	故障检查	故障处置	解决方法
RLE01	过电流故障	主回路电流值超越电机瞬间最大电流值 1.5 倍	① 驱动器输出短路； ② 电机接线异常； ③ IGBT 异常； ④ 控制参数设定错误； ⑤ 控制命令设定错误	① 检查电机与驱动器接线状态，以及检查导线本身； ② 检查电机连接到驱动器的接线顺序； ③ 检查散热片温度是否错误； ④ 检查设定值是否大于出厂默认值； ⑤ 检查控制输入命令是否变动过大	根据具体原因，选择相应的排除方法： ① 排除短路异常情况； ② 正确配线； ③ 检修； ④ 恢复到原出厂默认值，再逐量修正； ⑤ 修正输入命令变动率或开启滤波功能	需 DI ARST 清除
RLE02	过电压故障	主回路电压值高于要求电压	① 主回路输入电压大于额定容许电压值； ② 电源输入错误（非正确电源系统）； ③ 驱动器硬件异常	① 检测主回路输入电压是否在额定容许电压值内； ② 检查电源系统是否符合要求； ③ 检查驱动器是否有异常	根据具体原因，选择相应的排除方法： ① 使用正确电压源或串接稳压器； ② 检修驱动器	需 DI ARST 清除
RLE03	低电压故障	主回路电压值低于要求电压	① 主回路输入电压低于额定容许电压值； ② 主回路无输入电压源； ③ 电源输入错误（非正确电源系统）	① 检查主回路输入电压接线情况； ② 检测主回路电压是否正常； ③ 检测电源系统	根据具体原因，选择相应的排除方法： ① 确认接线情况； ② 确认电源开关是否正常； ③ 使用正确的电压源或串接变压器	自动清除
RLE04	保留	保留				
RLE05	再生异常	再生控制动作异常	① 再生电阻没有接好或过小； ② 再生切换晶体管失效； ③ 参数设定错误	① 检查再生电阻连接是否正确、牢靠； ② 检查再生切换晶体管； ③ 确认再生电阻参数（P1-52）设定与再生电阻容量参数（P1-53）设定是否正确	根据具体原因，选择相应的排除方法： ① 重新连接再生电阻； ② 重新计算再生电阻值； ③ 检修； ④ 重新正确设定	需 DI ARST 清除

续表

故障代码	故障现象 / 类型	故障内容	故障原因	故障检查	故障处置	解决方法
RLE06	过负载故障	电机及驱动器过负载	① 超过驱动器额定负载连续使用； ② 控制系统参数设定错误； ③ 电机、编码器接线错误； ④ 电机编码器不良； ⑤ 驱动器异常	① 驱动器状态显示参数 P0-02 设定为 11 后，通过监视平均转矩 [%] 是否持续超过 100% 以上来判断； ② 检查机械系统是否存在摆振； ③ 检查加减速设定是否过快； ④ 检查 U、V、W 与编码器接线是否异常； ⑤ 检查驱动器故障	根据具体原因，选择相应的排除方法： ① 提高电机容量； ② 降低负载； ③ 调整控制回路增益值； ④ 加减速设定时间减慢； ⑤ 正确接线	需 DI ARST 清除
RLE07	过速度故障	电机控制速度超过正常速度过大	① 速度输入命令变动过大； ② 过速度判定参数设定错误	① 检测输入的模拟电量是否异常； ② 检查过速度设定参数 P2-34 是否太小	根据具体原因，选择相应的排除方法： ① 调整输入信号变动率或开启滤波功能； ② 正确设定过速度参数 P2-34	需 DI ARST 清除
RLE08	异常脉冲控制命令	脉冲命令的输入频率超过硬件界面容许值	脉冲命令频率大于额定输入频率	用检测计检测输入频率是否超过额定输入频率	正确设定输入脉冲频率	需 DI ARST 清除
RLE09	位置控制误差过大故障	位置控制误差量大于设定容许值	① 最大位置误差参数设定过小； ② 增益值设定过小； ③ 转矩限制过低； ④ 外部负载过大	① 确认最大位置误差参数 P2-35 的设定值是否正确； ② 确认转矩限制值是否正确； ③ 检查外部负载	根据具体原因，选择相应的排除方法： ① 加大参数 P2-35 的设定值； ② 正确调整增益值； ③ 正确调整转矩限制值； ④ 降低外部负载； ⑤ 重新评估电机容量	需 DI ARST 清除

续表

故障代码	故障现象/类型	故障内容	故障原因	故障检查	故障处置	解决方法
RLE10	芯片执行超时故障	芯片异常	芯片动作异常	电源复位检测	根据具体原因，选择相应的排除方法： ① 复位； ② 检修	无法清除
RLE11	编码器异常故障	编码器产生脉冲信号异常	① 编码器接线错误； ② 编码器松脱； ③ 编码器接线不良； ④ 编码器损坏； ⑤ 位置检出回路异常	① 确认接线是否正确； ② 检查驱动器上 CN2 与编码器接头； ③ 检查驱动器上的 CN2 与伺服电机编码器两端接线是否松脱； ④ 检查电机是否异常； ⑤ 检查驱动器是否异常	根据具体原因，选择相应的排除方法： ① 正确接线； ② 重新安装； ③ 重新连接接线； ④ 更换电机； ⑤ 维修驱动器	重上电清除
RLE12	校正故障	执行电气校正时校正值超越容许值	① 模拟输入接点没有正确归零； ② 检测组件损坏	① 检测输入接点的电压电位是否同接地电位； ② 电源复位检测	根据具体原因，选择相应的排除方法： ① 模拟输入接点正确接地； ② 复位； ③ 维修驱动器	移除 CN1 接线并执行自动更正后清除
RLE13	紧急停止故障	紧急停止按钮按下时动作	紧急停止开关按下	确认开关位置	开启紧急停止按钮	DI EMGS 解除自动清除
RLE14	逆向极限故障	逆向极限开关被按下时动作	① 逆向极限开关按下； ② 伺服系统稳定度不够	① 确认开关位置； ② 检查控制参数设定是否错误； ③ 检查负载惯量是否异常	根据具体原因，选择相应的排除方法： ① 开启逆向极限开关； ② 重新修正参数； ③ 重新评估电机容量	需 DI ARST 清除或 Servo Off 清除
RLE15	正向极限故障	正向极限开关被按下时动作	① 正向极限开关按下； ② 伺服系统稳定度不够	① 确认开关位置； ② 检查控制参数设定是否错误； ③ 检查负载惯量是否异常	根据具体原因，选择相应的排除方法： ① 开启正向极限开关； ② 重新修正参数； ③ 重新评估电机容量	需 DI ARST 清除或 Servo Off 清除

续表

故障代码	故障现象 / 类型	故障内容	故障原因	故障检查	故障处置	解决方法
RLE16	IGBT 温度故障	IGBT 温度过高	① 超过驱动器额定负载连续使用； ② 驱动器输出短路	① 检查负载； ② 检查驱动器输出接线	根据具体原因，选择相应的排除方法： ① 提高电机容量或降低负载； ② 正确接线	需 DI ARST 清除
RLE17	存储器故障	存储器 EEPROM 存取异常	① 存储器数据存取异常； ② 长时间通信写入	① 参数复位或电源复位后是否异常； ② 检查使用长时间通信写入时，是否将 P2-30 设为 5	检修驱动器	需 DI ARST 清除
RLE18	芯片通信故障	芯片通信异常	控制电源异常	检测及复位控制电源	根据具体原因，选择相应的排除方法： ① 复位； ② 检修驱动器	需 DI ARST 清除
RLE19	串行通信超时故障	RS-232/485 通信异常	① 通信参数设定错误； ② 通信地址错误； ③ 通信数值错误	① 检查通信参数设定值； ② 检查通信地址； ③ 检查存取数值	根据具体原因，选择相应的排除方法： ① 正确设定参数； ② 正确设定通信地址	需 DI ARST 清除
RLE20	串行通信超时故障	RS-232/485 通信超时	① 超时参数设定错误； ② 长时间没有接收通信命令	① 检查超时参数的设定； ② 检查通信线是否松脱、断线	根据具体原因，选择相应的排除方法： ① 正确设定参数； ② 正确接线	需 DI ARST 清除
RLE21	命令写入故障	控制命令下达异常	控制电源异常	检测及复位控制电源	根据具体原因，选择相应的排除方法： ① 复位； ② 检修驱动器	需 DI ARST 清除

续表

故障代码	故障现象/类型	故障内容	故障原因	故障检查	故障处置	解决方法
RLE22	主回路电源缺相故障	主回路电源缺相，仅单相输入	主回路电源异常	检查U、V、W电源线是否松脱	①检查电源； ②检修驱动器	需DI ARST清除
RLE23	预先过负载警告故障	电机及驱动器根据参数P1-56过负载	预先过负载警告	①确定是否已经过载； ②检查参数P1-56设定是否正确	根据具体原因，选择相应的排除方法： ①检查负载； ②正确设定参数	需DI ARST清除
RLE97	内部命令执行超时故障	内部命令执行发生问题	内部命令执行发生问题	检测及复位控制电源	根据具体原因，选择相应的排除方法： ①复位； ②检修驱动器	需DI ARST清除
RLE98	芯片通信故障	硬件故障	硬件故障导致芯片通信错误	检测及复位控制电源	根据具体原因，选择相应的排除方法： ①复位； ②检修驱动器	需DI ARST清除
RLE99	芯片通信故障	硬件故障	硬件故障导致芯片通信错误	检测及复位控制电源	根据具体原因，选择相应的排除方法： ①复位； ②检修驱动器	需DI ARST清除

11.2.6 松下 MINAS A6 伺服电机驱动器故障代码

松下 MINAS A6 伺服电机驱动器故障代码见表 11-10。

表 11-10 松下 MINAS A6 伺服电机驱动器故障代码

故障代码		内容	属性		
主码	辅码		历史记录	可清除	立即停止
11	0	控制电源不足电压保护		○	
12	0	过电压保护	○	○	
13	0	主电源不足电压保护（PN 之间电压不足）		○	
	1	主电源不足电压保护（AC 切断检出）		○	○
14	0	过电流保护	○		
	1	IPM 异常保护	○		
15	0	过热保护	○		○
	1	编码器过热保护	○		○
16	0	过载保护	○	○	
	1	转矩饱和异常保护	○	○	
18	0	再生过负载保护	○		○
	1	再生晶体管异常保护	○		
21	0	编码器通信断线异常保护	○		
	1	编码器通信异常保护	○		
23	0	编码器通信数据异常保护	○		
24	0	位置偏差过大保护	○	○	○
	1	速度偏差过大保护	○	○	○
25	0	混合偏差过大异常保护	○		○
26	0	过速度保护	○	○	○
	1	第 2 过速度保护	○	○	
27	0	指令脉冲输入频率异常保护	○	○	○
	1	绝对式清零异常保护	○		
	2	指令脉冲倍频异常保护	○	○	○
28	0	脉冲再生界限保护	○	○	○
29	0	偏差计数器溢出保护	○	○	
	1	计数器溢出保护 1	○		
	2	计数器溢出保护 2	○		
31	0	安全功能异常保护 1	○		
	2	安全功能异常保护 2	○		

续表

故障代码		内容	属性		
主码	辅码		历史记录	可清除	立即停止
33	0	I/F 输入重复分配异常 1 保护	○		
	1	I/F 输入重复分配异常 2 保护	○		
	2	I/F 输入功能编号异常 1	○		
	3	I/F 输入功能编号异常 2	○		
	4	I/F 输出功能编号异常 1	○		
	5	I/F 输出功能编号异常 2	○		
	6	计数器清除分配异常	○		
	7	指令脉冲禁止输入分配异常	○		
34	0	电机可动范围设定异常保护	○	○	
36	0～1	EEPROM 参数异常			
37	0～2	EEPROM 检验代码异常			
38	0	驱动禁止输入保护		○	
39	0	模拟输入 1（AI1）过大保护	○	○	○
	1	模拟输入 2（AI2）过大保护	○	○	○
	2	模拟输入 3（AI3）过大保护	○	○	○
40	0	绝对式系统停止异常保护	○	○	
41	0	绝对式计数器溢出异常保护	○		
42	0	绝对式过速度异常保护	○	○	
44	0	单圈计数异常保护	○		
45	0	多圈计数异常保护	○		
47	0	绝对式状态异常保护	○		
50	0	外部位移传感器接线异常保护	○		
	1	外部位移通信异常保护	○		
	2	外部位移传感器通信数据异常保护	○		
51	0	外部位移传感器状态异常保护 0	○		
	1	外部位移传感器状态异常保护 1	○		
	2	外部位移传感器状态异常保护 2	○		
	3	外部位移传感器状态异常保护 3	○		
	4	外部位移传感器状态异常保护 4	○		
	5	外部位移传感器状态异常保护 5	○		
55	0	A 相接线异常保护	○		
	1	B 相接线异常保护	○		
	2	Z 相接线异常保护	○		

续表

故障代码		内容	属性		
主码	辅码		历史记录	可清除	立即停止
70	0	U 相电流检出器异常保护	○		
	1	W 相电流检出器异常保护	○		
72	0	热保护器异常保护	○		
80	0	Modbus 通信超时保护	○		
87	0	强制报警输入保护		○	○
92	0	编码器数据恢复异常保护	○		
	1	外部位移传感器复原异常保护	○		
	3	多圈数据上限值不一致异常保护	○		
93	0	参数设定异常保护 1	○		
	1	Block 数据设定异常保护	○	○	
	2	参数设定异常保护 2	○		
	3	外部位移传感器接线异常保护	○		
	4	参数设定异常保护 3	○		
94	0	Block 数据动作异常保护	○	○	
	2	原点复位异常保护	○	○	
95	0～4	电机自动识别异常保护			
96	2	控制单元异常保护 1	○		
97	0	控制模式设定异常保护			
其他编号		其他异常	○		

注：① 历史记录是指留下该报警的历史记录。

② 可清除是指通过报警清除输入即可解除。除此以外的报警，消除报警原因后，需要断电重启。

③ 立即停止是指发生报警时控制动作状态立即停止。

11.2.7 松下 MINAS A5II 系列伺服电机驱动器故障代码

松下 MINAS A5II、A5IIE、A5、A5E 伺服电机驱动器故障代码见表 11-11。

表 11-11 松下 MINAS A5II、A5IIE、A5、A5E 伺服电机驱动器故障代码

故障代码 主码	故障代码 辅码	内容
11	0	控制电源不足电压保护
12	0	过电压保护
13	0	主电源不足电压保护（PN 之间电压不足）
	1	主电源不足电压保护（AC 切断检出）
14	0	过电流保护
	1	IPM 异常保护
15	0	过热保护
16	0	过载保护
	1	A5Ⅱ转矩饱和异常保护
18	0	再生过负载保护
	1	再生晶体管异常保护
21	0	编码器通信断线异常保护
	1	编码器通信异常保护
23	0	编码器通信数据异常保护
24	0	位置偏差过大保护
	1	速度偏差过大保护
25	0	混合偏差过大异常保护
26	0	过速度保护
	1	第 2 过速度保护
27	0	指令脉冲输入频率异常保护
	2	指令脉冲倍频异常保护
28	0	脉冲再生界限保护
29	0	偏差计数器溢出保护
30	0	安全输入保护
33	0	I/F 输入重复分配异常 1 保护
	1	I/F 输入重复分配异常 2 保护
	2	I/F 输入功能编号异常 1
	3	I/F 输入功能编号异常 2
	4	I/F 输出功能编号异常 1
	5	I/F 输出功能编号异常 2
	6	计数器清除分配异常
	7	指令脉冲禁止输入分配异常

故障代码 主码	故障代码 辅码	内容
34	0	电机可动范围设定异常保护
36	0～2	EEPROM 参数异常
37	0～2	EEPROM 检验代码异常
38	0	驱动禁止输入保护
39	0	模拟输入 1（AI1）过大保护
	1	模拟输入 2（AI2）过大保护
	2	模拟输入 3（AI3）过大保护
40	0	绝对式系统停止异常保护
41	0	绝对式计数器溢出异常保护
42	0	绝对式过速度异常保护
43	0	编码器初始化异常保护
44	0	绝对式单圈计数保护
45	0	绝对式多圈计数保护
47	0	绝对式状态异常保护
48	0	编码器 Z 相异常保护
49	0	编码器 CS 相异常保护
50	0	外部反馈尺接线异常保护
	1	外部反馈尺通信数据异常
51	0	外部反馈尺状态异常保护 0
	1	外部反馈尺状态异常保护 1
	2	外部反馈尺状态异常保护 2
	3	外部反馈尺状态异常保护 3
	4	外部反馈尺状态异常保护 4
	5	外部反馈尺状态异常保护 5
55	0	A 相接线异常保护
	1	B 相接线异常保护
	2	Z 相接线异常保护
87	0	强制报警输入保护
95	0～4	电机自动识别异常保护
99	0	其他异常
其他编号		

注：A5Ⅱ表示为 A5Ⅱ系列仅有的功能。

11.2.8 迈信 EP1C Plus 系列伺服电机驱动器故障代码

迈信 EP1C Plus 系列伺服电机驱动器故障代码见表 11-12。

表 11-12 迈信 EP1C Plus 系列伺服电机驱动器故障代码

故障代码	故障名称
Err1	超速故障
Err2	主电路过压故障
Err4	位置超差故障
Err7	驱动禁止异常故障
Err8	位置偏差计数器溢出故障
Err11	功率模块过电流故障
Err12	过电流故障
Err13	过负载故障
Err14	制动峰值功率过载故障
Err16	电机热过载故障
Err17	制动平均功率过载故障
Err18	功率模块过载故障
Err20	EEPROM 故障
Err21	逻辑电路故障
Err23	AD 转换故障
Err27	缺相报警
Err29	转矩过载报警
Err30	编码器 Z 信号丢失
Err31	编码器 U、V、W 信号故障
Err32	编码器 U、V、W 信号非法编码
Err35	板间连接故障
Err36	风扇故障
Err40	编码器通信错误
Err42	绝对值编码器内部计数故障
Err43	绝对值编码器通信应答故障
Err44	绝对值编码器校验故障
Err45	绝对值编码器 EEPROM 故障
Err46	绝对值编码器参数故障
Err47	绝对值编码器外接电池故障
Err48	绝对值编码器外接电池报警
Err50	电机参数与驱动器不匹配故障
Err51	编码器自动识别故障
Err63	内部错误、故障

11.2.9 迈信 EP3E 系列伺服电机驱动器故障代码

迈信 EP3E 系列伺服电机驱动器故障代码见表 11-13。

表 11-13 迈信 EP3E 系列伺服电机驱动器故障代码

故障代码	故障名称
Err1	超速故障
Err2	主电路过压故障
Err4	位置超差故障
Err7	驱动禁止异常故障
Err8	位置偏差计数器溢出故障
Err11	功率模块过电流故障
Err12	过电流故障
Err13	过负载故障
Err14	制动峰值功率过载故障
Err16	电机热过载故障
Err17	制动平均功率过载故障
Err18	功率模块过载故障
Err20	EEPROM 故障
Err21	逻辑电路故障
Err23	AD 转换故障
Err25	FPGA 校验故障
Err27	缺相报警
Err29	转矩过载报警
Err35	板间连接故障
Err36	风扇故障
Err40	编码器通信错误
Err41	绝对值编码器握手故障
Err42	绝对值编码器内部计数故障
Err43	绝对值编码器通信应答故障
Err44	绝对值编码器校验故障
Err45	绝对值编码器 EEPROM 故障
Err46	绝对值编码器参数故障
Err47	绝对值编码器外接电池故障
Err48	绝对值编码器外接电池报警

续表

故障代码	故障名称
Err49	编码器过热故障
Err50	电机参数与驱动器不匹配故障
Err51	编码器自动识别故障
Err60	Op 状态下数据接收故障
Err61	以太网通信周期偏差过大故障
Err62	以太网指令数据超出范围
Err63	内部错误、故障
Err65	SYNC 信号初始化故障
Err66	SYNC 信号与数据接收相位故障
Err68	EtherCAT 操作 EEPROM 故障
Err80	内部故障 1
Err81	内部故障 2
Err82	内部故障 3
Err88	操作模式故障 1
Err89	操作模式故障 2

11.2.10 三菱 MR-J4-A（-RJ）、MR-J4-03A6（-RJ）伺服电机驱动器故障代码

三菱 MR-J4-A（-RJ）、MR-J4-03A6（-RJ）伺服电机驱动器故障代码见表 11-14。

表 11-14 三菱 MR-J4-A（-RJ）、MR-J4-03A6（-RJ）伺服电机驱动器故障代码

名称	故障代码	详细名称	名称	故障代码	详细名称
伺服控制故障（使用线性伺服电机、直驱电机时）	42.1	位置偏差导致的伺服控制异常	全闭环控制故障（使用全闭环控制时）	42.8	位置偏差导致的全闭环控制异常
	42.2	速度偏差导致的伺服控制异常		42.9	速度偏差导致的全闭环控制异常
	42.3	转矩 / 推力偏差导致的伺服控制异常		42.A	指令停止时位置偏差导致的全闭环控制异常

续表

名称	故障代码	详细名称
主电路元件过热故障	45.1	主电路元件温度异常 1
	45.2	主电路元件温度异常 2
伺服电机过热故障	46.1	伺服电机温度异常 1
	46.2	伺服电机温度异常 2
	46.3	热敏电阻未连接异常
	46.4	热敏电阻电路异常
	46.5	伺服电机温度异常 3
	46.6	伺服电机温度异常 4
冷却风扇故障	47.1	冷却风扇停止异常
	47.2	冷却风扇转速下降异常
过载 1	50.1	运行时过载热异常 1
	50.2	运行时过载热异常 2
	50.3	运行时过载热异常 4
	50.4	停止时过载热异常 1
	50.5	停止时过载热异常 2
	50.6	停止时过载热异常 4
过载 2	51.1	运行时过载热异常 3
	51.2	停止时过载热异常 3
误差过大故障	52.1	滞留脉冲过大 1
	52.3	滞留脉冲过大 2

名称	故障代码	详细名称
误差过大故障	52.4	转矩限制 0 时误差过大
	52.5	滞留脉冲过大 3
振动检测	54.1	振动检测异常
强制停止故障	56.2	强制停止时超速
	56.3	强制停止时减速预测距离超出
STO 时序故障	63.1	STO1　OFF
	63.2	STO2　OFF
STO 诊断故障	68.1	STO 信号不一致异常
机械侧编码器初始通信异常 1	70.1	机械侧编码器初始通信接收数据异常 1
	70.2	机械侧编码器初始通信接收数据异常 2
	70.3	机械侧编码器初始通信接收数据异常 3
	70.5	机械侧编码器初始通信发送数据异常 1
	70.6	机械侧编码器初始通信发送数据异常 2
	70.7	机械侧编码器初始通信发送数据异常 3
	70.A	机械侧编码器初始通信处理异常 1
	70.B	机械侧编码器初始通信处理异常 2
	70.C	机械侧编码器初始通信处理异常 3
	70.D	机械侧编码器初始通信处理异常 4
	70.E	机械侧编码器初始通信处理异常 5
	70.F	机械侧编码器初始通信处理异常 6

续表

名称	故障代码	详细名称
机械侧编码器常规通信异常 1	71.1	机械侧编码器通信 接收数据异常 1
	71.2	机械侧编码器通信 接收数据异常 2
	71.3	机械侧编码器通信 接收数据异常 3
	71.5	机械侧编码器通信 发送数据异常 1
	71.6	机械侧编码器通信 发送数据异常 2
	71.7	机械侧编码器通信 发送数据异常 3
	71.9	机械侧编码器通信 接收数据异常 4
	71.A	机械侧编码器通信 接收数据异常 5
机械侧编码器常规通信异常 2	72.1	机械侧编码器数据异常
	72.2	机械侧编码器数据更新异常
	72.3	机械侧编码器数据波形异常
	72.4	机械侧编码器无信号异常
	72.5	机械侧编码器硬件异常 1
	72.6	机械侧编码器硬件异常 2
	72.9	机械侧编码器数据异常 2
USB 通信超时异常 / 串行通信超时故障	8A.1	USB 通信超时异常 / 串行通信超时异常
USB 通信异常 / 串行通信故障	8E.1	USB 通信接收错误 / 串行通信接收错误
	8E.2	USB 通信校验和错误 / 串行通信校验和错误
	8E.3	USB 通信字符错误 / 串行通信字符错误
	8E.4	USB 通信指令错误 / 串行通信指令错误
	8E.5	USB 通信数据号码错误 / 串行通信数据号码错误

名称	故障代码	详细名称
看门狗	8888._	看门狗
欠电压	10.1	控制电路电源电压下降
	10.2	主电路电源电压下降
存储器异常 1（RAM）	12.1	RAM 异常 1
	12.2	RAM 异常 2
	12.3	RAM 异常 3
	12.4	RAM 异常 4
	12.5	RAM 异常 5
时钟故障	13.1	控制时钟异常 1
	13.2	控制时钟异常 2
控制处理故障	14.1	控制处理异常 1
	14.2	控制处理异常 2
	14.3	控制处理异常 3
	14.4	控制处理异常 4
	14.5	控制处理异常 5
	14.6	控制处理异常 6
	14.7	控制处理异常 7
	14.8	控制处理异常 8
	14.9	控制处理异常 9
	14.A	控制处理异常 10
存储器异常 2（EEPROM）	15.1	接通电源时 EEPROM 异常
	15.2	运行过程中 EEPROM 异常

续表

名称	故障代码	详细名称	名称	故障代码	详细名称
编码器初始通信异常 1	16.1	编码器初始通信　接收数据异常 1	编码器初始通信异常 2	1E.1	编码器故障
	16.2	编码器初始通信　接收数据异常 2		1E.2	机械侧编码器故障
	16.3	编码器初始通信　接收数据异常 3	编码器初始通信异常 3	1F.1	不支持编码器
	16.5	编码器初始通信　发送数据异常 1		1F.2	不支持机械侧编码器
	16.6	编码器初始通信　发送数据异常 2	编码器常规通信异常 1	20.1	编码器常规通信　接收数据异常 1
	16.7	编码器初始通信　发送数据异常 3		20.2	编码器常规通信　接收数据异常 2
	16.A	编码器初始通信　处理异常 1		20.3	编码器常规通信　接收数据异常 3
	16.B	编码器初始通信　处理异常 2		20.5	编码器常规通信　发送数据异常 1
	16.C	编码器初始通信　处理异常 3		20.6	编码器常规通信　发送数据异常 2
	16.D	编码器初始通信　处理异常 4		20.7	编码器常规通信　发送数据异常 3
	16.E	编码器初始通信　处理异常 5		20.9	编码器常规通信　接收数据异常 4
	16.F	编码器初始通信　处理异常 6		20.A	编码器常规通信　接收数据异常 5
电路板故障	17.1	电路板异常 1	编码器常规通信故障 2	21.1	编码器数据异常 1
	17.3	电路板异常 2		21.2	编码器数据更新异常
	17.4	电路板异常 3		21.3	编码器数据波形异常
	17.7	电路板异常 4		21.4	编码器无信号异常
存储器异常 3（Flash ROM）	19.1	Flash ROM 异常 1		21.5	编码器硬件异常 1
	19.2	Flash ROM 异常 2		21.6	编码器硬件异常 2
伺服电机组合故障	1A.1	伺服电机组合异常 1		21.9	编码器数据异常 2
	1A.2	伺服电机控制模式组合异常	主电路故障	24.1	硬件检测电路的接地检测
	1A.4	伺服电机组合异常 2		24.2	软件检测处理的接地检测

续表

名称	故障代码	详细名称	名称	故障代码	详细名称
绝对位置丢失	25.1	伺服电机编码器绝对位置丢失	编码器计数故障	2B.1	编码器计数异常 1
初始磁极检测故障	27.1	初始磁极检测时异常结束		2B.2	编码器计数异常 2
	27.2	初始磁极检测时超时错误	再生故障	30.1	再生散热量异常
	27.3	初始磁极检测时极限开关错误		30.2	再生信号异常
	27.4	初始磁极检测时推断误差错误		30.3	再生反馈信号异常
	27.5	初始磁极检测时位置偏差错误	过速度故障	31.1	电机转速异常
	27.6	初始磁极检测时速度偏差错误	过电流故障	32.1	硬件检测电路的过电流检测（运行中）
	27.7	初始磁极检测时电流异常		32.2	软件检测处理的过电流检测（运行中）
线性编码器异常 2	28.1	线性编码器环境异常		32.3	硬件检测电路的过电流检测（停止中）
线性编码器异常 1	2A.1	线性编码器异常 1-1		32.4	软件检测处理的过电流检测（停止中）
	2A.2	线性编码器异常 1-2	过电压故障	33.1	主电路电压异常
	2A.3	线性编码器异常 1-3	指令频率故障	35.1	指令频率异常
	2A.4	线性编码器异常 1-4	参数异常	37.1	参数设置范围异常
	2A.5	线性编码器异常 1-5		37.2	参数组合引起的异常
	2A.6	线性编码器异常 1-6	浪涌电流抑制电路故障	3A.1	浪涌电流抑制异常
	2A.7	线性编码器异常 1-7			
	2A.8	线性编码器异常 1-8			

11.2.11 MS100B 变频伺服电机驱动器故障代码

MS100B 变频伺服电机驱动器故障代码见表 11-15。

表 11-15　MS100B 变频伺服电机驱动器故障代码

故障代码	名称
ALE01	超速故障
ALE02	主电路过压故障
ALE03	主电路欠压故障
ALE04	位置超差
ALE05	电机过热故障
ALE06	速度放大器饱和故障
ALE07	驱动禁止故障
ALE08	位置偏差计数器溢出故障
ALE09	编码器反馈信号错误
ALE10	控制电源欠压故障
ALE11	IPM 模块故障
ALE12	过电流故障
ALE13	过负载故障
ALE14	制动故障
ALE15	电机极对数错误报警
ALE16	主回路断电故障
ALE18	电机型号无效
ALE19	编码器断线报警
ALE20	EEPROM 故障
ALE21	串口通信错误报警
ALE22	电流采样回路故障

11.3 伺服控制系统的维修

11.3.1 系统主轴在运转过程中出现无规律性的振动或转动

系统主轴在运转过程中出现无规律性的振动或转动的维修如图 11-1 所示。

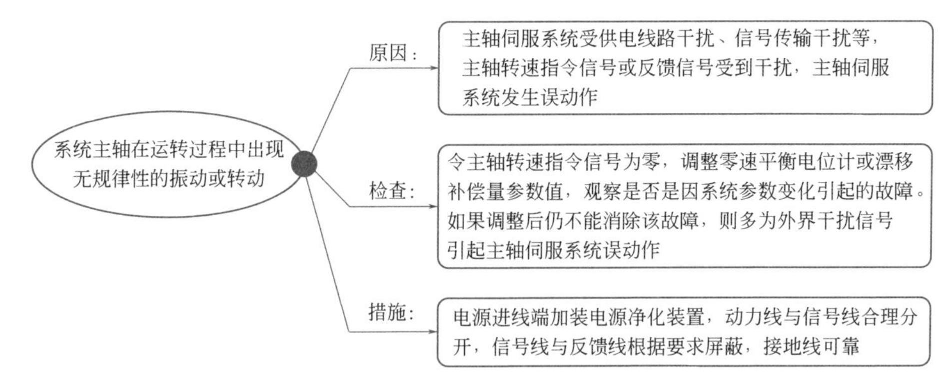

图 11-1　系统主轴在运转过程中出现无规律性的振动或转动的维修

11.3.2　主轴在正常加工时正常，在定位时发生抖动

主轴在正常加工时正常，在定位时发生抖动的维修如图 11-2 所示。

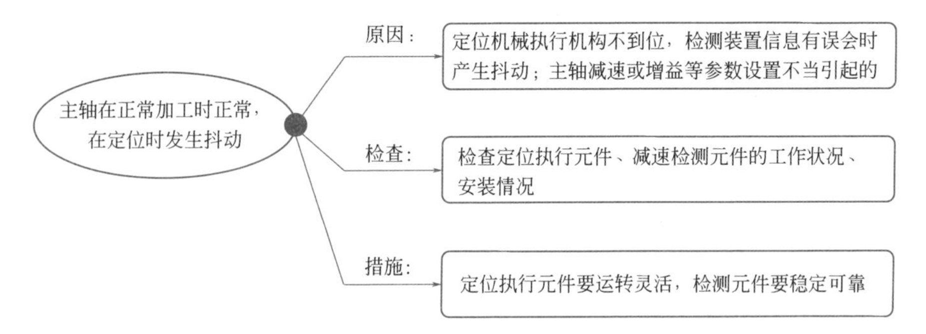

图 11-2　主轴在正常加工时正常，在定位时发生抖动的维修

小技巧

模块交换法——伺服系统多数具有模块化结构，因此，采用模块交换法来检修。

11.3.3　伺服系统检查法

伺服系统检查法见表 11-16。

表 11-16　伺服系统检查法

名称	说明
参考点法	参考点法就是检测伺服系统中定标点、参考点的参数与情况来判断故障
电源电压检查法	根据电源流经的顺序检查各种电源电压的情况来判断故障
动态测量法	动态测量法是通过直观检查、静态测量后，根据电路原理给印制电路板上加上必要的交直流电压、同步电压、输入信号，再用万用表、示波器等对印制电路板的输出电压、电流等全面诊断并排除故障
故障现象分析法	故障现象分析法是寻找故障的特征，经过分析找到故障规律与线索
检查在恶劣环境下工作的元器件法	检查在恶劣环境下工作的元器件，因为这些元器件容易出现受潮、受热、受振动、粘油污、粘灰尘等异常现象
检查连接电缆、连接线法	检查各连接线、连接电缆是否正常。特别注意检查机械运动部位的连接线、连接电缆，因为这些部位的接线容易出现受力、疲劳而发生断裂等异常现象
检查连接端、接插件法	检查接线端子、单元接插件，因为这些部位容易出现松动、氧化、发热、接触不良等异常现象
检查要定期保养的部件与元器件法	因为这些元器件需要定期清洗、更换，其到期很容易出现问题
检查易损部位元器件法	检查易损部位的元器件。例如直流伺服电机的电枢电刷与整流子等
接地法	有些故障是因为没有接地，或者接地错误。为此，应正确检修接地、排除故障
静态测量法	静态测量法主要是用万用表测量元器件的在线电阻、晶体管上的电压以及检查集成电路块等的好坏
滤波法	有些故障是因为没有采用滤波而存在干扰。为此，应采用滤波，排除故障
面板显示与指示灯显示分析法	根据系统配有的面板显示器、指示灯的故障识别结果、报警信息、报警号、文字提示等进行检修
屏蔽法	屏蔽法就是采取屏蔽抑制措施检修、排除故障
外观检查法	检查怀疑部分的元器件，例如： ① 检查继电器是否有跳闸现象。 ② 检查空气断路器、继电器是否脱扣。 ③ 检查熔丝是否熔断。 ④ 检查印制电路板上有无元件破损、断裂等异常情况
系统分析法	判断系统存在故障部位时，可以对控制系统方框图中的各方框单独考虑，可以根据每一方框的功能，将方框划分为具体的独立单元。然后，对某单元内部结构不做具体了解，只考虑其输入、输出
信号追踪法	信号追踪法就是指根据控制系统方框图，从前往后或从后向前地检查有关信号的有无、性质、大小、运行方式等，并且与正常情况比较，得出差异或进行逻辑判断，进而检修

11.3.4 伺服系统维修实例

伺服系统维修实例见表 11-17。

表 11-17 伺服系统维修实例

故障现象	说明
电网突然断电后开机，系统无法启动	检查相应的直流伺服驱动系统，均未发现任何元器件损坏、短路现象，其他部分也正常，更换熔断器后试机，一切正常
某加工中心，当 X 轴运动到某一位置时，液压电机自动断开，并且出现报警提示。断电后再通电，故障依旧	发现系反馈信号线断线引起的
某配套 SIEMENS PRIMOS 系统、6RA26×× 系列直流伺服驱动系统的数控机，开机后出现 ERR21 Y 轴测量系统错误报警	经过检查发现系光栅 LS903 不良引起的，更换后试机，一切正常
某配套 SIEMENS PRIMOS 系统、6RA26×× 系列直流伺服驱动系统的数控机，开机后移动机床的 Z 轴，系统出现 ERR22 跟随误差超差报警	经过检查发现系直流伺服驱动器内部的 LM348 电压比较器不良引起的，更换后试机，一切正常
上电后，伺服驱动器的 LED 灯不亮	经过检查发现系供电电压太低引起的
伺服电机窜动现象	编码器有裂纹、接线端子接触不良、进给传动链的反向间隙过大、伺服驱动增益过大等引起的
伺服电机高速旋转时出现电机偏差计数器溢出错误	① 如果输入较长指令脉冲时发生电机偏差计数器溢出错误，则可能需要减小增益设置、延长加减速时间、减轻负载等。 ② 如果运行过程中发生电机偏差计数器溢出错误，则可能需要减慢旋转速度、延长加减速时间、增大偏差计数器溢出水平设定值、减轻负载等。 ③ 检查电机动力电缆与编码器电缆的配线是否正确、是否无破损
伺服电机没有带负载报过载故障	① 如果是带制动器的伺服电机，则需要将制动器打开。 ② 如果是在伺服 Run（运行）信号一接入，并且没有发脉冲的情况下发生，则检查伺服电机动力电缆配线是否出现了异常情况。 ③ 如果伺服只是在运行过程中发生，则检查位置回路增益是否设置过大、定位完成幅值是否设置过小、伺服电机轴上是否堵转等情况。 ④ 检查速度回路增益设置情况，检查速度回路的积分时间常数设置情况
伺服电机爬行现象	由进给传动链的润滑状态不良、伺服系统增益低、外加负载过大、连接松动、联轴器本身缺陷等引起的
伺服电机运行时出现异常声音或抖动	① 机械系统问题：检查连接电机轴与设备的联轴器是否发生偏移、滑轮或齿轮是否啮合不良、负载惯量是否异常、力矩转速是否异常等情况。

续表

故障现象	说明
伺服电机运行时出现异常声音或抖动	② 伺服参数问题：检查伺服增益设置、速度反馈滤波器时间常数设置、伺服系统和机械系统是否共振等情况。 ③ 伺服配线问题：检查动力电缆、编码器电缆、控制电缆以及控制线附近是否存在干扰源，接地端子电位等情况
伺服电机在一个方向上比另一个方向上跑得快	① 不用于测试时，测试 / 偏差开关打在测试位置引起的，则需要将测试 / 偏差开关打在偏差位置。 ② 由偏差电位器位置不正确引起的，则需要重新设定。 ③ 由无刷电机的相位搞错引起的，则需要检查相位
伺服电机在有脉冲输出时不运转	① 检查 Run(运行) 指令是否正常。 ② 检查带制动器的伺服电机其制动器是否已经打开。 ③ 检查机械系统。 ④ 检查控制器到驱动器的控制电缆、动力电缆、编码器电缆是否存在配线错误、破损、接触不良等异常现象。 ⑤ 检查伺服驱动器的面板脉冲指令是否输入。 ⑥ 检查指令脉冲是否已经执行，并且已经正常输出脉冲。 ⑦ 检查控制模式是否选择位置控制模式。 ⑧ 确保正转侧驱动禁止信号、反转侧驱动禁止信号、偏差计数器复位信号没有被输入，检查脱开负载空载时是否运行正常。 ⑨ 伺服驱动器设置的输入脉冲类型与指令脉冲的设置是否一致
伺服电机轴承过热	① 机组安装不当引起的。 ② 拉动过紧引起的。 ③ 轴承维护不好引起的
伺服驱动器运行后电机不转动	① 电机损坏或堵转，更换电机或清除机械故障。 ② 参数设置不对，检查并重新设置参数
DI 端子失效	① 参数设置错误，检查并重新设置相关参数。 ② OP 与 +24V 短路片松动，重新接线。 ③ 控制板故障，维修伺服驱动器
伺服驱动器频繁报过流、过压故障	① 电机参数设置不对，重新设置参数或进行电机调谐。 ② 加减速时间不合适，设置合适的加减速时间。 ③ 负载波动，检查负载

11.4 维修 IC 速查

11.4.1 78M15 三端正电压调节 IC

78M15 内部电路如图 11-3 所示，其引脚分布如图 11-4 所示。TA78M15F（New PW-Mold）的参考代换型号有 BA178M15FP、NJM78M15DL1A、AN78M15NSP、

KIA78M15F 等。

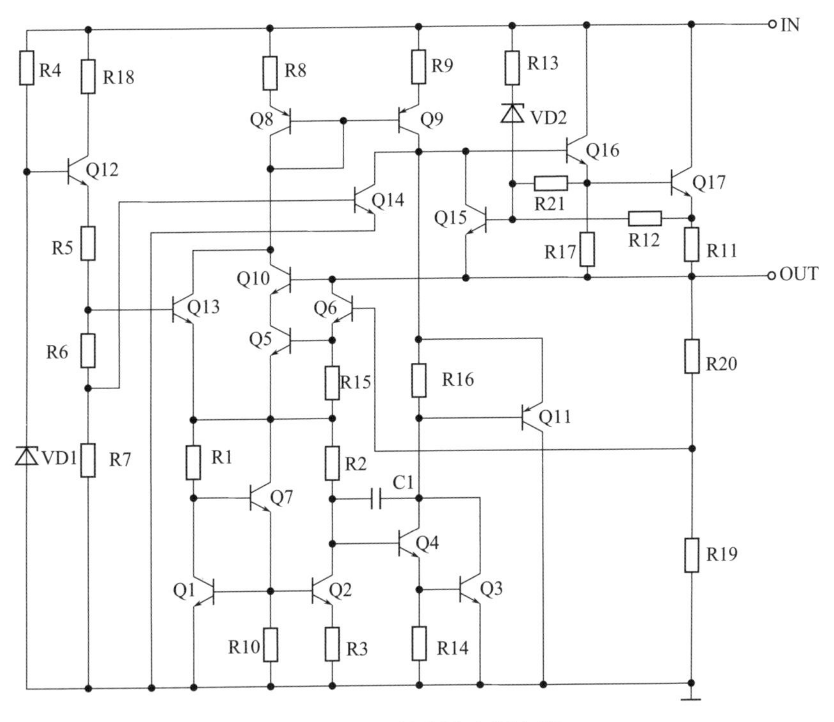

图 11-3　78M15 内部电路

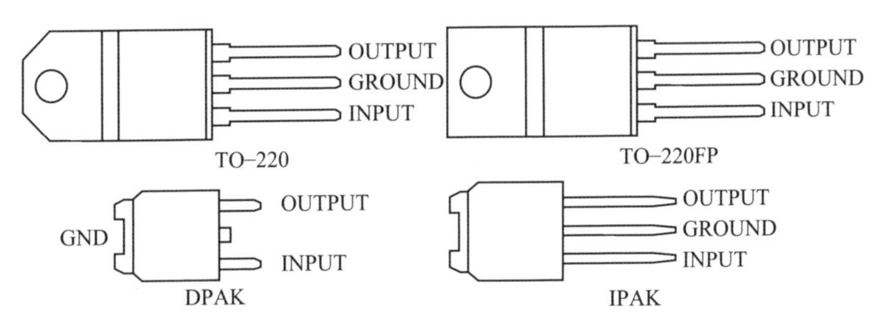

图 11-4　78M15 引脚分布

78M15 的参数见表 11-18。

表 11-18　78M15 的参数

符号	参数	测试条件	最小值	典型值	最大值	单位
V_O	输出电压		4.8	5	5.2	V
I_d	静态电流				6	mA
SVR	供电电压抑制	V_I=8 ～ 18V、f=120Hz、I_O=300mA	62			dB

续表

符号	参数	测试条件	最小值	典型值	最大值	单位
e_N	输出噪声电压	f_B=10Hz ～ 100kHz		40		V
I_{sc}	短路电流	V_I=35V		300		mA

11.4.2 79L15 负电压稳压 IC

79L15 为负电压稳压 IC，即输出负电压稳压 IC。79L15 的引脚分布如图 11-5 所示。

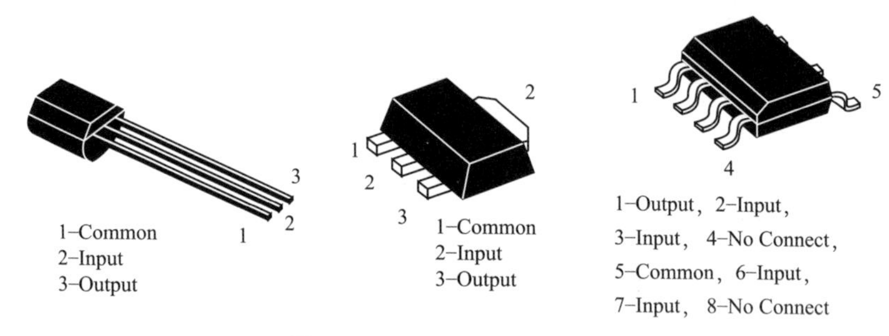

图 11-5　79L15 的引脚分布

11.4.3 DAC0800 数 / 模转换 IC

DAC0800 数 / 模转换 IC 引脚分布如图 11-6 所示。DAC0800 内部框图如图 11-7 所示。

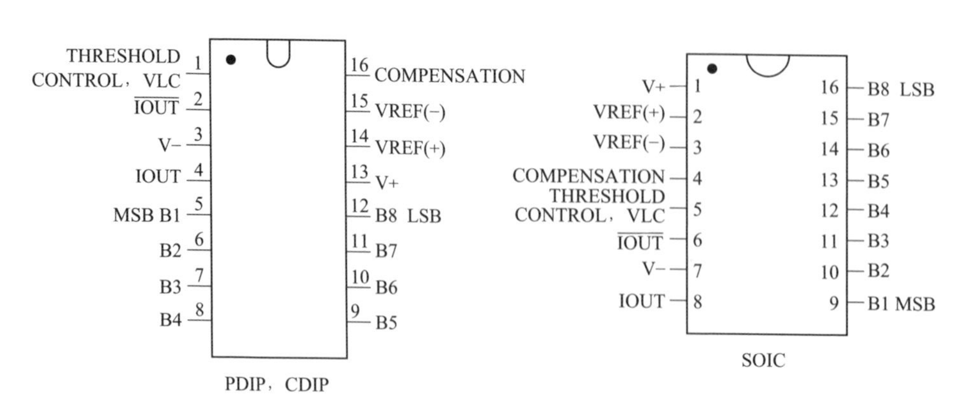

图 11-6　DAC0800 数 / 模转换器引脚分布

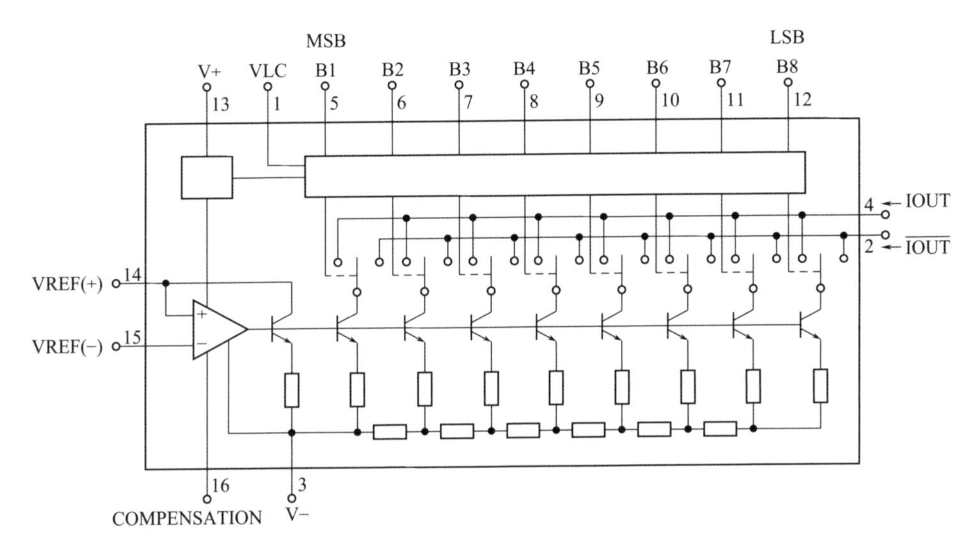

图 11-7　DAC0800 内部框图

11.4.4　IR2132 功率控制 IC

IR2132 为三相桥式功率控制 IC。IR2132 引脚分布如图 11-8 所示。

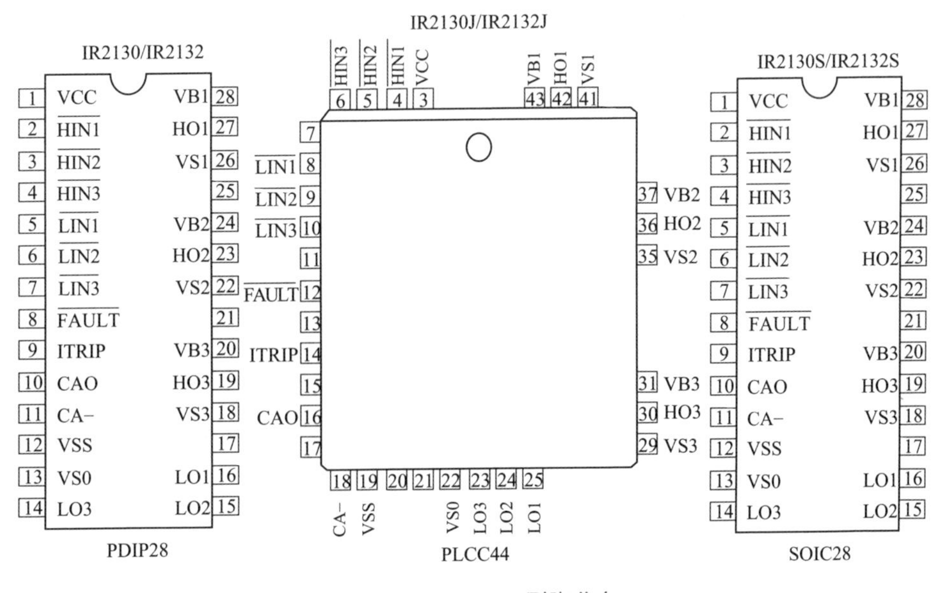

图 11-8　IR2132 引脚分布

IR2132 引脚功能，见表 11-19。

表 11-19　IR2132 引脚功能

符号	说明
$\overline{\text{HIN1}}$、$\overline{\text{HIN2}}$、$\overline{\text{HIN3}}$	栅极驱动器 HO1、HO2、HO3 对应输入信号端
$\overline{\text{LIN1}}$、$\overline{\text{LIN2}}$、$\overline{\text{LIN3}}$	栅极驱动器 LO1、LO2、LO3 对应输入信号端
$\overline{\text{FAULT}}$	过电流、欠压锁定指示信号端，低电平有效
VCC	电源端
ITRIP	过电流关断输入信号端
CAO	电流放大器输出端
CA-	电流放大器负输入端
VSS	逻辑地端
VB1、VB2、VB3	电源端
HO1、HO2、HO3	上半桥臂栅极驱动信号输出端
VS1、VS2、VS3	返回端
LO1、LO2、LO3	下半桥臂栅极驱动信号输出端
VS0	上半桥返回端、电流放大器正极输入端

IR2132 在伺服驱动器中的应用电路如图 11-9 所示。

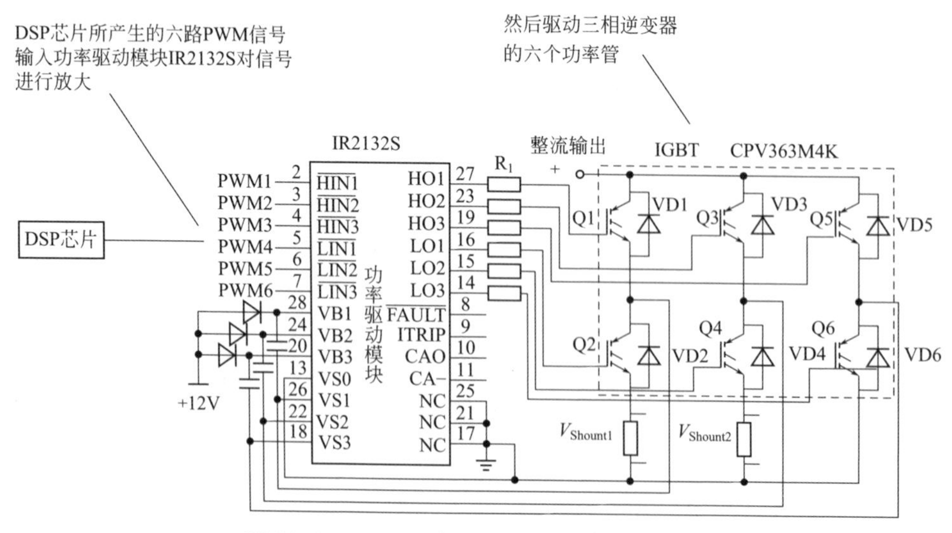

图 11-9　IR2132 在伺服驱动器中的应用电路

11.4.5 LM2576 降压型开关稳压 IC

LM2576 为降压型开关稳压 IC，其应用电路如图 11-10 所示。LM2576 的参考代换型号有 UC2576 等。

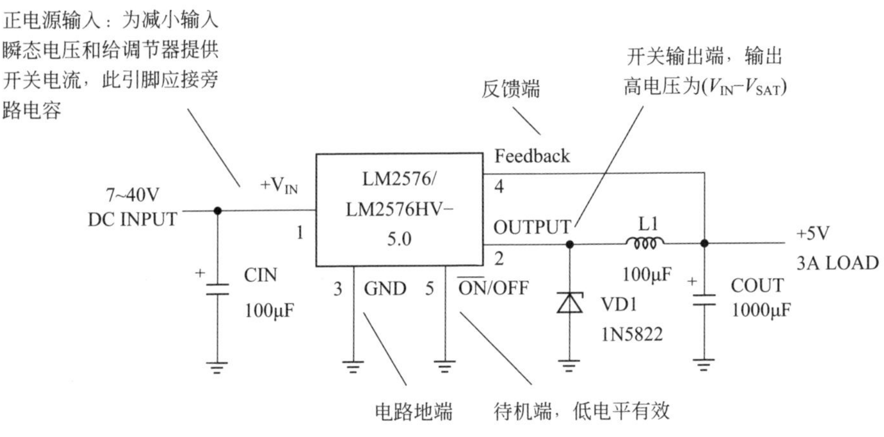

图 11-10　LM2576 应用电路

11.4.6 LM301 运放 IC

LM301 运放 IC 引脚分布如图 11-11 所示。LM301 内部框图如图 11-12 所示。

11.4.7 LM339 四路差动比较 IC

LM339 四路差动比较 IC 引脚分布如图 11-13 所示。LM339 内部框图如图 11-14 所示。

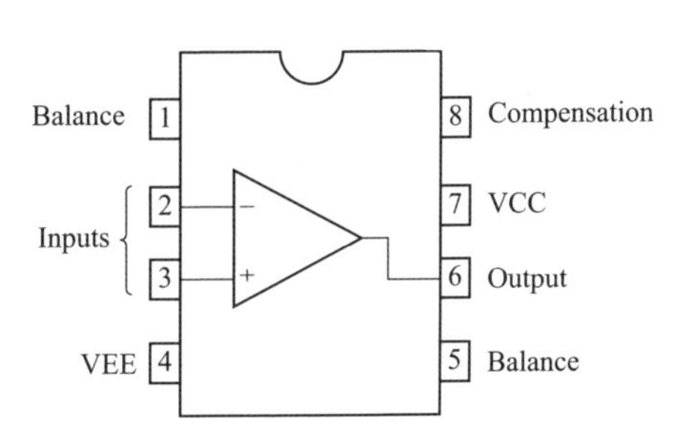

图 11-11　LM301 运放引脚分布

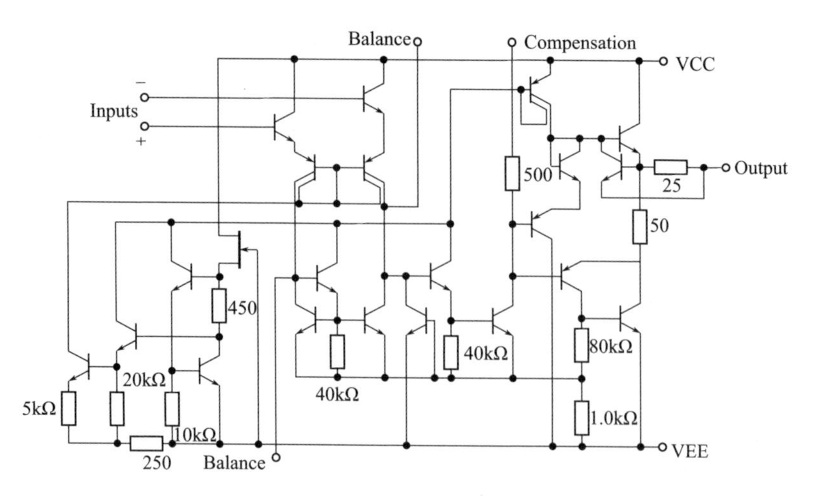

图 11-12　LM301 内部框图

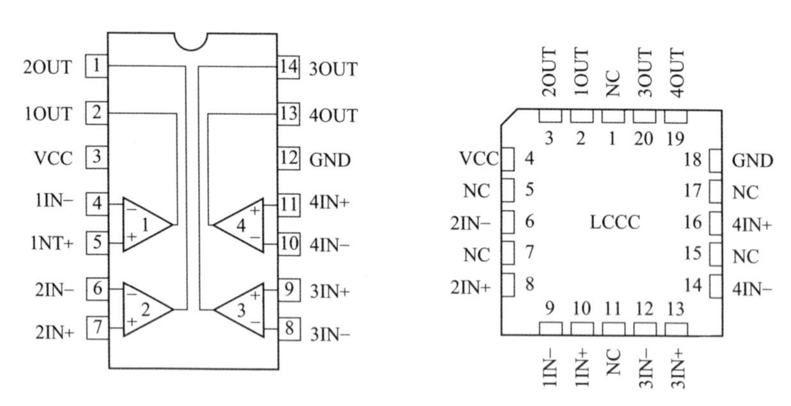

图 11-13　LM339 四路差动比较 IC 引脚分布

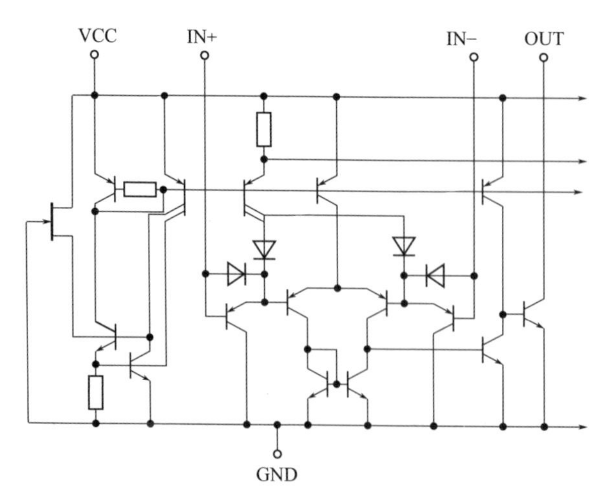

图 11-14　LM339 内部框图

11.4.8 LM348 运算放大 IC

LM348 运算放大 IC 引脚分布如图 11-15 所示。

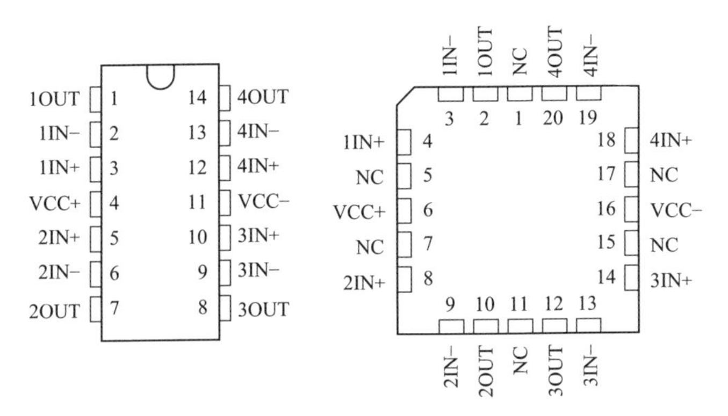

图 11-15 LM348 运算放大 IC 引脚分布

11.4.9 LM393 运算放大 IC

LM393 为运算放大 IC，其可以作为双电压比较器。LM393 的一些特点如下:

① 工作电源电压范围宽，单电源、双电源均可工作，单电源为 2 ～ 36V，双电源为 ±1 ～ ±18V。

② 消耗电流小，I_{CC}=0.8mA。

③ 输入失调电压小，V_{IO}=±2mV。

④ 共模输入电压范围宽，V_{IC}=（0 ～ V_{CC}）−1.5V。

⑤ 输出与 TTL、DTL、MOS、CMOS 等兼容。

⑥ 输出可以用开路集电极或门连接。

⑦ 采用双列直插 8 脚塑料封装（DIP8）与微型的双列 8 脚塑料封装（SOP8）。

LM393 引脚分布与内部结构如图 11-16 所示。LM393 引脚功能与电特性分别见表 11-20 和表 11-21。LM393 应用电路如图 11-17 所示。

LM393 的参考代换型号有 NJM2903D、NTE943M、PC393C、RC2403NB、SK9721、SK9993、TA75393、TA75393P、CA3290AE、CA3290E、EAS00-12900、ECG943M、EW84X196、HA17393、IR9393、LA6393D、BA6993、C393C、LM393JG、LM393N、LM393NB、LM393P、M5233P、NJM2901、NJM2901D、TCG943M、UPC373C、UPC393、TDB0193DP、UPC393C 等。

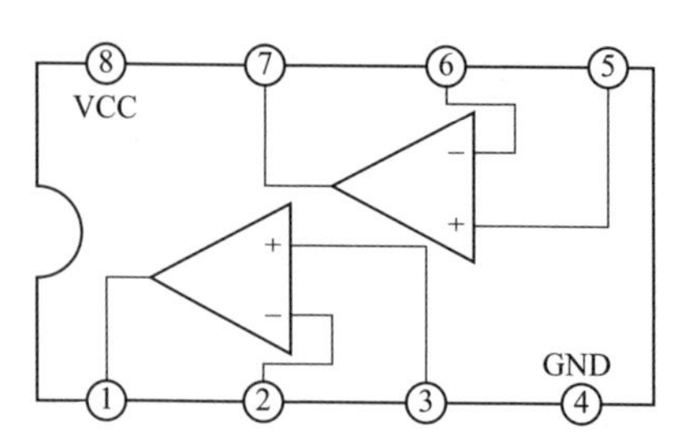

图 11-16　LM393 引脚分布与内部结构

表 11-20　LM393 引脚功能

脚序	符号	功能	脚序	符号	功能
1	OUT1	输出端 1	5	IN+（2）	正向输入端 2
2	IN−（1）	反向输入端 1	6	IN−（2）	反向输入端 2
3	IN+（1）	正向输入端 1	7	OUT2	输出端 2
4	GND	地	8	VCC	电源

表 11-21　LM393 电特性

参数	符号	测试条件	最小值	典型值	最大值	单位
输入失调电压	V_{IO}	V_{CM}=（0～V_{CC}）−1.5V，$V_{O(P)}$=1.4V，R_S=0		±1.0	±5.0	mV
输入失调电流	I_{IO}			±5	±50	nA
输入偏置电流	I_b			65	250	nA
共模输入电压	V_{IC}		0		V_{CC}−1.5	V
静态电流	I_{CCQ}	$R_L=\infty$，V_{CC}=30V		0.8	2.5	mA
电压增益	A_V	V_{CC}=15V，R_L＞15kΩ		200		V/mV
灌电流	I_{sink}	$V_{i(-)}$＞1V，$V_{i(+)}$=0V，$V_{O(P)}$＜1.5V	6	16		mA
输出漏电流	I_{OLE}	$V_{i(-)}$=0V，$V_{i(+)}$=1V，V_O=5V		0.1		nA

除非特别说明，V_{CC}=5.0V，T_{amb}=25℃。

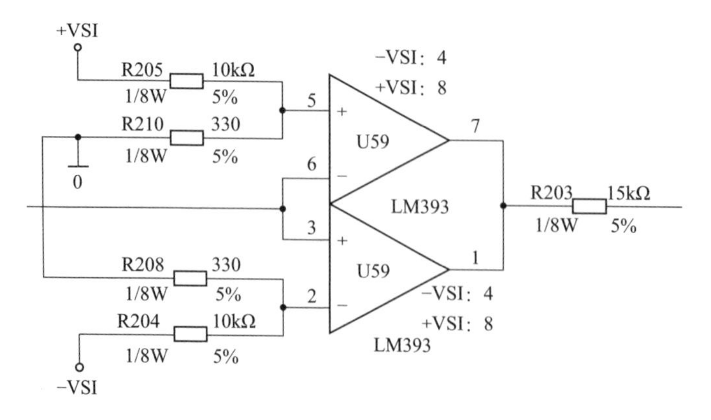

图 11-17　LM393 应用电路

附录　视频讲解二维码

变频器应用的连线系统	变频器的硬件连接与匹配的软件（面板操作）	步进电机的构造
一些步进电机驱动器端口与接线	电机启动堵转	伺服电机的结构
伺服驱动器	交流伺服驱动器电源模块结构图	伺服系统配线

参考文献

[1] 阳鸿钧，等. 变频器一线维修速查手册［M］. 北京：机械工业出版社，2017.
[2] 阳鸿钧，等. 伺服驱动器一线维修速查手册［M］. 北京：机械工业出版社，2017.